U0251225

山西气候

郭慕萍　刘月丽　安　炜
　　　　　　　　　　　　编著
刘文平　李智才　闫加海

气象出版社
China Meteorological Press

内 容 简 介

本书采用新的长期气候资料，分析、描述了山西的气候及其影响因素、主要气候要素、主要气象灾害、农业气候、区划、气候变化等。同时，该书采用最新方法重新计算、分析了山西主要气象灾害的时空分布特征及变化趋势；参照中国气候区划，结合山西特点对山西气候、山西农业气候重新进行了区划；从水分平衡的角度，计算了山西水分亏缺状况；计算了主要农业气象指标的时空分布特征，并分析了对种植制度的影响，提出了调整建议；分析了山西有气象记录以来主要气候要素的变化状况及趋势；分析总结了有关山西气候变化的研究成果。

本书可作为气象、地理、水文、环境及地学相关部门的教学、科研和业务参考书。

图书在版编目(CIP)数据

山西气候/郭慕萍等编著. —北京：气象出版社，2014.11
ISBN 978-7-5029-6052-0

Ⅰ.①山… Ⅱ.①郭… Ⅲ.①气候－研究－山西省 Ⅳ.①P468.225

中国版本图书馆 CIP 数据核字(2014)第 265847 号

审图号：晋 S(2014)039 号

Shanxi Qihou

山西气候

郭慕萍 等 编著

出版发行：气象出版社

地　　址：北京市海淀区中关村南大街 46 号　　　邮政编码：100081
总 编 室：010-68407112　　　　　　　　　　　　发 行 部：010-68409198
网　　址：http://www.qxcbs.com　　　　　　　　E-mail：qxcbs@cma.gov.cn
责任编辑：李太宇　　　　　　　　　　　　　　　终　　审：章澄昌
封面设计：博雅思企划　　　　　　　　　　　　　责任技编：吴庭芳
印　　刷：北京地大天成印务有限公司
开　　本：787 mm×1092 mm　1/16　　　　　　　印　　张：18.25
字　　数：461 千字
版　　次：2015 年 1 月第 1 版　　　　　　　　　　印　　次：2015 年 1 月第 1 次印刷
定　　价：120.00 元

前 言

曾经由钱林清、郑炎谋、胡慧敏、郭慕萍、葛贵宝编制、气象出版社于 1991 年出版的《山西气候》，掐指算来，迄今已 23 年。23 年来，全球、全国以及山西省的气候研究从理论、概念、方法上都有了新的进展，重新编著出版《山西气候》不仅十分必要，而且非常迫切。为此，我们组织课题组反复讨论新《山西气候》的大纲，征求相关专家意见，几易其稿，经山西省气象局科技委员会讨论通过，确定了编写大纲，通过两年的努力，新的《山西气候》终于完成了。

本书中有以下几个需要说明的问题：

（1）气候统计分析使用的资料为山西省 109 个气象台站建站以来资料，109 站资料长度均大于 30 年，累年值采用 1981—2010 年。

（2）主要气象灾害中尽可能采用最新指标和资料，给出客观定量分析，力求改变以往以编辑现有成果为主的定性分析方法。

（3）根据中国气候区划，结合山西实际并参照有关成果，重新计算和分析、制定了"气候区划"和"农业气候区划"的指标，在此基础上给出了新的山西气候区划和山西农业气候区划。

（4）气候变化部分主要研究了山西省有气象记录以来的近 50 年主要气候要素变化的时空分布及趋势，并总结了有关山西气候变化研究的成果。

（5）书中各气象要素空间分布彩图，部分使用武永利编制的"彩绘软件"绘制。

本书本着集体讨论、分工负责、相互协作的原则进行编写。根据分工，第 1 章由安炜完成；第 2 章、第 5 章由郭慕萍完成；第 3 章由刘月丽完成；第 4 章由刘文平完成；第 6 章由李智才完成；资料统计、计算及相关处理由安炜、闫加海完成。统稿由郭慕萍完成。

本书得到了山西省气象局领军人才课题的支持。

本书在编制出版过程中得到了山西省气候中心、山西省气象局办公室、山西

省气象局科技与预报处、山西省气象台、山西省气象信息中心、山西省地理信息局等有关单位大力支持，同时还得到山西省地理信息局冯建军、杨秋香和程婷的热情帮助，在此一并表示感谢！

郭慕萍

2014 年 9 月

目　录

前　言

第1章　山西气候及其影响因素 ……………………………………………………（ 1 ）

　　1.1　地理环境 ……………………………………………………………………（ 1 ）

　　1.2　太阳辐射 ……………………………………………………………………（ 5 ）

　　1.3　大气环流 ……………………………………………………………………（ 5 ）

　　1.4　人类活动 ……………………………………………………………………（16）

第2章　主要气候要素 ………………………………………………………………（17）

　　2.1　温度 …………………………………………………………………………（17）

　　2.2　降水 …………………………………………………………………………（41）

　　2.3　风 ……………………………………………………………………………（72）

　　2.4　湿度和蒸发 …………………………………………………………………（91）

　　2.5　日照、云量 …………………………………………………………………（97）

　　2.6　主要天气现象 ………………………………………………………………（105）

第3章　主要气象灾害 ………………………………………………………………（122）

　　3.1　干旱 …………………………………………………………………………（122）

　　3.2　冰雹 …………………………………………………………………………（143）

　　3.3　暴雨 …………………………………………………………………………（146）

　　3.4　大风 …………………………………………………………………………（153）

　　3.5　雾、霾 ………………………………………………………………………（159）

　　3.6　寒潮 …………………………………………………………………………（165）

　　3.7　连阴雨 ………………………………………………………………………（170）

第4章　农业气候 ……………………………………………………………………（177）

　　4.1　光能资源 ……………………………………………………………………（177）

　　4.2　热量资源 ……………………………………………………………………（179）

　　4.3　水资源 ………………………………………………………………………（209）

　　4.4　种植制度 ……………………………………………………………………（221）

第5章　区划 …………………………………………………………………………（225）

　　5.1　气候区划 ……………………………………………………………………（225）

　　5.2　农业气候区划 ………………………………………………………………（233）

第6章　气候变化 ……………………………………………………………（239）

6.1　气候变化研究与评估概述 ……………………………………（239）

6.2　气温的变化 …………………………………………………………（245）

6.3　降水的变化 …………………………………………………………（257）

6.4　农业指标温度变化 ……………………………………………（268）

6.5　风速变化 ……………………………………………………………（273）

6.6　气候变化对山西的影响 ……………………………………（273）

第 1 章 山西气候及其影响因素

气候是大气物理特征的长期平均状态,是各种天气过程的综合表现。气候与人类社会有密切关系,它是人类生存的基本自然条件之一,是一个地区社会和经济可持续发展的一个重要资源。

气候的形成和变化是非常复杂的物理、化学和生物过程,大气运动受到海洋陆地冰雪等诸多因素的影响,是人类居住的地区表层中各个圈层相互联系、相互作用的结果。到 1970 年代,传统的"气候"概念和领域从单一的大气逐渐扩展成为"气候系统"[1]。气候系统是一个巨大而复杂的系统,是大气圈、水圈、陆地表面、冰雪圈、生物圈相互联系、相互作用的整体,是一个与外界进行物质和能量交换的开放系统。它的每一个组成部分都具有十分不同的物理性质,并通过各种各样的物理过程、化学过程和生物过程同其他部分联系起来,共同决定各地区的气候特征。

世界各地区由于受太阳辐射、大气环流、地面状况等因素的综合作用,气候特点各不相同。根据各地气候特征,按其相似和差异情况,划分成各种气候类型。根据气候的不同类型,按一定的指标将全球(或某一范围)划分为若干区域,称为气候区划。全球气候多样,总的来看,可以划分为热带气候,亚热带气候,温带气候,亚寒带气候,寒带气候和高原山地气候六大类,包括极地气候、温带大陆性气候、温带海洋性气候、温带季风气候、亚热带季风和季风性湿润气候、热带沙漠气候、热带草原气候、热带雨林气候、热带季风气候、地中海气候、高山气候、高山高原气候、冰原气候和苔原气候等小类。

山西省位于华北西部的黄土高原东翼,地处内陆,外缘有山脉环绕,夏季海洋上副热带高压西伸北进,从北太平洋副热带高压散发出来的东南季风带来丰沛的降水;冬季强大的蒙古高压散发出来的西北季风影响本地。山西气候受季风影响显著,属于温带季风性气候。基本气候特征为:风向随季节交替明显。冬季风来临受极地大陆气团控制,寒冷而干燥;夏季风来临,受热带海洋气团影响,暖热而多雨。降水季节分配不均,集中于夏季。夏季降水量约占年降水量的 60% 左右,降水变率较大。

影响气候的因素比较多,其中最为重要的影响的因子有太阳辐射、大气环流、地理环境和人类活动。

1.1 地理环境

地理因素对气候形成的影响表现在地理纬度、海陆分布、地形和洋流上。地理环境不同,所接受到的热量不同、湿度条件不同,形成不同的气候。

1.1.1 地理位置

山西地处黄河中游,因居太行山以西而得名。省境四周山环水绕,与邻省界线十分明显,东邻河北,西界陕西,南为河南,北与内蒙古自治区接壤。省境轮廓大体呈平形四边形,

介于东经 110°14′42″~114°33′17″,北纬 34°34′58″~40°44′30″之间,南北长 628 km,东西宽 385 km,全省总面积 15.7 万 km²,占全国土地总面积的 1.63%。

1.1.2 地形地貌

山西省地理环境多样,有山地、高原、丘陵、盆地,其中包括山地、高原、丘陵在内的整个山区面积很大,占到全省土地总面积的 72% 以上(图 1.1)。大部分地区海拔在 1000 m 以上,与其东侧海拔不到 100 m 的华北大平原和西侧海拔 1000 m 左右的黄河峡谷两岸的高原相对比,呈现强烈的整体隆起态势,称为山西高原。全省地势大致为东北高、西南低。按照地貌类型,山西全省可分为东部山地区,中部断陷盆地区,西部高原山地区和晋西黄土丘陵区。

东部山地区位于山西东部和东南部,以太行山脉为主脊,向西侧呈梳状延伸,包括被山地环绕的晋东南高原。其东为华北平原、西为一系列断陷盆地,界线十分明显。除太行山外,从北到南,主要有长城山、六棱山、恒山、五台山、系舟山、太岳山、霍山、王屋山、中条山等,它们的海拔均在 1800 m 以上,大多呈东北—西南向平行排列,且北坡陡、南坡缓,形似一侧翘起的单面山,陡坡面均以大断层与盆地相接。

中部断陷盆地区包括大同、忻定、太原、临汾、运城等五大彼此相隔的断陷盆地,五个盆地呈现东北向西南伸展,雁行排列。盆地为现代沉积物覆盖,沉积厚度很大,形成省境内最大的几个地势平坦的冲积平原。盆地间的相对隆起分别是恒山、石岭关、韩侯岭、峨嵋台地。盆地中分别有桑干河、滹沱河、汾河、涑水河流经。

西部高原山地区位于中部断陷盆地与黄河峡谷之间,以吕梁山脉为主脊,由北往南有七峰山、洪涛山、黑驼山以及其他丘陵,向南直抵黄河的禹门口,长约 400 km。山势北高南低,北、中部山体为北北东走向,海拔多在 2000 m 以上,南部山体为南北走向,高 1500 m 以上,山脉东侧较为陡峻,西侧斜缓。

晋西黄土丘陵区为吕梁山脉以西,内长城以南,黄河以东,直到禹门口以北的狭长地带,属我国黄土高原主体的东部,海拔 800~1600 m,北高南低,自东向西倾斜。

1.1.3 河流水系

河流由河道与地表径流组成,河流的干流与汇入干流的各级支流共同组成水系,每个水系都从一定范围的陆地表面上获得水源补给,这部分陆地表面就是该水系的流域。

山西地处黄河的中游,黄河流经山西省境 965 km,山西也是海河水系的源头[2]。省内黄河流域面积 97138 km²,占全省流域面积的 62.2%,海河流域面积为 59133 km²,占全省流域面积的 37.8%。除了流经省界西、南两面的黄河干流以外,全省流域面积大于 10000 km² 的大河有 5 条,分别是,黄河流域的汾河、沁河,海河流域的桑干河、漳河、滹沱河。流域面积在 10000 km² 和 1000 km² 之间的中等河流 48 条。流域面积在 1000 km² 和 100 km² 之间的小河流 397 条。

山西河流属于自产外流型水系,河流水源来自大气降水,绝大部分河流发源于境内,向省外发散流出。大体上向西、向南流的属于黄河水系,汇入黄河干流中游河段。向东流的属于海河水系,是海河流域永定河、大清河、子牙河、漳卫河等主要河流的发源地。

图 1.1 山西省地形地貌

山西河流众多,流域面积在 100 km² 以上的河流就有 450 条之多,小的河流、山洪沟则数以万计。但是山西省 1956—2000 年多年平均径流量只有 86.77 亿 m³,平均每平方千米每年生产的河川径流量只有 5.55 万 m³,径流深只有全国平均值 284 mm 的 1/5。山西河流具有数量多、水量少的特点。且由于山西省降水主要集中在夏季,因此山西省的河流还具有夏雨型特点,大多数河流属于季节性河流,在枯水季节河道清水流量很小或者断流,只有一些较大的河流及有泉水补给的河流为常流河。另外,山西的河流多为山地形河流,普遍具有源短流急,侵蚀切割严重的特点,形成地高水低,利用困难、难以调蓄的特点,对河川径流水资源开发利用不利。

1.1.4 植被

山西省的森林主要分布在中条山、太行山、太岳山、五台山、吕梁山等山地,这些山地皆为常绿针叶林和落叶阔叶林植被地带。由于各山地所处的地理位置、自然地带及山体高度的不同,森林植被类型的南北差异性极为显著。多山的高原地貌和大陆性季风气候的影响,是山西景观形成的两个基本因素,同时也决定了山西植被的不同类型及其分布的基本规律(图 1.2)[3]。

植被类型
- 人工种植林
- 草地
- 常绿针叶林
- 落叶阔叶林
- 农田
- 灌木
- 混交林
- 零星植被区

图 1.2　山西省气象站点及植被类型

山西省中北部森林植被以寒温性针叶林为主,温性针叶林次之,在个别地段尚有针叶落叶混交林存在,寒温性针叶林主要分布在吕梁山中北部、五台山等山地,面积较大,林相整齐;山西省中南部森林植被主要以暖温带落叶阔叶林为主,灌木次之,个别地段尚有落叶阔叶林灌木温带针叶林等混交林存在,暖温带落叶阔叶林主要分布在太行山中部、吕梁山中南部、太岳山和紫荆山中南部以南的黄土丘陵山地。灌丛主要分布在山西省中部,草丛由于地形地貌、群落结构主要分布在山西省中北部,同时受人为活动和气候特征的影响,垂直分布于山地的低山及山麓地段和黄土丘陵的山坡上,上限与森林群落和灌丛相接,下限与农田植被镶嵌分布。而农田主要分布在忻定盆地、太原盆地、长治盆地、运城盆地等地势平坦区域,农作物以北部大同、朔州、忻州的春麦、马铃薯、莜麦、胡麻等寒温性作物和南部运城、晋城、长治、临汾喜温暖的玉米、小麦为主。

1.2　太阳辐射

太阳辐射是大气中一切物理过程和现象形成的基本动力,虽然气候还受到其他如环流因素、地理因素和人类活动的影响,但是这些因素所以能够影响气候,就是因为太阳辐射的效应受到这些因素控制的缘故。

山西省年太阳总辐射自北向南递减,全省年太阳总辐射介于 $4600\sim5800$ MJ/($m^2\cdot a$)之间(图 1.3),南北辐射差异超过 1100 MJ/($m^2\cdot a$);山西省北部为年太阳总辐射分布的高值区,该区域全年太阳总辐射基本在 5300 MJ/($m^2\cdot a$)以上,中心区域接近 5800 MJ/($m^2\cdot a$),而中南部的年太阳总辐射基本在 5200 MJ/($m^2\cdot a$)以下。总体而言年辐射量除随纬度降低而递减外,还呈现出山地辐射较盆地辐射大的特点。

山西省一年中以 5—7 月的总辐射量为最大,12—次年 1 月份最小(图 1.4);从 3 月份开始因空气干燥,日照充足,太阳辐射逐渐增强,到 5、6 月份时总辐射量达到最大值。

1.3　大气环流

大气环流一般是指大范围的大气运行现象,它不但控制着当地的天气演变,而且影响着当地气候的形成。尽管大气环流瞬息万变,但从长期来看仍具有一定的稳定性,反映着大气运行的基本状态。因此在研究气候时,必须考虑山西的大气环流状况以及各季节影响山西的大气环流特征。

1.3.1　各季环流特征

1.3.1.1　冬季环流特征

冬季,影响东亚的两个大气活动中心分别是蒙古高压和阿留申低压,其强弱和消长是控制中国冬季气候变化的主要因子。冬季整个亚洲大陆完全在蒙古高压控制之下,山西受其影响,盛行偏北气流(图 1.5)。

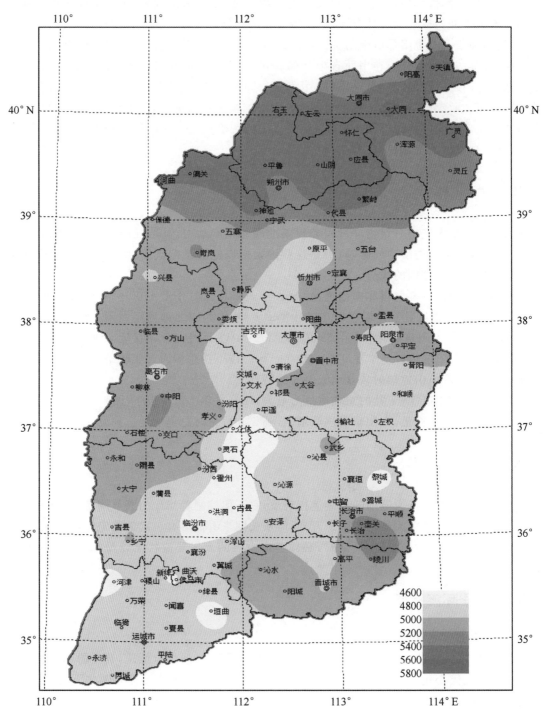

图 1.3　山西省年总辐射量分布图(单位：MJ/m²)

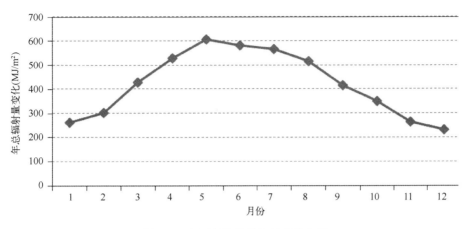

图 1.4　山西省总辐射量年变化曲线

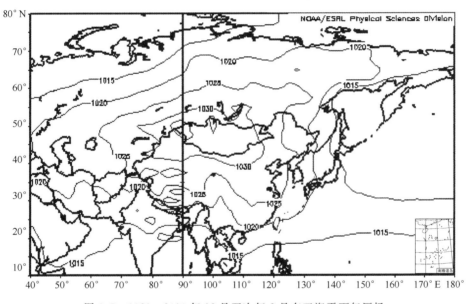

图 1.5　1981—2010 年 12 月至次年 2 月东亚海平面气压场

　　在 1 月份对流层低层 1.5 km 高度的平均流场上，东亚盛行偏西气流，这支气流在接近青藏高原西部时，被分为南北两支。南支在高原南侧的孟加拉湾一带呈现气旋性弯曲，形成低压槽。北支气流绕过高原后在阿尔泰山折向东南，途经华北、东北后流向太平洋，山西在北支气流的控制下，盛行西北气流（图 1.6）。

　　冬季对流层 500 hPa 高度场上，与低层阿留申低压和蒙古高压相配合的是东亚大槽和乌拉尔山以东的弱脊。500 hPa 峰区位于 $20°\sim40°$N 之间，以黄河、长江中下游至日本南部一带为最强。山西受槽后脊前西北气流控制，常引导冷空气南下，在低层表现为蒙古高压和冷锋活动（图 1.7）。

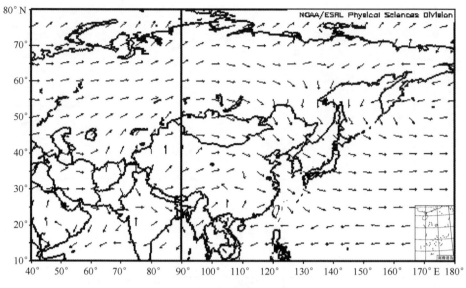

图 1.6　1981—2010 年 1 月东亚 850 hPa 平均流场分布

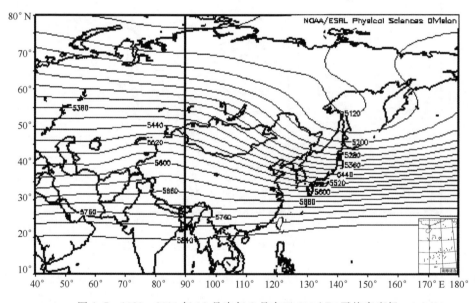

图 1.7　1981—2010 年 12 月次年 2 月东亚 500 hPa 平均高度场

1.3.1.2　春季环流特征

春季是冬、夏两季的过渡季节，也是冬、夏季环流相互转变、替代的过渡时期。在春季海平面平均气压场上，蒙古高压中心位置已经向西北退至巴尔喀什湖一带，强度也锐减，阿留申低压也明显减弱并向东北撤退，与冬季相比，影响范围已明显缩小。在中高纬度的这两个活动中心强度减弱和中心位置北移的同时，低纬度地区的印度低压出现并向东北方向伸展，太平洋西部则由副热带高压控制。山西在春季逐渐由高压场向弱低压场转变(图 1.8)。

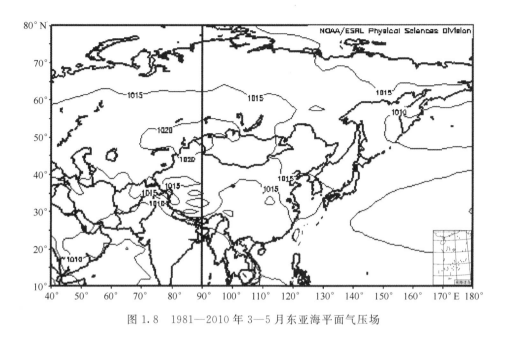

图 1.8　1981—2010 年 3—5 月东亚海平面气压场

　　4 月份 1.5 km 高度上的平均流场同 1 月份相比,中纬度西风带位置明显北移,且势力锐减。而西太平洋反气旋环流则显著加强,并控制了我国东部沿海(图 1.9)。

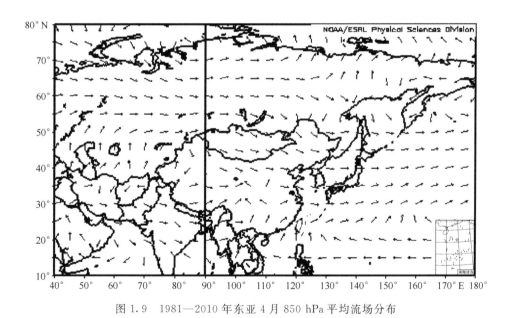

图 1.9　1981—2010 年东亚 4 月 850 hPa 平均流场分布

　　与此同时,北支西风气流在流经黄土高原一带时却出现反气旋,当其移至河套附近时,往往与西太平洋反气旋环流后部的西南气流相遇,形成切变线,产生降水。

　　春季 500 hPa 高度场上,与冬季环流形势比较,东亚平均槽脊位置变化不大,但东亚大槽的强度明显减弱。山西受槽后弱西北气流控制(图 1.10)。

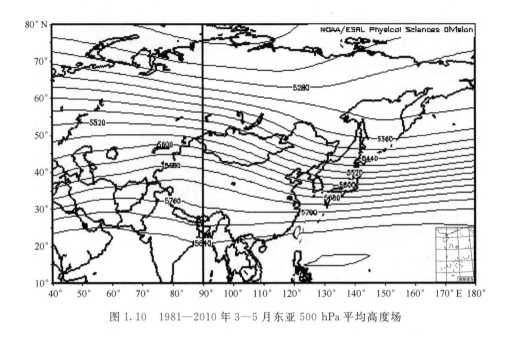

图 1.10　1981—2010 年 3—5 月东亚 500 hPa 平均高度场

1.3.1.3　夏季环流特征

夏季,东亚地区的海平面气压场分布形势与冬季完全相反。印度低压和西太平洋副热带高压已经成为影响东亚夏季天气气候变化的两个大气活动中心,随着大陆的增暖,印度低压发展,并控制了整个亚洲大陆(图 1.11)。西太平洋副热带高压的势力大大增强,向北扩展并向大陆西伸达到全年最盛时期。在这两个气压系统的共同作用下,我国大部分地区盛行偏南风。山西处于低压前部,地面盛行东南风,遇有北方冷空气入侵,往往会形成降水天气过程。

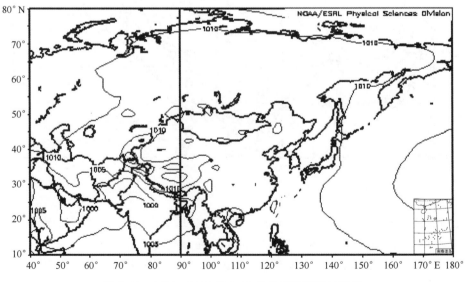

图 1.11　1981—2010 年 6—8 月东亚海平面气压场

从 7 月份 1.5 km 高度的平均流场上可以看到,夏季东亚低空的环流型与冬季也完全不同。在中纬度西风带里,贝加尔湖东南到河套西部一带为低压槽区,印度低压和西太平洋副热带高压进一步发展、加强,西南暖湿气流明显向北扩展,我国东部雨带亦向北推进到华北一带,山西进入汛期(图 1.12)。

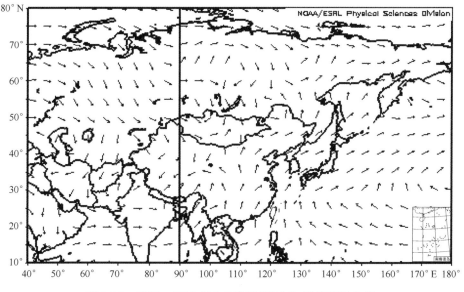

图 1.12　1981—2010 年 7 月东亚 850 hPa 平均流场分布

夏季 500 hPa 高度场上,东亚夏季对流层中层的环流型与冬季完全不同,在 35°N 以北虽仍然为偏西气流控制,但环流比较平直,强度比冬季显著减弱。西风带槽脊位相与冬季完全相反,冬季东亚大槽所在位置已经由平浅的弱高压脊所代替。35°N 以南为副热带高压控制,脊线已经北跃到 25°~30°N 之间,副热带急流轴位于 40°~45°N 一带(图 1.13)。

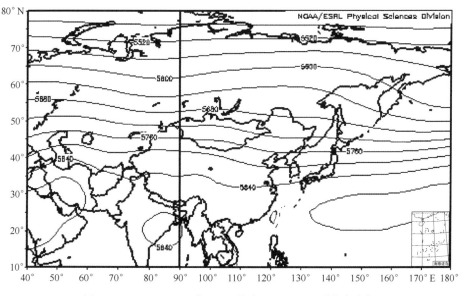

图 1.13　1981—2010 年 6—8 月东亚 500 hPa 平均高度场

1.3.1.4 秋季环流特征

秋季是由夏到冬的过渡季节,随着大陆气温的逐渐下降,地面气压场形势发生着显著的变化,影响东亚地区的四个大气活动中心出现了与春季完全相反的转变,在夏季很不清楚的蒙古高压和阿留申低压开始活跃,而印度低压和西太平洋副热带高压开始明显衰退,我国大陆逐渐转受蒙古高压的影响,山西由夏季的偏南风转变为偏北风(图 1.14)。

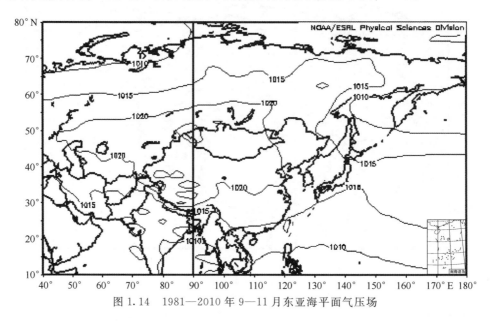

图 1.14　1981—2010 年 9—11 月东亚海平面气压场

在对流层低层 1.5 km 高度的平均流场上,西太平洋副热带反气旋环流显著减弱,40°N 以南的我国大陆东部地区,已为极地变性高压的反气旋环流所控制。山西盛行西北气流(图 1.15)。

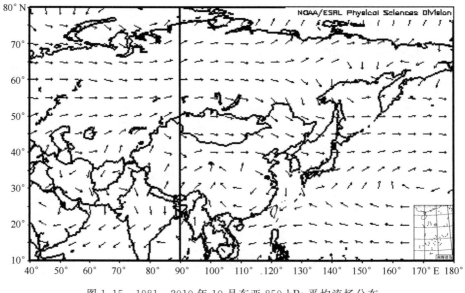

图 1.15　1981—2010 年 10 月东亚 850 hPa 平均流场分布

秋季 500 hPa 高度场上,西太平洋副热带高压势力明显减弱并东退,东亚大陆东部高度显著下降,西风带明显南移,东亚大槽已明显出现,山西受槽后西北气流控制(图 1.16)。

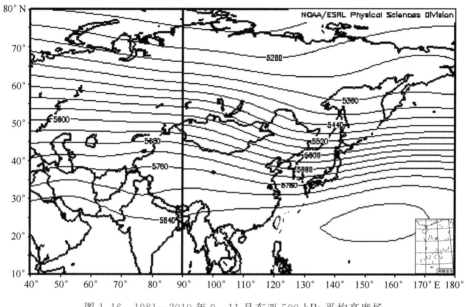

图 1.16 1981—2010 年 9—11 月东亚 500 hPa 平均高度场

1.3.2 影响山西主要天气系统

山西地处中纬度黄土高原东部,既受西风带系统影响,又受副热带系统制约。影响山西的主要天气系统有:副热带高压、西风槽、南支槽、蒙古冷涡、切变线、低涡、台风低压、锋面、蒙古气旋等。

1.3.2.1 副热带高压

副热带高压(简称副高)是低纬度最重要的大型天气系统之一,它的活动不仅对低纬度环流和天气的变化起着重要作用,而且对中高纬度环流的演变也常产生重大影响。山西地处中纬度地区,副高是影响山西的重要天气系统之一。副高随季节的进退与山西夏秋季暴雨、旱涝关系尤其密切,特别是脊线位置的南北变化及强度的变化直接影响着山西夏秋季降水多寡。据统计,山西大暴雨与副高关系密切相关,约占大暴雨频次的 82.3%。

副高脊线一般在 7 月份越过 25°N,雨带移至黄河、海河流域,7 月底至 8 月初脊线越过 30°N,山西雨季开始,9 月上旬回退到 25°N 附近,雨区南移,10 月上旬再次回退到 20°N 以南,其脊端显著东撤到 120°E 附近,山西雨季基本结束。部分年份副高回退较晚,在 25°~33°N 间徘徊,往往造成山西秋季连阴雨。

副高后部对山西暴雨的影响约占 9.5%。其基本形势特征是,在东亚中高纬度 100°~110°E 一带为低压槽,副高脊线位于 25°~30°N 之间,华北盛行较强西南风。在地面,河西走廊至内蒙古一带存在倒槽式低压并有冷锋活动,冷高压多为西北路径自蒙古向东南移动。

副高后部切变对山西暴雨的影响约占 10.6%。其基本形势特征是,东亚中高纬度基本为两槽一脊型,脊线位置平均在 110°E 附近,副高脊线多在 25°~30°N 之间,中纬度西南风

带小高压在并入副高过程中于华北地区形成近东西向切变线,此切变线多与河西或河套附近的低涡环流相联系。

1.3.2.2 西风槽

西风槽是指 30°～50°N 范围内西风气流中出现的移动性低压槽,槽线近于东北—西南走向,自西向东移动,其种类很多,波长较长且比较深厚的大槽称为长波槽,波长较短且比较浅薄的低压槽称为短波槽。一年四季西风槽都可出现,是山西产生短周期复杂天气的主要影响系统。

西风槽是山西夏季产生暴雨的主要影响系统。西风槽在影响山西暴雨的过程中起着不同纬度间输送冷、暖空气的作用。西风槽暴雨形势有两种类型:(1)东亚高纬度多为一脊一槽型,少数为两槽一脊型。副高脊线位于 25°～30°N,北伸出高压脊控制渤海至朝鲜一带,新疆至河西走廊为高压脊控制,两脊之间的低压槽由河套东移影响山西。(2)东亚高纬度为较强的一槽一脊型,高脊与位于黄海至日本一带的副高叠加形成较强的高压坝,副高脊线西伸直至 115°E 附近,蒙古低压槽东移影响山西。

西风槽也是引起山西春、秋及冬季降水的最明显且最重要的天气系统之一,一般与地面的锋面气旋相配合,产生的天气过程比较明显。

1.3.2.3 南支槽

南支槽是指活动在青藏高原西侧和南侧的副热带西风带的一种波动,一般是由西风带南压受高原大地形阻挡分支而产生的,是影响山西降水的一个重要天气系统。南支槽对山西降水的影响主要是源源不断的水汽供应,与山西区域性大降水密切相关。

南支槽一般是减弱东移的,对山西天气一般不产生影响,当南支槽与中纬度天气系统(北支槽)相互作用时才能对山西天气产生影响。影响山西的南支槽,一般在 500 hPa 表现为东高西低,中纬度有短波槽东移,同时南支槽也比较活跃,且东移过程中与北支短波槽在 110°E 附近同位相叠加,使槽前西南气流加强。700 hPa 强盛的西南气流自四川到达河套南部地区,使来自孟加拉湾和南海的暖湿气流向北输送,为山西上空提供了充沛的水汽和热力条件。850 hPa 有时有气旋式波动和切变线配合。地面气压场上,华北东部为地面高压控制,四川至陕西一带有负变压东移,在河套地区常有倒槽发展。在此形势下,山西常常出现较大降水过程,甚至产生暴雨(雪)天气。

1.3.2.4 蒙古冷涡

蒙古冷涡一般是指生成于蒙古国和我国内蒙古地区中部并具有一定强度的高空冷性涡旋,它是由西风槽加深切断而形成的,常常给山西带来阵性降水天气。每年 5—6 月出现最多,6 月出现频率最高,一般可维持 2～3 d,有时可达 4～6 d。甚至 10 d 以上,是造成山西北中部特别是大同及忻州东部持续雷阵雨、冰雹、大风的主要天气系统。

1.3.2.5 切变线

切变线是风场中不连续线,其北侧为偏北风或偏东风,其南侧为偏南风或偏西风。两者之间构成气旋式切变。这种切变线在气压场上的反应是一条东西向的横槽。切变线的北侧是扩散南下的冷高压主体,南侧是西伸的西太平洋副热带高压脊,切变线位于两高压之间。

切变线在山西一年四季均可出现,以 6—9 月出现较多,7—8 月最多,是山西夏季降水的重要天气系统之一。根据切变线的风场型式,切变线主要有三类:(1)冷式切变线(又称竖切变线),偏北风与西南风之间的切变线,偏北风占主导,自北向西南移动,在山西较为常见。(2)暖式切变线(又称横切变线),东南风与西南风或偏东风与偏南风之间的切变线,西南风或偏南风占主导,自南向北移动,在山西较为常见。(3)准静止切变线(也称横切变线),是偏东风与偏西风之间的切变线,两支气流势力相当,在山西少见。

切变线的不同,其降水也不同。对于冷式切变线,其北侧偏北风占主导地位时,切变线南移较快,水汽含量也不充沛,降水量较小,但当北侧为东北风,南侧为较强西南风时,水汽含量充沛,辐合作用较强,可能出现暴雨。对于暖式切变线,一般气旋性环流较强,且偏南风占主导地位,水汽含量充沛,因而云层较厚,降水量较大,降水范围也较大,且维持时间较冷式切变线长。如果暖式切变线两侧风速都很小,则降水量不大,有时甚至无降水。对于准静止切变线,由于辐合较弱,因而云层较薄,降水也不大。

1.3.2.6　低涡

低涡是指低空或者中空的闭合低压环流,即出现于大气中低层的强度较弱、水平和垂直范围都较小的低压涡旋。低涡范围较小,水平尺度一般只有几百千米,低涡中有较强的辐合上升气流,可产生云雨天气,尤其东部和东南部上升气流最强,云雨天气更为严重。低涡是影响山西降水的重要天气系统之一。根据低涡原地划分,对山西天气影响较大的低涡主要有两种:西北涡和西南涡。

西北涡的源地多在柴达木盆地,其次为青海省东南部、甘肃省南部和四川省北部等地区,常生于高空槽前,形成时大多是暖性的,1～2 d 后便自行消失。冷空气从西北方向侵入低涡时才能发展东移,其移动方向与中高层西风槽的活动有关。当其东移进入山西时,常常造成暴雨或大暴雨天气。西北涡多见于夏半年,是山西 6—9 月降雨的重要天气系统之一,以 7、8 月间最为常见。

西南涡是在我国西南地区(27°～33°N,95°～100°E)特殊地形影响下与一定环流形势相联系的中尺度气旋式涡旋系统。西南涡是造成山西夏半年暴雨的主要原因之一。影响山西的西南涡大都发生在高空有明显高原低槽东移的环流形势下,700 hPa 为较为典型的北槽南涡型。山西许多重大暴雨天气过程一般与西南低涡的产生和发展有着直接的关系。

1.3.2.7　台风低压

台风低压是指沿海台风登陆后迅速减弱残留下的热带低压系统。影响山西的台风低压一般是台风在我国福建、浙江一带登陆,受高空强盛东南气流引导深入内陆,当影响山西时,基本上减弱为低气压或台风倒槽,它和中纬度西风带系统相互作用,形成山西上空明显的风速辐合,往往在山西中南部地区产生大暴雨或特大暴雨。

1.3.2.8　锋面

锋面是指冷、暖两种不同性质气团之间的狭窄的过渡带,自地面到高空向冷气团一侧倾斜。这种倾斜过渡带有时称为锋区,锋面与地面相交的线称为锋线,习惯上把锋面和锋线统称为锋。山西省是我国冷空气南下的必经之路,锋面是影响山西最常见的天气系统之一,一年四季均有锋面活动。山西暴雨的产生大约一半左右与冷锋活动有关。锋面活动经历着生成、加强、消亡的过程,一般维持 3～5 d 左右。

根据冷空气的来向,锋面的路径有三类:(1)西路,冷空气经新疆沿河西走廊,经河套地区东移影响山西。(2)西北路,冷空气从西伯利亚经蒙古及内蒙古中部等地侵入山西。

（3）北或东北路,冷空气从贝加尔湖及其北部地区向南经东北平原侵入华北影响山西。在各类锋面路径中,西北路出现最多,约占锋面总数的一半,西路出现相对少,北路出现次数最少,仅占总次数的十分之一左右。

由于锋面是冷暖气团交界地区,冷暖空气的活动十分活跃,可以形成一系列的云、降水、大风等天气。冬季大范围暴雪、春季大风及沙尘暴、夏秋季突发性大暴雨及强对流等重大灾害性天气一般都与锋面系统过境有关。

1.3.2.9 蒙古气旋

蒙古气旋是指发生或发展在蒙古境内的锋面低压系统。一年四季均可出现,以春秋季最为常见,尤以春季最多。蒙古气旋的加强或减弱是影响山西沙尘天气的重要因素之一。在蒙古气旋出现的频次多或加强的年份,山西沙尘天气常为多发年,反之,一般为少发年。

1.4 人类活动

气候系统的任何变化都会影响到人类的生存与发展,反过来,人类的生产和生活活动也必然对这一系统产生深刻的影响。尤其是人类社会进化到高度物质文明的今天,人类的影响越来越深刻,范围越来越广泛。

人类活动影响气候变化的时间尺度大约是百年的尺度。人为因子对气候的影响是复杂的。但其影响主要是通过以下途径进行的：一是改变了气候系统的化学组成,如二氧化硫和氮氧化物可以形成酸雨;氯氟烃气体能破坏高空臭氧层,造成南极臭氧洞和全球臭氧层减薄;二是改变热量平衡,如二氧化碳气体的增加造成大气温室效应增强,使全球变暖,极冰融化,海平面上升;大气尘埃增加引起的阳伞效应;人为燃烧燃料改变了局部热量平衡;三是改变土地利用方式,改变了下垫面的粗糙度、反射率和水热平衡等方面,从而引起局部地区气候的变化;四是改变水分循环和水平衡,人类修建水库、运河、渠道疏干沼泽、围湖造田,人工灌溉等,改变了地表反射率、温度和湿度;五是干扰和破坏自然生态系统,从而改变了全球生物地球化学循环。

人类活动的影响与自然原因叠加到一起对气候产生影响,且各个因子之间又互相影响,互相制约。因此,人类活动影响气候变化的过程更加复杂化了。山西省由于生态环境脆弱,因而对气候变化的响应更为敏感。

参考文献

［1］李爱贞,刘厚凤,张桂琴. 气候系统变化与人类活动. 北京:气象出版社,2003.

［2］李英明,潘军峰. 山西河流. 北京:科学出版社,2004.

［3］山西省气候中心. 气候变化驱动下山西植被变化研究技术报告,2012.

［4］山西省气象局. 山西省天气预报员手册. 北京:气象出版社,1989.

第 2 章 主要气候要素

2.1 温度

温度与自然景观、人们生活和生产关系甚密。

世界上从赤道雨林到两极、高山地区的苔地、冰雪气候,这些自然景观的巨大差异,主要是由于温度不同造成的。温度与农业生产关系甚密,是作物生长所必须的外界环境之一。一个地区所能栽培的作物种类,它们生长发育的有利程度,以及该地区耕作制度与农事活动,都在很大程度上决定于热量的多寡及变化状况。经济建设及人类生活也无不与气温密切相关。例如:由于冬冷夏热,在建筑设计中就分别需要采暖和通风降温,消耗大量的能源;由于昼夜温差大,交通、工程设计和机电产品又需要特殊的结构;人们的户外活动、生活舒适程度及疾病的流行均与气温有关。

山西省地处东亚大陆东岸中纬度地带的内陆,东距海洋 400~500 km,大气环流的季节性变化明显,属大陆性季风气候。根据中国气候区划,大体以处于北纬 39 度的恒山—内长城以北的地区属中温带亚干旱大区,以南属暖温带亚湿润大区,气候类型较为单一。但境内山地、高原、丘陵、盆地均有分布,气温的时空分布变得较为复杂。

气温是气候学中最重要的气象要素之一。

2.1.1 气温的地理分布

2.1.1.1 年平均气温

气温分布及变化特征是受地理纬度、太阳辐射和地形特点综合影响的结果。山西地处黄土高原,地势较高,气温比同纬度的河北平原偏低,绝大部分地区年平均气温介于 5~14℃之间,其总的分布趋势呈由北向南升高,由盆地向高山降低(如图 2.1 所示)。在西部山地,等温线犹如冷舌从北部的右玉伸至吕梁山南部的蒲县一带,等温线走向几乎呈经向;东部山地除五台山地区外,温度也是北低南高,但等温线走向的经向程度远不及西部山地明显。汾河河谷的等温线犹如暖舌,从南部伸至北部。这样的分布特征表明,年平均气温的分布在很大程度上受到地形的影响。省境中部的东西山地和晋北地区,年平均气温在 10℃以下,其中大同、忻州地区 6~8℃,中高山区 6℃以下;太原盆地,晋西北黄河沿岸、晋东的阳泉、平定及晋东南部分地区为 10~12℃;临汾、运城盆地及中条山以南的河谷地带,拔海高度及地理纬度均为全省最低,是山西省热量资源最丰富的地区,年平均气温达 12~14℃,运城盆地部分地区达 14℃以上。

山西省大部分地区年平均最高气温在 11~20℃之间;年平均最低气温在 -4.6~9.5℃之间;极端最高气温为 34~42.6℃之间,有 43 个县(市)极端最高气温达到 40℃以上,6 个县(市)达到 42℃;极端最低气温绝大部分地区在 -40~-14℃之间。极端最高气温一般出现在 6 月份,临猗县 1966 年 6 月 21 日曾出现 42.8℃的高温记录,为全省之冠,从 6 月下旬到 8 月上旬为全年最热的时期。极端最低气温各地差异较大,北部和东西山区达 -40~-30℃,

五台山 1958 年 1 月 5 日极端最低气温曾达－44.8℃，为全省之冠，太原、上党盆地和晋西黄河沿岸为－30～－20℃，临汾、运城及省境南端川谷地带为－25～－14℃。各地极端最低气温一般出现在 12 月到次年 2 月。从 12 月下旬到次年 1 月下旬为全年最冷的时期。

2.2.1.2 冬季(1 月)平均气温

山西省各地四季鲜明，冬夏气温悬殊(表 2.1)。年平均气温，只代表一地气温的平均状况，不足以表示本省冬、夏季的温度特征。故在此分别阐述各季气温概况。为了便于进行比较，这里以 1、4、7、10 月分别代表冬、春、夏、秋季。

表 2.1　右玉等 3 站平均气温、平均最高、平均最低气温(℃)

站名	项目	月　份			
		1	4	7	10
右玉	平均气温	－14.3	6.5	19.8	4.9
	平均最高	－4.7	14.9	26.9	13.4
	平均最低	－22.2	－2.5	12.9	－2.1
太原	平均气温	－5.0	12.8	23.9	10.4
	平均最高	2.0	20.2	30.0	17.9
	平均最低	－10.8	5.5	18.7	4.5
稷山	平均气温	－1.7	15.4	26.9	13.3
	平均最高	5.3	22.8	33.0	20.3
	平均最低	－6.9	8.6	21.9	8.3

冬季：山西的冬季是寒冷的，尤其是晋西北一带及东西山区，若用"千里冰封，万里雪飘"来比喻，是有点夸张，但用冰天雪地来形容是有一定道理的。整个冬季，全省在强盛的干冷大陆性气团控制之下，气温较低，南北温度梯度全年最大，最冷月 1 月平均气温在－1～－13℃之间(如图 2.2 所示)。

1 月平均最高气温，除五台山为－12.1℃之外，其余地区在－4.7～5.3℃之间。忻定、太原、临汾、运城盆地及西山区部分地区、东山区的绝大多数地区均在 0℃以上，其中临汾、运城盆地的大部分地区为 4～5℃，永济达 5.3℃。

1 月平均最低气温在－22.2～－4.1℃之间，石楼、隰县、陵川、黎城一线以南及阳泉、平定均高于－10℃。在东西山区由于地势较高，分别为一个冷舌，在管涔山及五台山一带又分别出现了一个冷中心，其平均最低气温均在－14℃以下。

极端最低气温多年平均值的高低，对越冬作物和多年生果木能否安全越冬，有着决定性影响。山西省极端最低气温大部分地区介于－28～－12℃之间，基本上呈由南向北递减。在兴县、离石、汾阳、阳曲、原平、定襄一线以南在－24℃以上，除少数山区外，一般冬小麦能安全越冬，为复种提供了前提条件，成为山西省的多熟制地区，此线以北一般为山西省单熟制地区。

有些多年生果木，虽按极端最低气温的多年平均值衡量可以种植，但遇特殊严寒年份，仍可遭受毁灭性的损失，因此在推广多年生植物时，还必须考虑极端最低气温。山西省极端最低气温在－32.3～－14.0℃之间。其分布特点基本与平均气温的分布特点相一致，呈由北向南递增，由盆地向高山递减。

中国位于欧亚大陆东南部。北半球冬季中的世界寒极位于中国以北，东西伯利亚最冷中心 1 月平均气温接近－50℃，在高空 500 hPa 东亚大槽的槽后西北气流引导下，强冷空气频频南下，使中国冬季成为世界同纬度最冷的国家。山西省位于中国北部且地势较高，是中

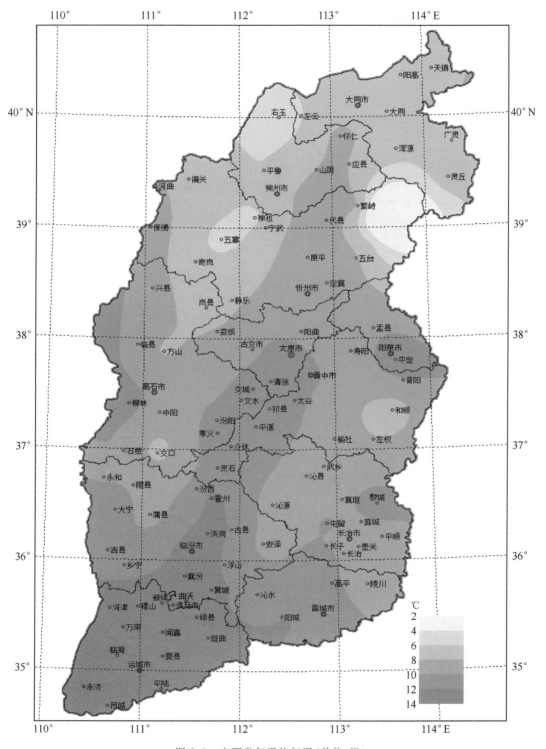

图 2.1　山西省年平均气温(单位:℃)

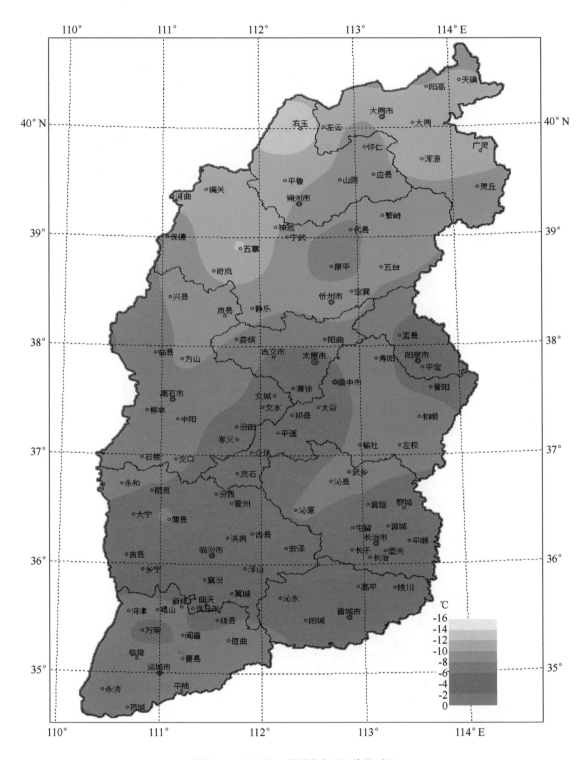

图 2.2　山西省 1 月平均气温(单位:℃)

国同纬度气温偏低的省份之一。1 月平均气温,比同纬度全球平均温度偏低 20℃左右。

2.1.1.3　春季(4 月)平均气温

1 月以后,太阳辐射逐月加强,各地气温不断升高,增温幅度北部大于南部,南北温差逐月变小。到了仲春 4 月,太阳已移过赤道,太阳高度逐渐升高,干燥而多阳光的北部地区气温猛升。全省绝大部分地区 4 月平均气温在 6.5～16.0℃之间,离石、蒲县、孝义、阳曲、晋中、沁源一线以南的 4 月平均气温已升至 12℃以上(如图 2.3 所示)。从 1 月到 4 月,右玉升温幅度达 20.8℃之多,从 -14.3℃升至 6.5℃;太原也从 -5.0℃升至 12.8℃,升高了 17.8℃;晋南地区升温较慢,如垣曲从 -0.4℃升到 14.6℃,升温幅度为 15.0℃。

4 月份平均最高气温普遍在 17.4℃以上,忻定盆地接近 20℃;太原、临汾、运城盆地绝大多数地区已升至 20℃以上,运城、盆地已达 22℃。平均最低气温除五台山和晋西北右玉等地区外,均在 0℃以上;太原、临汾、运城盆地,东西山区南端等地区在 5℃以上,运城盆地已接近或超过 10℃。

春季是过渡性季节,虽然冬季之后气温回升迅速,但不稳定,仍不断有冷空气爆发南下,出现倒春寒的天气。冬季风的北撤和夏季风的北进过程,往往要经历较长的一段时间,几经反复,才能完成,致使春季天气乍暖、乍冷,变化很大。

2.1.1.4　夏季(7 月)平均气温

5 月,雨季尚未来临,气候干燥,阳光热量几乎全部用来增温土壤和大气,各地气温继续升高。除晋西北外,绝大部分地区平均气温已升至 16℃以上,运城盆地部分地区已达 21℃以上。6 月,太阳辐射进一步增强,降水还不太多,空气仍较为干燥,午后增温剧烈,致使山西省极端最高气温大多出现在 6 月。有的部分地区温度已升至 25℃以上。进入了夏季时,晋中、晋南盆地,运城盆地平均气温已达 22℃以上。

全年最热的月份是 7 月,平均气温在 19.6～27.5℃之间(如图 2.4 所示),除晋西北地区及东西山区部分地区外,其余地区均达 22℃,晋南盆地高达 26℃以上,运城盆地的部分地区温度已升至 27℃以上。7 月份全省最凉的地方是拔海高度为 2897 m 的五台山,其平均气温只有 9.6℃,平均最高气温为 12.9℃,极端最高气温也只有 19.9℃(1991 年 7 月 20 日),是一个不可多得的避暑胜地。

夏季,北部地区太阳高度虽然低于南部,但昼长却长于南部,部分地弥补了太阳高度低的热量不足,加之云,雨等影响,使得南、北的温度差异缩小。例如,右玉和平陆相差近 6 个纬度,1 月份平均气温相差 14.0℃,而 7 月份两地平均气温只差 6.7℃,约为冬季 1 月温差的一半左右。

7 月平均最高气温分布,和平均气温一样,也是南部高于北部,盆地高于山区。山西省 7 月平均最高气温在 25.3～33.0℃之间,五大盆地也均为高值区,晋中盆地出现了一个 30℃的高值中心,晋南盆地则在 30℃以上,部分地区达到 33℃,东西山区相对较低,不到 26℃。与同纬度相比,由于大陆性气候的原因,山西应热于同纬度。但由于本省绝大部分地区海拔较高,使该省夏季温度略低于同纬度全球平均值。

2.1.1.5　秋季(10 月)平均气温

8 月,山西省大部分地区温度虽比 7 月份逊色,但仍比较高,平均气温大部分地区还在 18～25℃之间。此时晋西北地区虽已降至 22℃以下,相继开始了秋凉天气。但晋中及晋南盆地气温仍在 22℃以上,其中晋南盆地温度仍高达 25℃左右,依旧一派夏日景象。

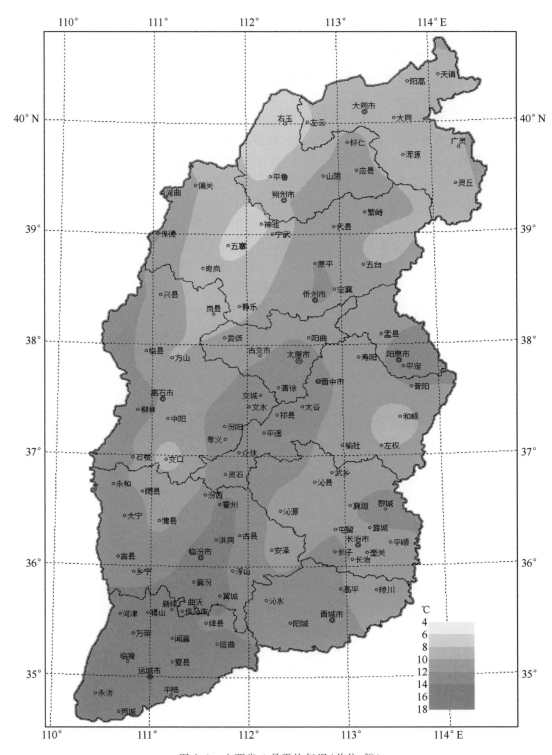

图 2.3　山西省 4 月平均气温(单位:℃)

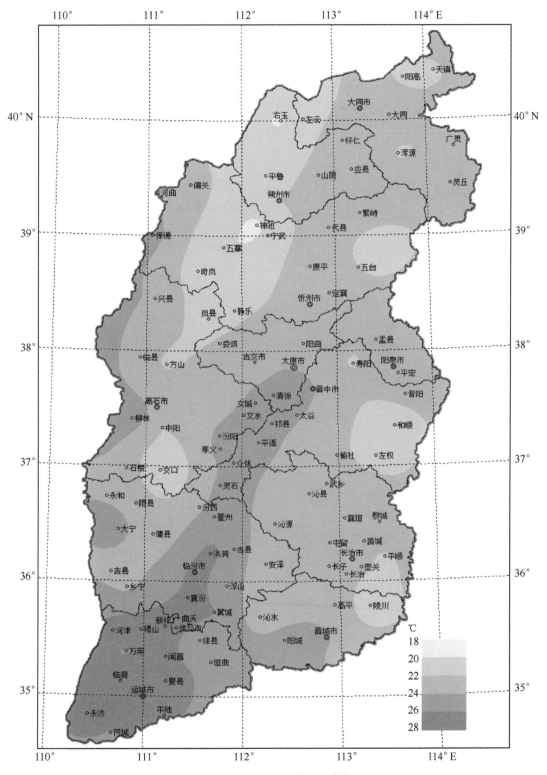

图 2.4　山西省 7 月平均气温(单位:℃)

9月,北方冷性气团不时爆发南下,极地大陆气流在低空基本已取代了热带海洋气团。山西省大部分地区此时阴雨较少,相继出现了秋高气爽的天气。

　　10月份,冬季风更加强盛,气温急剧下降,平均气温已降至4.9～14.5℃之间。除晋中盆地、晋南盆地、黄河沿岸、东部阳泉盆地及省境南端川谷地带外,平均气温已降至10℃以下(如图2.5)。冬天开始降临大地。比较同一地方的10月和4月温度,可以得知,山西省秋温低于春温,北部差值较大,南部比较接近,这反映了山西省气候有较强的大陆性。

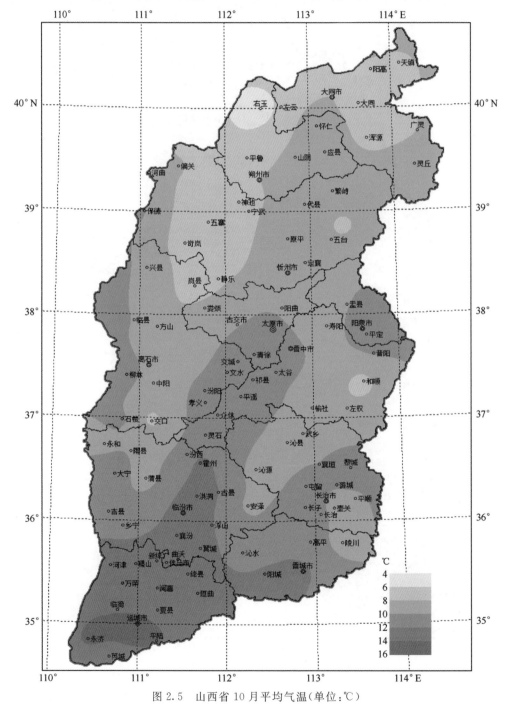

图 2.5　山西省10月平均气温(单位:℃)

2.1.2　气温的时间变化

2.1.2.1　气温的年变化

由于冬季风势力强盛,山西省最冷月均基本上都出现在 1 月,这反映了山西省冬季大陆性季风气候的特征;夏季,东南季风远涉重洋,吹向山西,最热月份出现在 7 月。

从气温年变化曲线的升降坡度来看(如图 2.6 所示)平均气温在春季的上升和秋季的下降,同样很快,曲线陡而对称,但春温高于秋温,其差值由北向南递减。

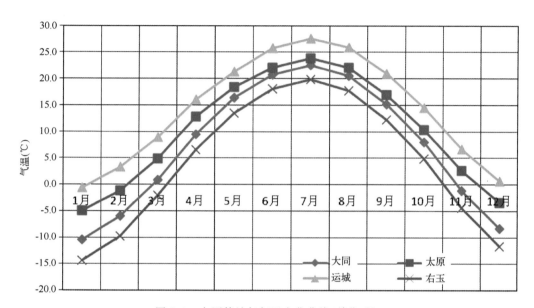

图 2.6　太原等站年气温变化曲线(单位:℃)

2.1.2.2　气温年较差

气象学中,一般用气温年较差来表示一个地方冬冷夏热的程度。气温年较差就是最热月和最冷月平均气温之差。

气温年较差的分布主要取决于纬度的高低。此外,还和地形、地势及天气活动影响有关(图 2.7)。由图可以看出,气温年较差随着纬度的增加由南往北加大。太原、晋南盆地及东西山区的绝大部分地区在 30℃ 以下,省境东南端因地势相对较高,纬度相对较低,两者共同作用的结果,使得其年较差在 28℃ 以下,为全省最低的地区;忻定盆地及吕梁山北部及恒山、五台山地区在 30～32℃ 之间;省境西北端因纬度较高,大部分地区在 32℃ 以上,大同、右玉、河曲大于 34℃,河曲最大为 34.6℃。

由图还可以看出,盆地地形因热空气不易外流,冷空气容易堆积,所以年较差也较大。省境内五大盆地都属于相对高值区。高山地区受自由大气的影响,夏季气温增高不多,冬季气温降低也少,因而气温年较差随着地势的升高而减小。例如:临汾盆地年较差大于 28℃,曲沃达 28.7℃,而纬度基本一致的陵川,年较差迅速减至 26.1℃。

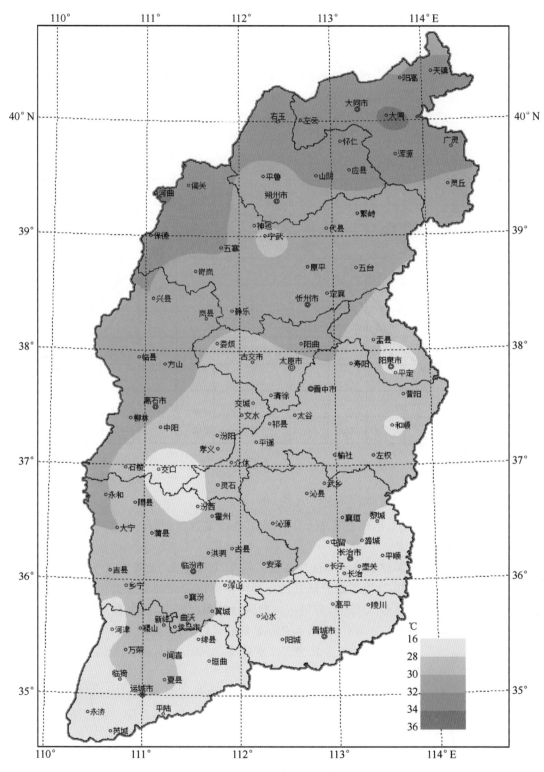

图 2.7　山西省气温年较差(单位:℃)

2.1.2.3 气温的年际变化

由表 2.2 列出山西省大同等 5 站年、冬季、夏季的平均气温年际变化幅度。

表 2.2 大同等代表站平均气温年际变化(℃)

站名	项目	平均值	最高值/出现年份	最低值/出现年份	变幅
大同 (1981—2010)	年平均气温	7.3	8.8/1998/1999	5.9/1984	2.9
	1 月平均气温	−10.5	−5.8/2002	−13.1/1993、2000	7.3
	7 月平均气温	22.6	25.8/2010	20.5/1982	5.3
五寨 (1981—2010)	年平均气温	5.4	6.8/1998	3.9/1984	2.9
	1 月平均气温	−12.2	−7.7/2002	−15.5/1984	7.8
	7 月平均气温	20.2	22.1/2001	18.0/1993	4.1
太原(1981—2010)	年平均气温	10.4	11.8/2006	9.0/1984	2.8
	1 月平均气温	−5.0	−1.2/2002	−8.0/1993	6.8
	7 月平均气温	24.0	26.4/2010	21.4/1993	5.0
榆社 (1981—2010)	年平均气温	10.4	10.0/1999	7.9/1984	2.1
	1 月平均气温	−6.3	−2.8/2002	−8.2/1998	5.4
	7 月平均气温	22.4	24.1/1997	20.0/1993	4.1
运城 (1981—2010)	年平均气温	14.2	15.5/1999/2002	12.9/1984	2.6
	1 月平均气温	−0.6	3.0/2002	−3.0/1998	6.0
	7 月平均气温	27.5	29.7/1991、1997	24.6/1984	5.1

由表 2.2 可以看出:各地年平均气温年际变化幅度最小,一般在 2.6～2.9℃之间,基本上随纬度增高而加大,且盆地大于山区;夏季次之,7 月平均气温年际变化幅度:位于盆地的大同、太原、运城均在 5℃以上,位于东西山区的榆社、五寨为 4.1℃,盆地明显大于山区,随纬度变化不明显,这说明夏季盆地温度稳定性较差,极易出现特别凉或特别热的年份;冬季平均气温的年际变化幅度明显大于夏季,基本上呈北部大于南部,山区大于盆地的分布趋势。上述分析说明:冬季平均气温稳定性较夏季差,容易出现特别暖或特别冷的年份,应引起足够的重视。

年平均气温的平均差即气温平均绝对变率,基本上随纬度的增高而增加,同一地区则以冬季月份最大,夏季月份最小。由表 2.3 可以看出,一年中冬季平均差值最大,且在 2 月份出现最大值,夏季年平均差值最小。

表 2.3 太原等站气温平均差(平均绝对变率)(℃)[1]

月份 站名	1	2	3	4	5	6	7	8	9	10	11	12	年
大同	1.4	2.2	1.3	0.9	0.7	0.9	0.7	0.8	0.8	0.8	1.4	1.7	0.5
五寨	1.4	2.4	1.4	0.9	0.7	0.9	0.5	0.9	0.8	0.9	1.2	2.0	0.4
太原	1.2	1.6	1.0	0.9	0.7	0.7	0.6	0.7	0.6	0.9	1.2	1.5	0.4
榆社	0.2	2.0	1.0	1.0	0.8	0.7	0.6	0.8	0.5	0.7	1.1	1.3	0.3

月份 站名	1	2	3	4	5	6	7	8	9	10	11	12	年
长治	1.4	1.8	0.9	0.9	0.8	0.9	0.6	0.9	0.5	0.8	1.3	1.8	0.5
隰县	1.2	2.1	1.1	1.1	0.9	0.7	0.6	0.9	0.6	0.8	1.2	1.6	0.3
运城	1.2	1.6	0.8	1.0	0.8	0.9	0.9	1.2	0.6	0.9	1.1	1.1	0.4

2.1.2.4 气温的月际变化

气温的月际变化与气温年较差有一定的联系。气温年较差越大的地方,春秋季节中温度的变化也越快(表2.4)。

表 2.4　代表站月气温月际变化(℃)

月份 站名	1—2	2—3	3—4	4—5	5—6	6—7	7—8	8—9	9—10	10—11	11—12	12— 次年1月
大同	4.5	6.8	8.6	7.0	4.4	1.8	−2.0	−5.3	−7.3	−9.1	−7.2	−2.2
五寨	4.5	7.0	8.3	6.8	4.3	1.5	−2.2	−5.0	−7.0	−8.7	−7.3	−2.2
太原	3.9	6.0	7.8	5.7	3.8	1.8	−1.8	−5.2	−6.6	−7.7	−6.1	−1.6
榆社	3.7	5.9	7.7	5.7	3.8	1.9	−17	−5.1	−6.4	−7.5	−6.4	−1.6
隰县	4.1	5.9	7.7	5.7	4.0	1.7	−1.7	−5.1	−6.4	−7.5	−6.5	−1.7
长治	3.3	5.6	7.7	5.4	3.8	1.4	−1.7	−4.6	−5.7	−6.3	−6.3	−1.7
运城	3.9	5.5	7.1	5.4	4.6	1.6	−1.6	−4.5	−6.5	−7.8	−6.1	−1.2

注:表中数值为月际之间增幅,"−"表述降幅。

山西省气温月际变化的主要特点是:7月温度达到一年中最高,从8月开始降温;春、秋季升(降)温特别迅速,并且月际变化以秋季为最大。

春季的升温过程中,绝大多数地方以3—4月升温最快,一般增幅可达7.1～8.6℃,其增温幅度呈由南向北增大的趋势。由于春季升温快,故树木长出新叶的时间很快,在一般年份里只要7～10 d,路旁杨树的树叶就会从无到有,从嫩黄到翠绿,整整齐齐。同样到了秋季,树木落叶也很快,有时一场强寒潮,一夜之间,绿叶青枯,大风一刮,落叶满地,踩上去脆裂有声。从秋季各月的变化幅度来看,全省基本上以10—11月降温最快,一般降幅可达7.2～9.1℃,大于春季增幅。

春,秋季短促,这在人们的日常生活中也有深切的感受,人们穿夹衣、毛衣和毛背心的季节就非常之短。比如,人们春天刚脱下冬装不足两个月就可以穿衬衣了,秋天,9月中旬还穿单衣、裙子,一到10月中旬,强冷空气入侵,年老体弱者就急忙穿上棉衣了。

由表2.4还可以看出,山西省气温月际变化的另一个特点是:南部月际变化幅度小于北部,而且越往北,春、秋季升、降温的幅度越大。同时还可以看出:隆冬(12月—次年1月)和盛夏(7—8月)气温的月际变化最小,7—8月变幅为1.6～2.0℃,12月—次年1月变幅为1.2～2.2℃。由隆冬至春季,月际气温变幅各地都在不断增大。4月以后,各地月际变化又逐渐减小,至盛夏达全年最小。尔后,月际变化迅速增大,秋季达到全年最大值,11月份以后又开始减小直到隆冬。

2.1.2.5　气温日变化

气温日变化具有一定的周期性规律。通常最高气温出现在 15 时左右,最低气温多出现在日出之前(如图 2.8,图 2.9 所示)。日出时间随季节而异,最低气温出现时间,春、夏季 6 时左右,秋季约 7 时,冬季 8 时前后。气温的日变化,一般用日较差表示。气温日较差的大小,依纬度高低、地区和季节的不同而异。除此以外,日较差还与天气状况有关,晴天日较差大于阴天。气温日较差的空间分布,本应和年较差相反,随纬度的增加而减少。但由于山西省大陆性气候特别显著,因此气温日较差还是和年较差相似。

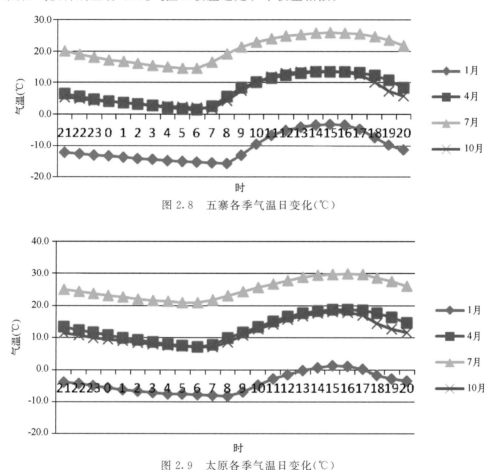

图 2.8　五寨各季气温日变化(℃)

图 2.9　太原各季气温日变化(℃)

(1)年平均气温日较差

由图 2.10 可以看出,省境东南端、西部山区南部日较差最小,均在 12℃ 以下,西部山区大部及东部山区、太原盆地为 12～14℃ 之间,其余地区由于空气比较干燥,白天太阳光透过大气层时损失的能量较少,阳光辐射强度大,升温很快,夜晚,地面热量大量向空气中输送,较干燥的气层不容易储存热量,所以气温迅速下降,故昼夜温差大,日较差为 14～16℃。这些地区由于气温日较差大,白天温度高,作物的同化作用加快,夜间温度低,作物呼吸作用进行缓慢,十分有利于作物体内营养物质的积累,使得粮棉高产、瓜果硕肥香甜。可是在五台山由于受到自由大气经常流动的调节,且空气湿度也较大,云雾天气较多,增温不快,降温缓慢,导致该地区日较差为山西省最小。

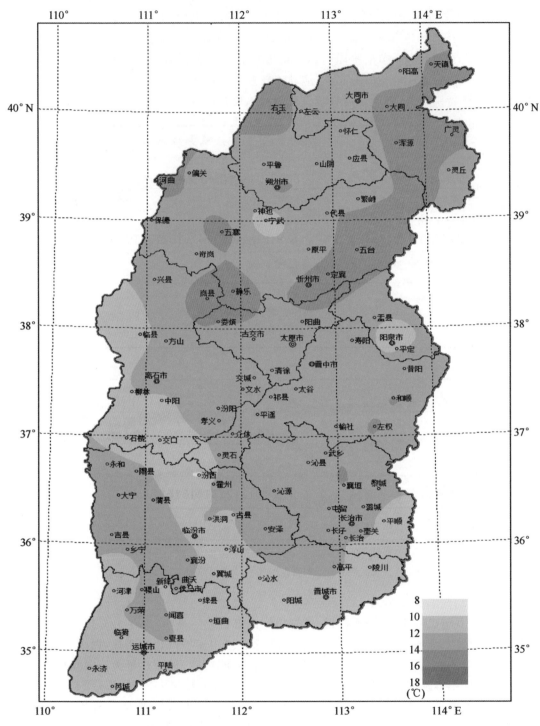

图 2.10　山西省年平均气温日较差

综上所述,山西省气温年平均日较差的分布特点是:北部大于南部、盆地大于山区,晴天大于阴天,阳坡大于阴坡。

(2)各季气温日较差

各季气温日较差的分布趋势和年气温日较差是一致的。一年中,春季和初夏日较差较大,最大的月份出现在 4—5 月份。这是因为冬过之后,太阳辐射逐步增强,此时山西省正逢干季,甚至还在冬季风控制之下,白天升温快,夜间降温也迅速的缘故;夏季,是山西省降水集中的季节,从 6 月份开始,全省开始进入雨季,云雨增多,阳光辐射减弱,白天气温难于上升,夜间又多云雨,气温下降减慢,气温日较差为四季中最小,最小月月份出现在 8月份。

由表 2.5 还可以看出:各地气温日较差最大与最小出现月份有所不同,这种差异主要是各地云雨状况的不同所致。如隰县、蒲县最小值分别出现在 1 月和 12 月份,这主要是由于冬季太阳辐射较弱,而该地区降雪日数相对较多,白天温度不高,夜间失热降温有限所致。

表 2.5　代表站平均气温日较差(℃)

	1月	2月	3月	4月	5月	6月	7月	8月	9月	10月	11月	12月
大同	13.0	13.6	13.7	14.9	14.5	13.6	12.0	11.6	13.1	13.2	12.7	12.3
五寨	16.2	15.5	14.6	16.1	15.9	15.0	13.5	13.4	14.7	14.1	14.4	15.2
太原	12.8	13.1	13.5	14.7	14.4	13.2	11.3	11.0	12.4	13.4	12.3	11.8
榆社	13.7	13.2	13.6	15.2	14.9	13.9	11.5	11.0	12.2	13.4	13.3	13.1
隰县	12.0	12.0	12.7	14.1	14.2	13.5	11.8	11.2	11.6	12.3	12.2	11.4
蒲县	11.6	12.1	13.0	14.7	14.8	14.3	12.1	11.7	11.7	12.2	12.0	11.1
长治	12.0	11.7	12.1	13.3	13.0	12.5	10.6	10.5	11.7	12.4	12.0	11.7
运城	10.4	10.8	11.6	12.6	12.7	11.9	9.9	9.4	9.7	10.5	10.6	10.1

2.1.3　四季分布

2.1.3.1　划分四季的指标

山西省位于华北大平原以西、内蒙古高原南侧,介于太行山与黄河中游峡谷之间。省内南北纬度跨度大,达 6 个纬度之多。地形复杂,山地、高原、丘陵、台地、平原等各种地形均有分布,因而季节分布有一定的差异。例如 3 月份,晋西北大部地区冰天雪地,晋南盆地小麦却已郁郁葱葱。显然,用统一的季节标准,如 3—5 月为春季,6—8 月为夏季,是很难符合自然界客观实际的,因此早在解放前张宝堃先生就参照东部地区的物候变化[2],做出冷(冬季)~暖(春、秋)~热(夏季)之间的界限,即以候平均气温<10℃为冬,>22℃为夏,10~22℃为春秋。并用此统一标准,对我国四季分布进行了研究。朱炳海先生也曾对此进行过详细的讨论[2]。

不少学者对这个指标有过争议,主要原因在于与各地的农事季节不尽相符。例如,若以≥22℃为夏,则哈尔滨以北无夏,但当地仍能种植来自热带的作物水稻,西南云贵山区甚至最热月平均气温仅 18℃ 也能种热带水稻,因此,北方有人建议把 22℃ 改为 20℃;再如华北地区,如以 6℃ 为春,则春始方与春耕期相符。此外,有人认为青藏高原 4000 m 以上无夏季是不符合当地人们生活经验的,等等。张家诚、林之光先生认为:对于任何一个指标,不能求其万全,例如即以农作物而言,种类品种繁多,总有顾此失彼之误。但相同温度下的物候现象却大致相同,因此用物候反映四季有其独特的优点,人们也易于接受,统一认识。而且也只有用统一标准,才能鲜明地比较各地四季冷暖。例如说:"五台山最热月平均气温也低于 10℃,只有 9.6℃,就不如说:"五台山四季皆冬"来得鲜明、简洁。

本节中,笔者采用上述张宝堃分季法[2],利用山西省 1981—2010 年 109 个台站日平均气温稳定通过 10℃、22℃ 初、终日期及初、终间日数的资料,对山西省四季进行了划分和讨论。

2.1.3.2 四季始、终日期及长度分布

(1)春季

山西省晋西北及五台山地区、西部高山区、东部部分山区冬季较长,进入春季最迟,普遍在 4 月下旬至五月上旬才先后入春,其中五台山在 7 月中旬才有春意;忻定盆地及东部山区绝大部分地区,上党盆地一般在 4 月中旬开始入春;太原、临汾盆地在 4 月上旬入春;运城盆地在 3 月下旬或 4 月初就已进入春季(如图 2.11 所示)。

山西是四季分明的地区,春季都不长,地区差异也不太大,一般都在两个月左右。南部较短、北部较长,运城盆地部分地区小于两个月。

(2)夏季

夏无酷暑是山西省气候特点之一。省境内晋南盆地夏日于 6 月初到来,6 月中、下旬夏季范围推进到东、西山区部分地区及晋中盆地一带;吕梁山高山区及省境东南部的安泽、沁源,大同盆地一带要在 7 月上旬到中旬才能迎来夏季(图 2.12)。

山西省的夏季也比较短,但地区差异较大,南部长于北部,盆地长于山区(图 2.13)。最长的运城为 91 d,最短的右玉、神池只有 4 d。晋南盆地为 60~90 d,忻定盆地,太原盆地、黄河沿岸河谷地带为 40 至 60 d,其余地区少于 40 d。

山西省晋南地区夏季是比较长的,与华北平原北部地区相当。这反映了该地区热量资源相当丰富,只要有足够的水灌溉,定可成为富饶的粮棉之仓。

(3)秋季

由于山西省冬季风来的早,其势又猛,真可谓一年一度秋风劲。秋季降温迅速,因此秋季较早地降临大地。入秋日期由北向南延后(如图 2.14 所示)。晋西北右玉、神池等地夏季长度不足五天,相继在 7 月上旬就进入秋季。永和、汾西、交城、太原安泽、晋城一线以北地区也相继在 7 月底至 8 月初进入秋季;此线以南的太原、吕梁山南端入秋时间为 8 月上旬;晋南盆地要在 8 月下旬才进入秋季。

山西省秋季的一个显著特点就是短。大部分地区秋长 60~70 d,南部少数地区不足 60 d。

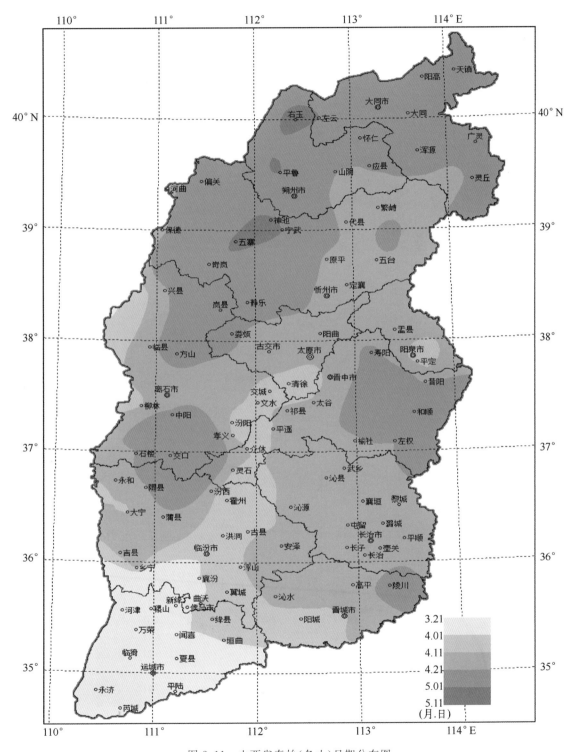

图 2.11　山西省春始(冬止)日期分布图

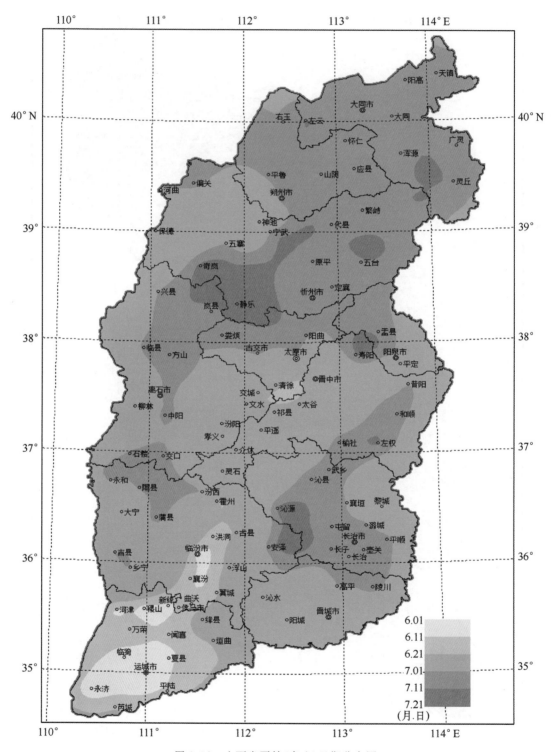

图 2.12 山西省夏始(春止)日期分布图

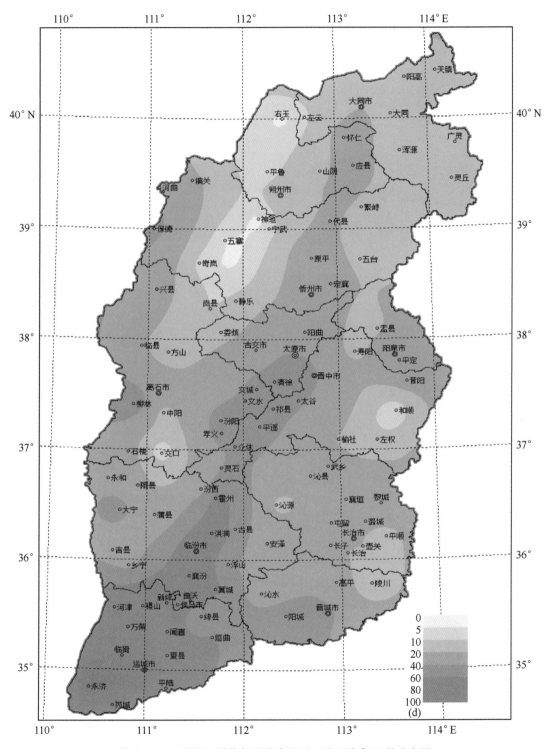

图 2.13　山西省日平均气温稳定通过 22℃（夏季）日数分布图

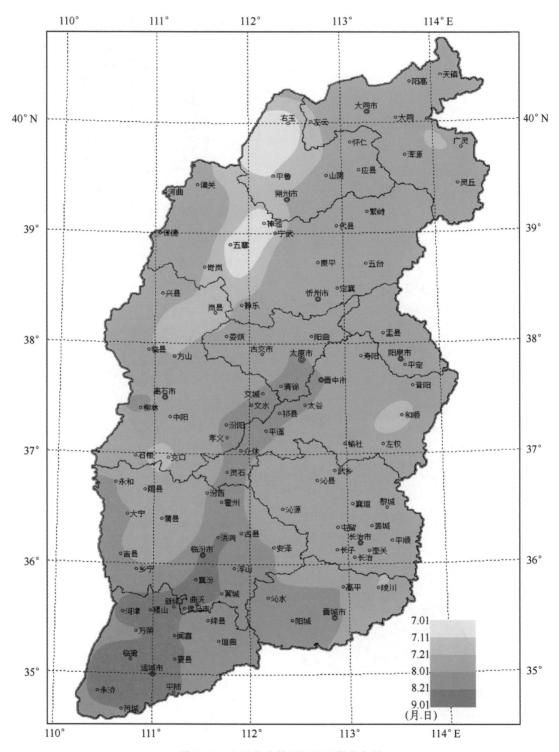

图 2.14　山西省秋始(夏止)日期分布图

(4)冬季

山西省冬季来临时间较早,冬季时间也特别长,大部分地区冬季长达五个月以上。

五台山地区8月上旬就已迎来了冬季;东、西山区的高山区于9月下旬进入冬季;东、西山区除高山区外,其他大部分地区及大同盆地、忻定盆地也在10月上旬以前逐渐入冬;太原盆地及东西山区南端和阳泉一带也于10月中、下旬相继进入冬季;临汾、运城盆地及省境南端于10月秋尽冬来(如图2.15所示)。

山西省冬长自北向南缩短。五台山地区冬长达300余天,晋西北地区及东西山区的高山区及陵川、和顺等地,冬长也在200 d左右,太原盆地、临汾盆地部分地区冬长在160~180 d;晋南盆地大部及省境南端的部分地区冬季长度也在140~160 d(图2.16)。

2.1.4　地温、冻土

2.1.4.1　地温

地温指地面温度,亦即0 cm地温。

大地是大气的冷、热源。大气直接吸收太阳短波辐射的能力较为微弱,绝大部分太阳热量是通过地面吸收后以长波辐射和显热方式传输给大气的。同样,大气夜间和冬季的冷却,亦主要也是由于地面首先辐射冷却并向上传导的结果[1]。

年及各月平均地面温度的分布形势和平均气温是一致的,差值也不大,因此,我们这里不再进行四季分布的详细分析,而仅对年平均地面温度进行描述。

由图2.17可以看出,其分布形势仍为由南向北递减,由高山向盆地递增。晋南盆地及省境南端年平均地面温度介于14~16℃之间,永济最高达到16.4℃;太原盆地及东、西山区南端、阳泉等地为12~14℃,其余大部分地区为8~12℃;晋西北地区、西山高山区及五台山地区,年平均地面温度普遍低于8℃,右玉最低,为6.7℃。

地面温度与气温比较,其年内变化趋势与气温基本一致。夏季地面温度高于气温,冬季低于气温。因此,地面温度的年变化幅度远大于气温的年变化幅度。

地面极端最高温度,各地差异不大,大多数地区为65~70℃。一般出现于6至7月。地面极端最低温度,各地差异较大,临汾盆地以南为-30~-22℃;北部的中、高山区及右玉、浑源等地在-40℃以下,右玉曾达-46℃;其他地区在-40~-30℃之间。极端最低温度多数地区出现在最冷的1月,少数地区出现在2月。

山西省地中温度呈北部低于南部,山区低于盆地,越往深层,地温差异越小。地中各层温度的年变化,越深变化幅度越小,最高、最低值的出现时间相继推后。如太原1.6 m深处,各月平均温度3月最低,为4.3℃,9月最高为17.1℃;3.2 m深处4月最低,为7.9℃,10月最高为14.1℃;5 m深处的地中温度的年变化则更小。

地温的垂直分布,随季节而异。冬季,上层温度低,越往深处温度越高;夏季,上层温度高,越往深处温度越低。春,秋季上、下层地温垂直变化不大。

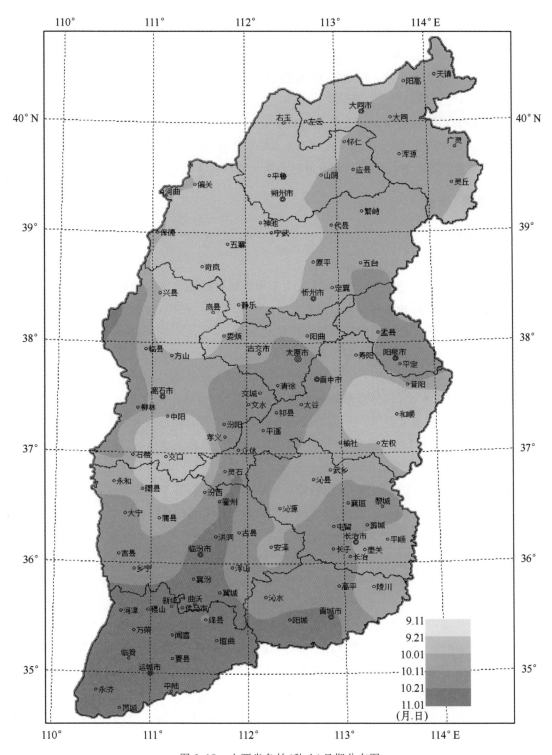

图 2.15　山西省冬始(秋止)日期分布图

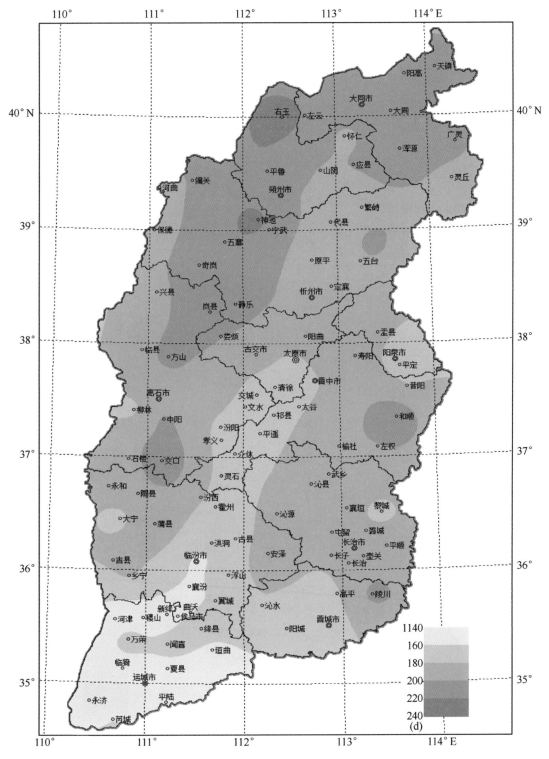

图 2.16　山西省冬季（日平均气温稳定≤10℃）天数分布图

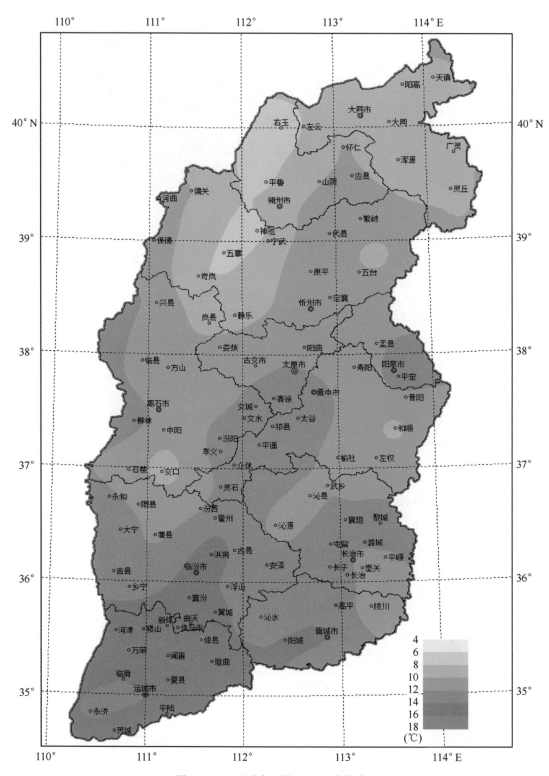

图 2.17　山西省年平均地面温度分布图

2.1.4.2　冻土

地表温度降低到零度以下,土壤中水分开始冻结。日平均地温降到 0℃ 以下,夜冻大于昼消,便形成季节性冻土。冻土对国民经济建设有很大影响。有季节性冻土的地方,埋设输油管道和自来水管等地下设施时,一定要埋到当地最大冻土深度以下,否则会有冻裂的危险,当然也不要埋之过深,浪费人力和物力。冻土区的房屋地基也要深于最大冻土深度,以保证安全。

冻土区春季冻土从地表向下解冻(冻土底部同时向上解冻)而未融穿时,融冻水储积在冻土以上的土壤中会使道路返浆,影响道路质量甚至造成道路损坏影响通行安全。如在铁路沿线有的地段,春季常有春融性隆胀丘突然隆起,夏季还会自动爆炸,被称为铁路上的"暗礁",当然,冻土对农业生产和人民生活也有重大影响。俗话说:"冰冻三尺,非一日之寒。"气温愈低,持续时间越长,冻土也就越深。由图 2.18 可以看出,山西最大冻土深度由南向北递增。北部地区和山区土壤封冻时间长,冻土层厚,南部地区,特别是川谷地带封冻时间较短,冻土层薄。东、西山区及北部大部分地区封冻期长达 7 个月之久,一般始于 10 月初(有的地区在 9 月份就出现冻土),终于次年 4 月底(右玉,五寨及高山区 5 月初才能解冻),最大冻土深度多出现在 2、3 月份,冻土层超过 1 m,大同、右玉、偏关、浑源一带达 1.50 m 以上,大同最大,达 1.86 m;太原、临汾盆地、西部黄河谷地,晋东南丘陵盆地及阳泉和昔阳以东地区,封冻期约 6 个月,一般始于 10 月下旬,终于次年 4 月上旬,最大冻土深度为 0.5～1.0 m,多出现在 2 月份,运城盆地及中条山东、南部的川谷地带,封冻期 4 个月左右,从 10 月底或 11 月初开始,次年 3 月底或 4 月初结束,最大冻土层 0.3～0.5 m 左右,多在 1 月份出现。

春季回暖,冻土融化,造成道路返浆,特别在下湿地和河谷地带,严重返浆给车辆运行带来困难。中、北部及山区道路翻浆一般出现在 4 月中、下旬,太原、临汾,长治,阳泉盆地及周围的低山区在 3 月下旬或 4 月上旬,运城盆地及省境南端川谷地带在 3 月中旬前后。

2.2　降水

气温的高低、热量的多寡,决定了一个地区可能生长什么样的植被、农作物和自然景观,但能否生长,还取决于雨水是否充沛。

在光热资源满足的情况下,水分是决定农业发展和产量水平的主要因素,特别是气候较为干旱的山西省,降水已成为农牧业生产、经济发展、人们生活质量的限制因素。因为一个地区的光、热资源即使很充裕,若没有充足的水分保证,以维持其作物生理活动对蒸腾的消耗,还是不能发挥其增产潜力的。如上一节提到的晋南盆地,按热量条件衡量,完全可以实行一年两熟种植,但因水分资源不足,目前大部分地区只能进行一年一熟制种植。又如降水量的减少直接影响地表径流,进而影响水资源,直接影响经济发展及人们生活[3]。

在山西省,各地降水的多少,除决定于冬夏季风来、去迟早及强、弱的变化,还要受到地形、地势与降水大气系统的影响。

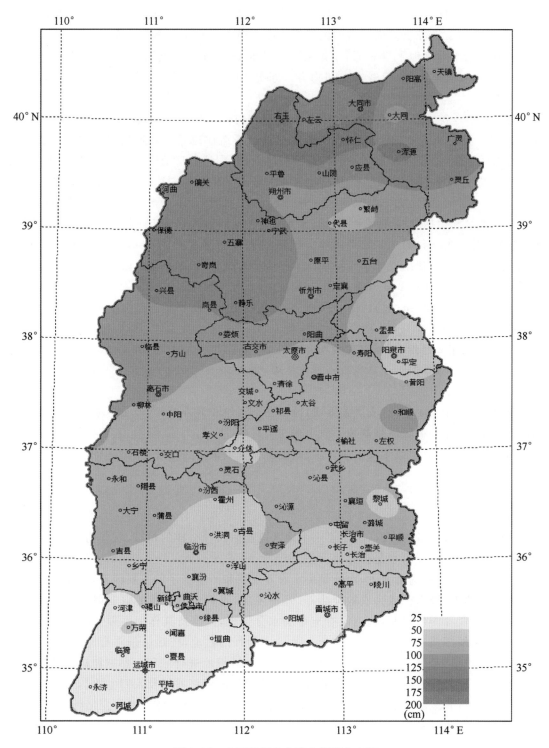

图 2.18　山西省年最大冻土深度分布图

2.2.1　降水的地理分布

山西省地处中纬度大陆性季风气候区域,属暖温带、温带(部分高山区具有寒温带气候条件)气候带。一年中仅夏季受到海洋性暖湿气流影响,成为多雨季节,且雨季的时间较短,一年的大部分时间则在干燥大陆性气团的控制之下,气候干燥,雨雪稀少。

山西省 10 月至次年 3 月为干季,6—8 月为湿季。因此,降水量季节分配极不均匀,季节变化非常明显。一般说来,冬季干旱少雨,夏季雨水充沛,秋雨多于春雨。在同一个季节,各地干旱程度也很不一致,季降水量的地区分布差异也较大。为了便于比较,在本节中季节采用气候学上常用的季节划分方法,即 12—次年 2 月为冬季,3—5 月为春季,6—8 月为夏季,9—11 月为秋季。

2.2.1.1　年降水量的地理分布

由图 2.19 可以看出:降水量空间分布总的特征是:从东南向西北递减,山西省大部分地区年降水量界于 360~620 mm 之间。

晋东南大部分地区,临汾东山区,晋中东山区的榆社、和顺等县的部分山区及吕梁山部分山区,省境中东部的阳泉等地,运城盆地东部年雨量为 500~620 mm,为山西省多雨区;临汾和运城盆地及东西山区部分地区降水量在 450~500 mm 之间;太原盆地、忻定盆地、大同盆地及晋西北部分地区年降水量在 450 mm 以下,其中太原盆地的部分地区及大同盆地降水量最少,在 400 mm 以下。

由于地形的地势抬升作用,暖湿气流遇山地极易成云致雨,致使山地降水量普遍多于川谷,这是山西省降水的又一特征。如中条山东段山区,陵川东部山区、太岳山区等,为多雨中心,可达 600 mm 以上。又如五台山顶降水量为 614 mm,而在五台县豆村只有 503 mm。

表 2.6　山西省与同纬度地带雨量(mm)比较

地名 ＼ 月份	1	2	3	4	5	6	7	8	9	10	11	12	年
右玉(中国山西)	2	3	10	21	39	56	94	101	53	20	6	2	407
北京(中国)	3	4	10	25	37	72	160	138	49	23	10	2	532
克拉斯诺伏斯克(俄罗斯)	11	13	15	12	7	2	2	3	3	6	9	11	92
克基拉(希腊)	221	140	102	59	48	11	8	12	109	177	228	204	1319
纽约(美国)	81	77	91	99	97	92	97	87	84	73	93	86	1057

将山西省降雨量与同纬度地带进行比较(见表 2.6),由表可以看出,在同纬度地带,就降水量和降水量季节分配而言,右玉和北京及美国纽约的降水量季节分配比较相似,均为夏半年多雨,但降水量远少于北京和美国纽约,俄罗斯的克拉斯诺伏斯克,年降水量只有 92 mm,远小于同纬度的山西右玉。这显然是由于该地深居欧亚腹地,气候的大陆性更为强烈的原因。希腊的克基拉的降水量约是同纬度山西右玉的 3.2 倍,且季节分配与之相反,冬半年多雨,夏季少雨。这主要是由于该地冬半年西风强盛,气旋活动频繁,雨水丰沛,夏季为副热带高压所盘踞,气候干燥,是十分典型的地中海型气候。

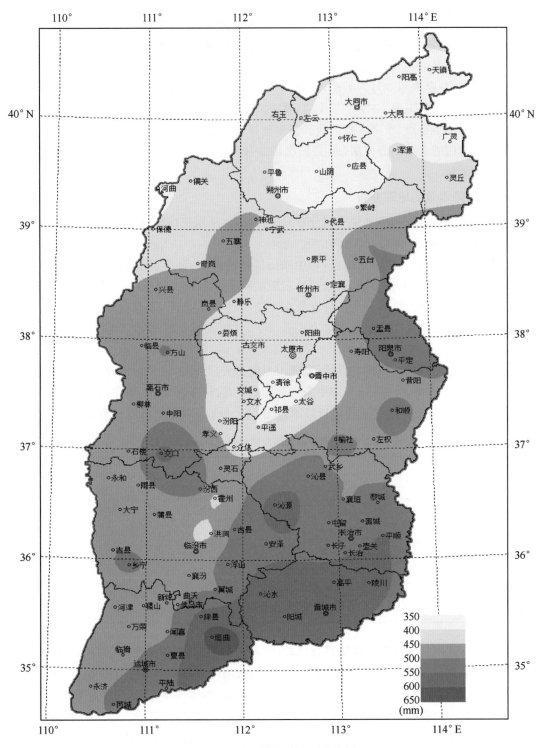

图 2.19　山西省年降水量分布图

全省的降水量与中国其他地区比较,比其西部黄土高原优越得多,也不比东部河北平原少,降水量在华北来说还是比较可以的,但因省内地形复杂、坡度大、沟壑多,植被覆盖差,致使水土流失严重,降水利用率低。

2.2.1.2　冬季降水量的地理分布

冬季,山西省处在干冷的极地大陆性气团控制下,干旱少雨。

从冬季降水量地理分布图来看(图2.20),冬季降水量绝大部分地区介于5～25 mm之间,省境南端川谷地带,降水量大于20 mm,垣曲最大为26.9 mm;东部与西部山区的高山地带及西部山区的南部、运城盆地为15～20 mm;临汾盆地、西部山区大部、东部山区为10～15 mm;忻定、大同盆地及太原盆地的部分地区及其余地区降水量不足10 mm,广灵最少仅为4.7 mm。其分布形势基本上与年降水量分布形势相同。从冬季降水量占年降水量百分比分布来看,全省为2%～5%之间,南部多于北部,山地大于川谷。

2.2.1.3　春季降水量的地理分布

春季,由于冬季风势力开始减弱,夏季风逐渐活跃且向北伸张,降水量比冬季明显增多(图2.21)。

由图可以看出:全省春季降水量在57～117 mm之间。南部、东南部、东部部分地区和一些高山区降水量在80 mm以上,其中运城东部及省境南端川谷地带在100～117 mm之间,尽管这些地区降水量还不能满足该时期作物生长的全部水分需要,但相对来说,对春播作物和冬小麦返青后生长还是比较有利的;中部山区春季降水量在70～80 mm之间,太原、忻定、大同盆地及北部地区为60～70 mm,局部地区不足60 mm。因此,中北部地区春播时期常感缺水,对中部地区冬小麦返青后生长和北部地区春小麦生长都不利。

春季降水量占年降水量的比例,大部分地区达10%～20%,运城地区大部及省境南端川谷地带达20%以上。

2.2.1.4　夏季降水量的地理分布

夏季是山西省降水量特别集中的季节。

由图2.22可以看出:山西省夏季降水量纬向分布较为明显。省境东部及东南部沿线降水量在300 mm以上,东南部高山区达320 mm以上,这与玉米、谷子等大秋作物需水高峰期配合较好。东山区绝大多数地区、忻定盆地也达250～300 mm,虽然降水条件不如太行山区好,但一般年份对大秋作物生长还是比较有利的。太原盆地、大同盆地、运城盆地降水量较少,不足250 mm,其中位于太原盆地和大同盆地的平遥、祁县、山阴、怀仁、应县降水量不足220 mm,应县最少为213 mm。由于运城盆地气温高、降水少,常常造成夏旱(伏旱),对玉米、谷子类大秋作物生长非常不利。

从夏季降水量占年降水量的百分比来看,由于受季风影响,夏季降水量高度集中,约占全年总降水量的50%～60%,越往北所占比例越大。岚县、离石、介休、太谷、榆社、长治一线以北大于60%,此线以南小于60%,运城盆地小于50%。

2.2.1.5　秋季降水量的地理分布

秋季正是夏季风过渡到冬季风的转换季节,地面气压系统的转变早而急剧,高空副热带高压脊的南撤虽也较快,但仍落后于地面,地处黄土高原东部的山西省,大部分地区出现了一个秋高气爽的天气,但在局部地区也会出现秋雨绵绵的景象(图2.23)。

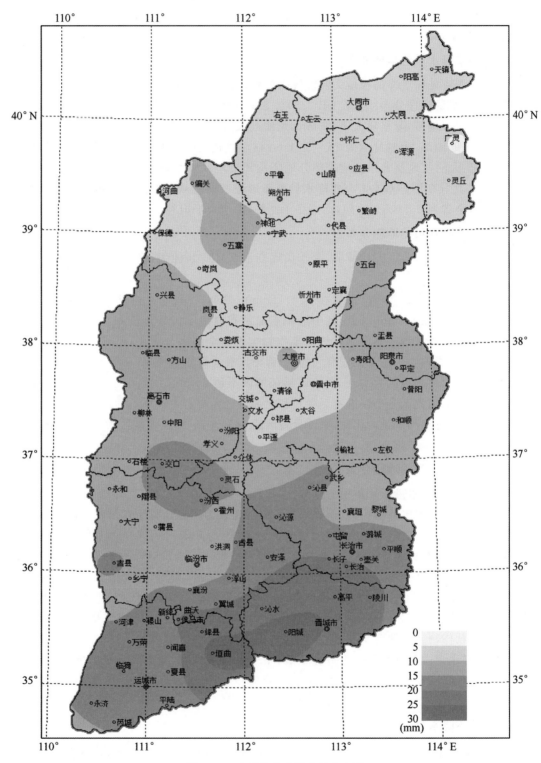

图 2.20　山西省冬季降水量分布图

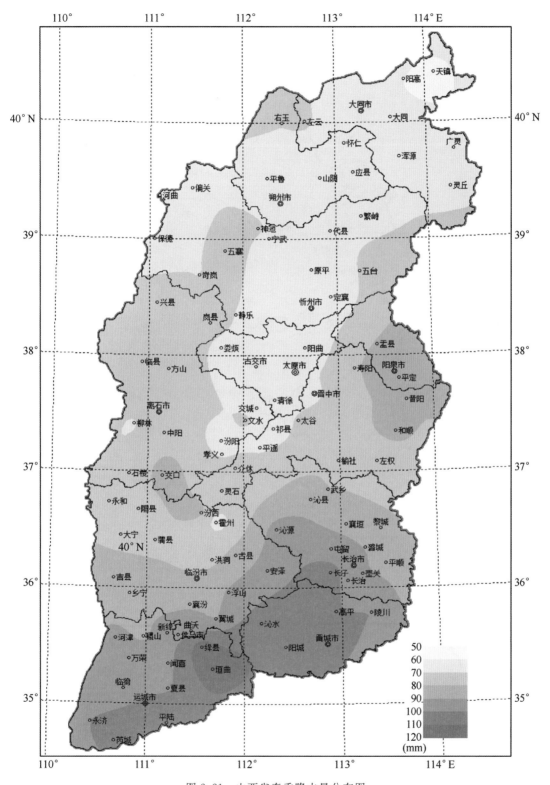

图 2.21　山西省春季降水量分布图

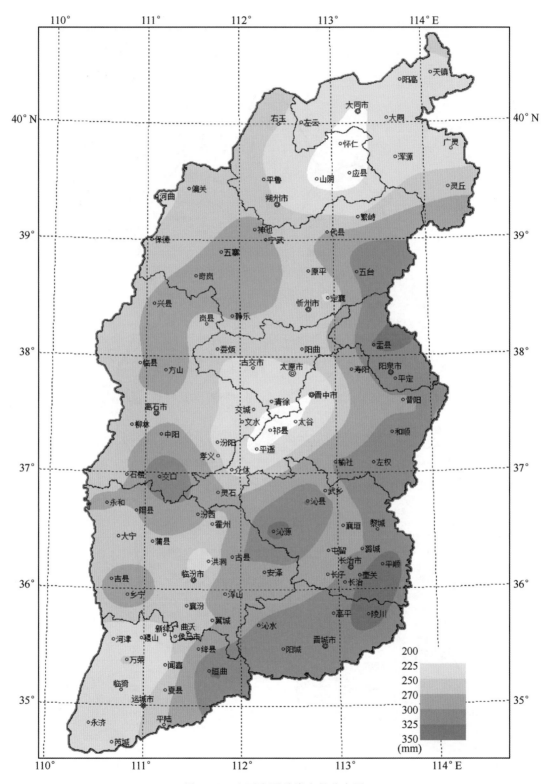

图 2.22　山西省夏季降水量分布图

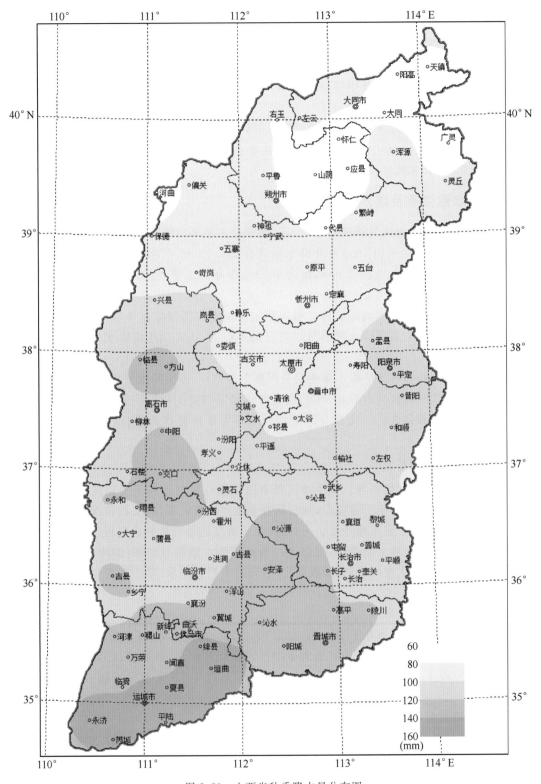

图 2.23　山西省秋季降水量分布图

由图可以看出,山西省秋季降水量比夏季显著减少。且分布形势与夏季有所不同。

晋南盆地西部少雨中心已消失,全省秋季降水量呈由北向南增加,由高山向盆地减少的趋势。全省秋季降水量在70~150 mm之间。省境南端川谷地带大于150 mm,晋南盆地大部、东部山区高山地带及西部山区南端部分地区在120~150 mm之间,中部大部分地区介于100~120 mm之间;晋北及中部两大盆地降水量少于100 mm,其中大同盆地降水量最少,少于80 mm。

从秋季降水量占年降水量百分比的分布来看,全省大部分地区在20%~30%之间,所占比例比夏季明显减少。其中太原盆地、晋南盆地在25%~30%之间,其余大部分地区在20%~25%之间,有少数地区少于20%。

2.2.2 降水量变率及降水量保证值

降水量变率大,是季风气候的一个特点。如宁武多年平均降水量为427.6 mm,但1964年年降水量为750.6 mm,而1965年年降水量只有226.1 mm;6月平均降水量为65.1 mm,1964年该地6月降水量达227.7 mm,相当于1965年年降水量,而1965年6月降水量仅有13.1 mm,只及前者的5.7%。

降水量在平均值上下摆动是粮食产量不稳定及旱涝灾害发生基本因子之一。因此,仅以降水量多年平均值来表征降水量的气候特征是不够的,还必须考虑降水量的变率和降水量保证值。

为了能比较山西省各地区降水量变动及程度上的差异,选用降水量相对变率,即降水量平均偏差与降水量平均值的百分比,作为衡量降水稳定程度的指标。它可以表明各地区旱灾发生的可能性及其强度。一定百分率下的降水量保证值可作为进行农业规划等的基本依据。

2.2.2.1 年降水量相对变率

山西省地形复杂,气候各异。每个地区都有适应当地年雨量和干湿程度的作物,可是,如果一个地方的年雨量逐年不够稳定,就会给农业生产带来灾害,需要视情况安排排灌或抗旱设备,这就不仅需要了解当地降水状况,还需要了解当地降水量的稳定程度。为了能比较全省各地降水量变动程度上的差异,气候上一般选用降水量相对变率,即降水量距平值(取绝对值)与气候平均值之比(以百分数表示)。它可以表明各地水、旱灾害发生的可能性及其强度。

(1)年降水量相对变率

山西省年降水相对变率介于12.4%~22.1%之间。由图2.24可以看出,山西省降水量相对变率呈非明显的经向分布,且盆地大于山区。运城盆地、太原盆地、忻定盆地为高值中心普遍在18%以上;低值中心位于平顺一带,在14%以下;其余地区普遍在14%~18%之间。

(2)各季降水量相对变率

季降水量相对变率,由于时间相对较短,雨量较少,各季不能相互补偿,因此,季降水量相对变率要比年降水量变率大得多。图2.25表示了各季降水量相对变率分布状况,表2.7列出全省代表站各季降水量相对变率。由上述图、表可以看出:四季中变率以降水量最少的冬季最大,普遍在40%~60%之间,其分布形势基本上呈南部大于北部,盆地大于山区。大

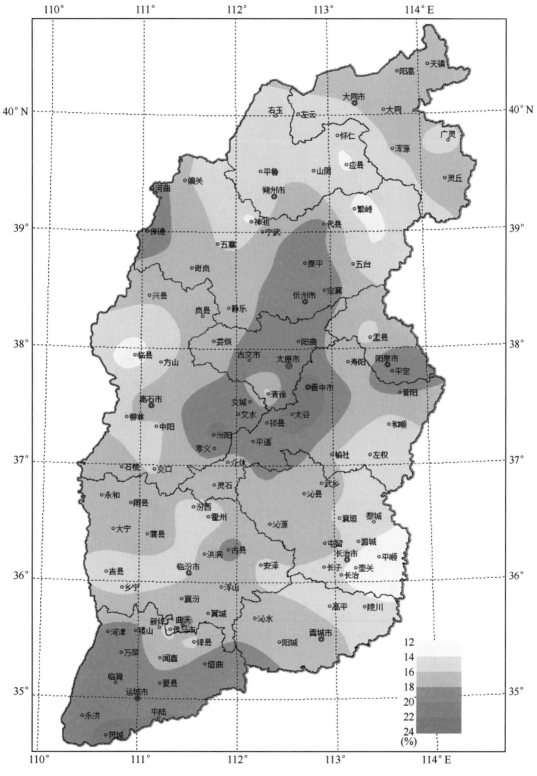

图 2.24　山西省年降水相对变率

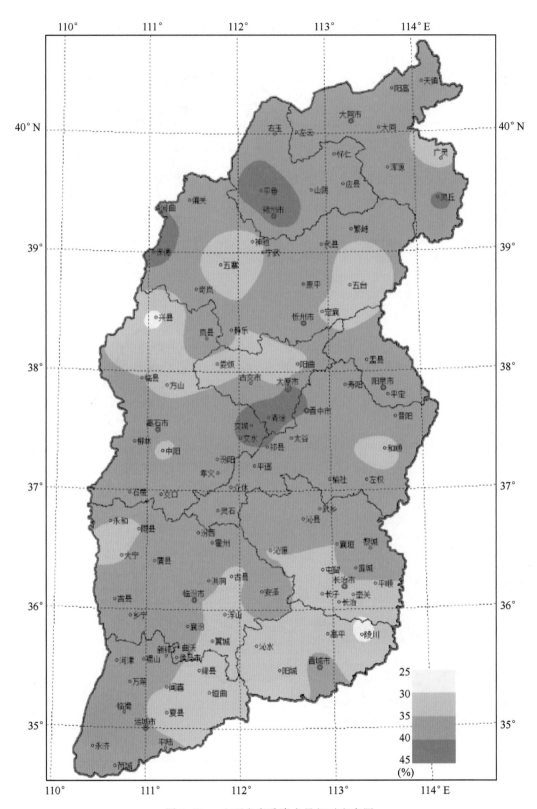

图 2.25a 山西省春季降水量相对变率图

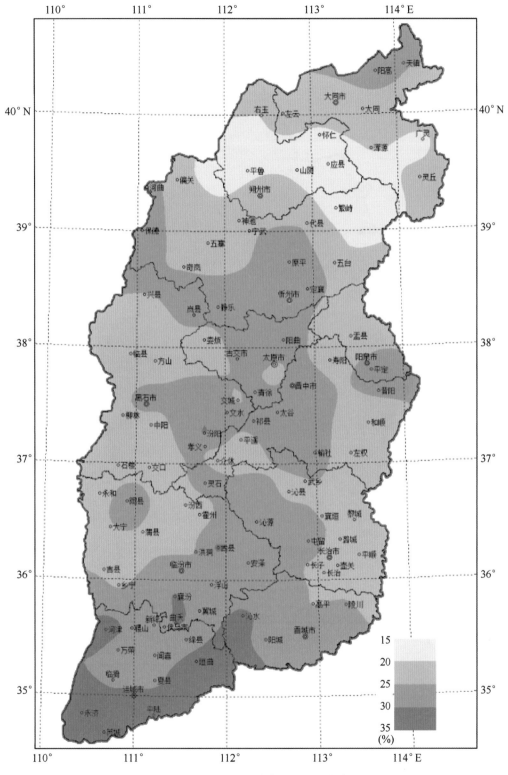

图 2.25b 山西省夏季降水量相对变率图

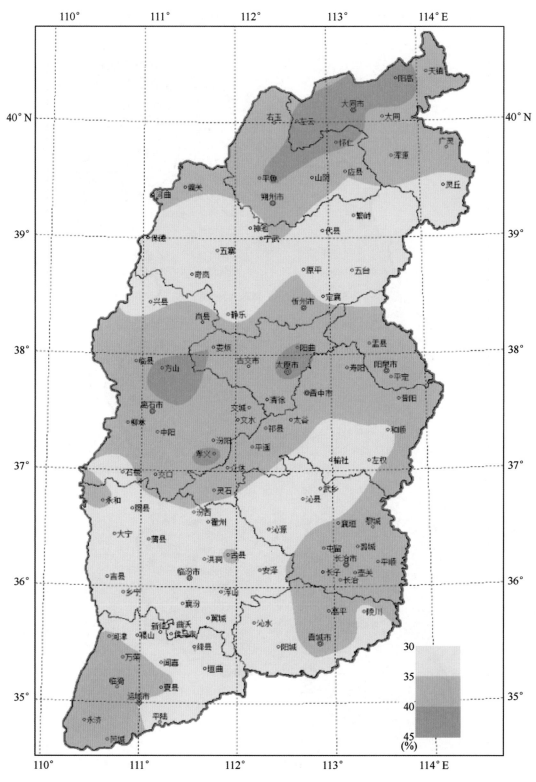

图 2.25c　山西省秋季降水量相对变率图

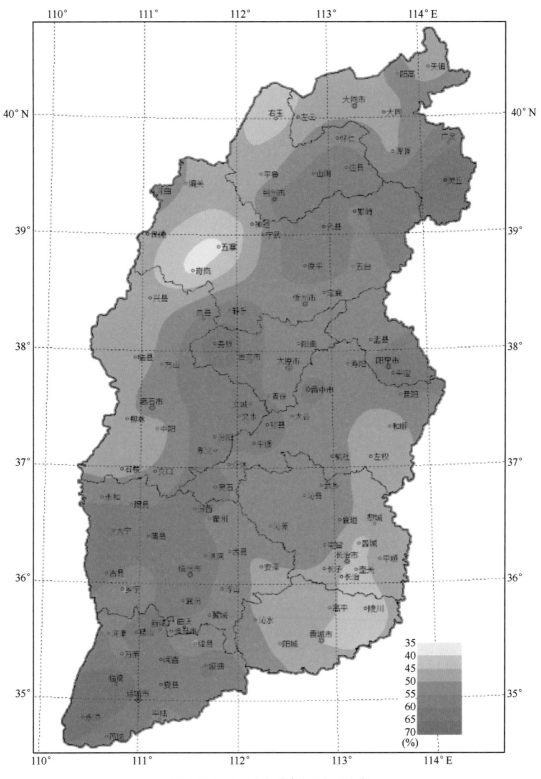

图 2.25d 山西省冬季降水量相对变率

同、太原、临汾、运城、上党盆地均在50%以上,其中运城、临猗、永济达60%以上。春、秋次之,普遍在27%～44%之间,西北部朔县,平鲁一带较大,春秋季均大于40%。夏季雨水充沛,变率最小,普遍界于18%～34%之间。上述降水量相对变率的季节变化及各季的基本状况,它可作为一个地区安排生产以及布署排灌设备投资的基本依据之一。

表 2.7 山西省代表站各季降水量相对变率(%)

站名 \ 季节	春	夏	秋	冬
大同	37.9	22.4	40.1	48.0
右玉	39.9	20.0	37.9	42.1
山阴	38.5	19.3	39.0	56.8
繁峙	36.6	17.3	32.9	54.1
五寨	30.9	20.2	27.3	38.7
原平	40.3	28.2	34.9	60.1
岚县	39.9	27.2	37.7	56.2
忻州	40.0	24.6	37.6	50.9
临县	35.1	20.9	38.1	46.3
太原	42.3	24.5	42.5	54.1
阳泉	36.4	25.9	38.4	58.8
榆社	35.1	27.3	33.7	51.7
隰县	34.6	27.1	32.1	54.8
临汾	35.2	27.2	32.1	58.6
安泽	38.0	26.8	33.8	49.3
长治	31.9	23.9	36.6	44.5
稷山	38.0	29.5	32.9	57.0
阳城	30.2	28.8	34.6	48.4
垣曲	34.1	33.8	33.7	61.7
运城	36.1	30.8	34.9	58.9

2.2.2.2 降水量保证值

以上论述的多年平均降水量只能表示常年平均情况,出现机会只有50%。降水量相对变率能了解其变化幅度,但工农业生产及社会活动中,必须具体了解降水量的保证程度,因此,也和积温一样,需要计算一定保证率下的降水量,通常较多使用80%保证值。

(1)年降水量80%保证值

由图2.26可以看出,山西省年降水量80%保证值普遍在282～487 mm之间,其分布状况基本上由南向北递减,由盆地向高山递增。东、西山区及上党盆地、五台山邻近地区普遍在350 mm以上,其中,省境东南部地区达450 mm以上;而中北部盆地区均少于350 mm,其中大同盆地最少,为300 mm以下。由此可以看出,山西省东南部地区降水比较充沛,且变率小,保证值较高,这是该地农业生产稳产高产的主要因素之一。

(2)各季降水量80%保证值

降水量80%保证值季节分布状况与降水量基本相同(图2.27)。

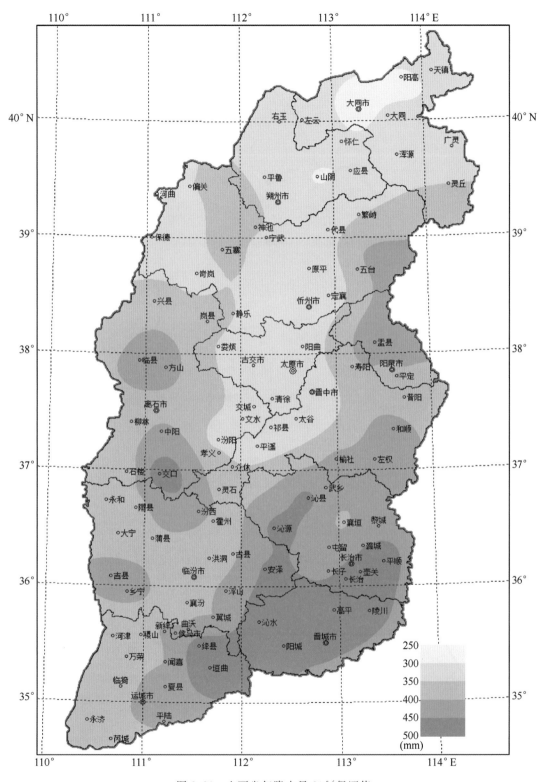

图 2.26　山西省年降水量 80％保证值

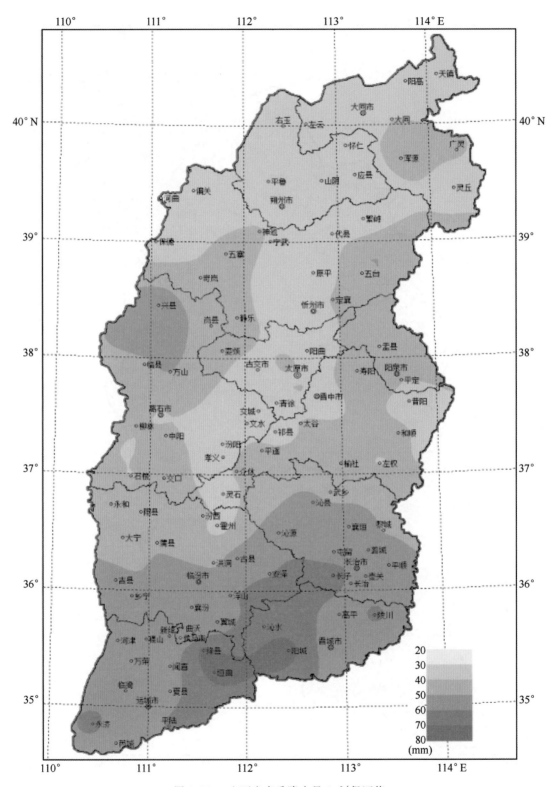

图 2.27a 山西省春季降水量 80％保证值

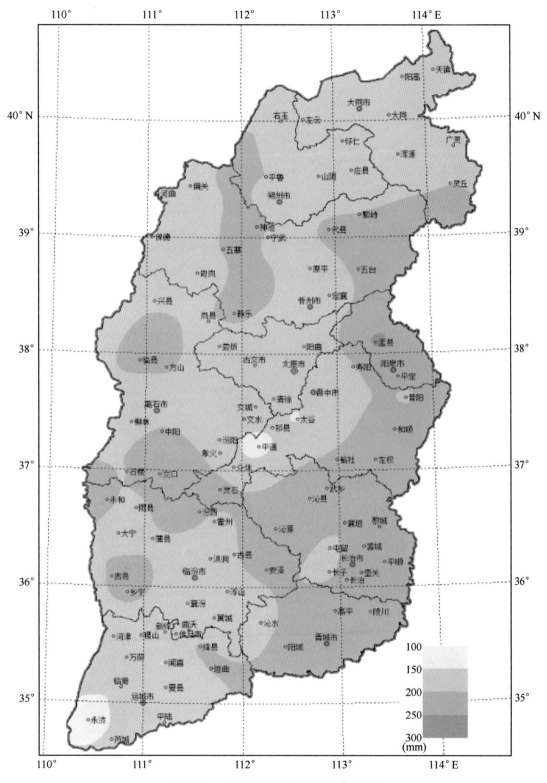

图 2.27b　山西省夏季降水量 80％保证值

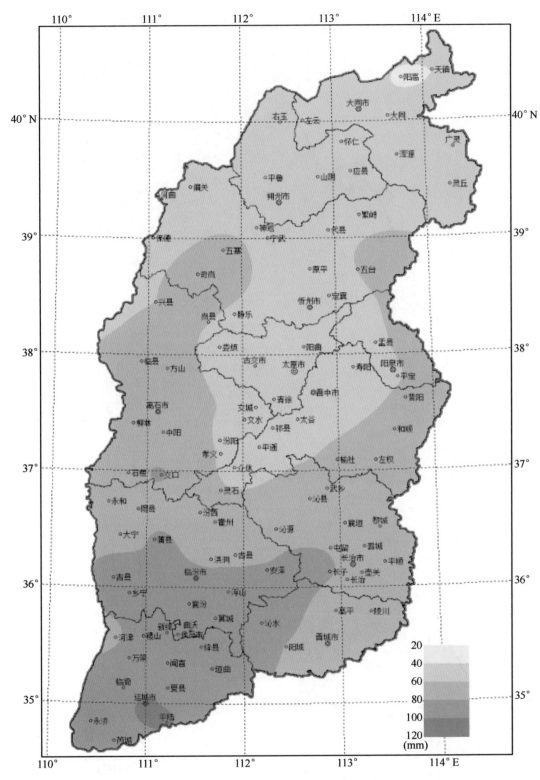

图 2.27c　山西省秋季降水量 80％保证值

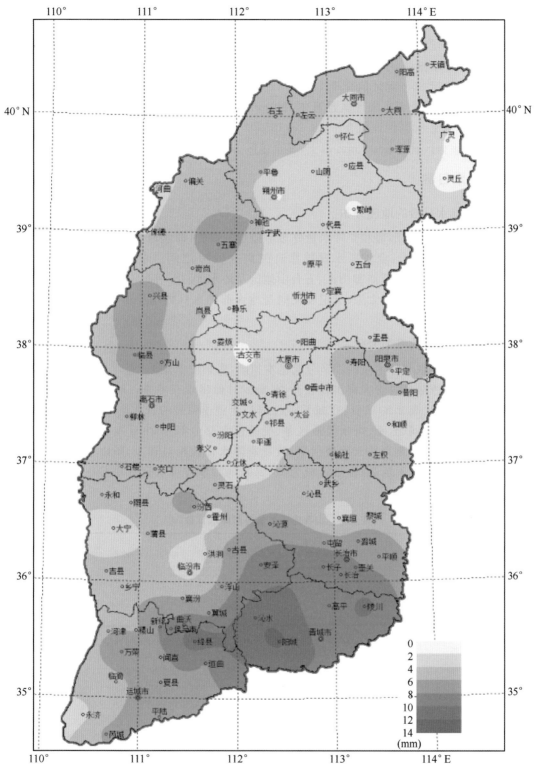

图 2.27d 山西省冬季降水量 80% 保证值

1)冬季降水量80%保证值介于1.5～12.5 mm之间,高值中心位于省境东南部,普遍在8 mm以上,其他地区在8 mm以下。

2)春季降水量80%保证值介于28.8～74.2 mm之间,高值中心仍然位于省境南部,但中心位置较冬季略偏西,中心附近大部分地区普遍在60 mm以上,其余地区少于60 mm。

3)夏季降水量80%保证值介于133.5～259.2 mm之间,省境南部的高值中心已消失,东山区、西部高山区及晋东南地区普遍在200 mm以上,其余地区少于200 mm。

4)秋季降水量80%保证值介于38.2～105.02 mm之间,高值中心位于省境西南部的运城盆地附近,该地区普遍在90 mm以上,其余地区普遍在90 mm以下。

2.2.3　降水日数

2.2.3.1　年降水日数的地理分布

年降水日数的分布形势和年降水量分布形势是一致的,即盆地少于山区,南部略大于北部,由图2.28可以看出:全省降水日数普遍在67～92 d之间。东、西山区及五台山区大于80 d,其中西部高山区及南部山区、五台山地区及沁水、陵川一带,普遍在85 d以上;盆地降水日数偏少,运城、临汾、太原、忻定及大同盆地大部降水日数均少于75 d,其余地区介于75～80 d。

2.2.3.2　降水日数的季节变化

山西省降水日数和降水量的季节分配基本相同,多集中于夏季。

各地降水日数最多月份大都出现在夏季,最少月份出现在冬季。从降水日数的季节变化幅度及分布状况(表2.8)来看,有如下特点:(1)干湿季明显的晋北地区及境内山地,季节变化幅度最大,如大同、五寨、忻州等地区冬、夏差值大部分都在28 d左右,其中忻州最多,为29.1 d。(2)晋南盆地夏季常出现伏旱,故夏季降水日数相对较少,所以该地区降水日数季节差异为全省最小,不足20 d,如运城为18.2 d。(3)本省降水日数季节化变幅度呈由南向北逐渐增大。

表2.8　山西省代表站各季降水日数(d)

站名 ＼ 季节	春季	夏季	秋季	冬季
大同	15.8	34.5	15.8	6.1
右玉	17.0	34.9	17.7	8.5
五寨	20.6	38.1	21.4	11.1
忻州	15.7	34.8	16.6	5.7
太原	15.4	31.3	16.1	5.8
榆社	18.1	35.9	18.8	9.0
隰县	18.2	33.0	20.0	8.6
临汾	16.7	29.3	19.1	6.9
长治	19.9	36.7	20.5	11.6
运城	18.2	26.5	21.8	8.3

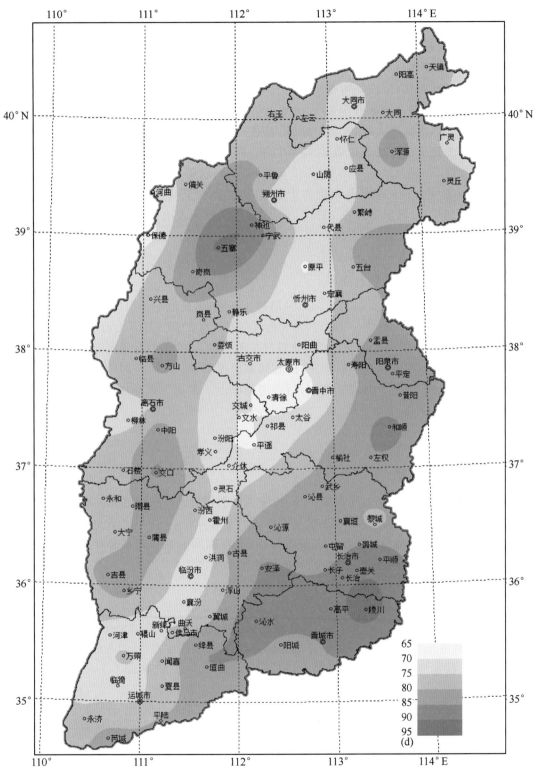

图 2.28　山西省年降水日数

各季降水日数的高值中心区域的分布特征(图 2.29)是:(1)冬季降水日数介于 4.5～12.2 d 之间,高值区域集中在东、西部的高山区及省境东南部,冬季该区降水日数均在 8 d 以上,其中陵川附近达 12 d 以上;其余地区普遍在 8 d 以下。(2)春季降水日数介于 14.1～20.6 d 之间,南部降水日数迅速增加,从春季降水日数分布可以看出,其高值中心已移至南部地区。上党盆地南部,阳城等地春季降水日数已达 19 d 以上;东西山区及大同盆地东部亦已增至 17～18 d,其余地区介于 14～16 d。(3)夏季降水日数介于 25.9～39.8 d 之间,高值中心已移至东西山区高山区,五台山地区、五寨及和顺等地降水日数已增至 38 d 以上;东西山区及晋北的绝大部分地区也增至 32 d 以上;晋南盆地夏季干旱缺雨,降水日数为全省最少,在 29 d 以下;其余地区介于 29～32 d 之间。(4)秋季,降水日数显著少于夏季,介于 15.8～23.1 d 之间。总的趋势是南部多于北部、山区略大于盆地。运城盆地已由夏季的低值中心变为高值中心,降水日数在 22 d 以上,这是由于秋天晋南地区时常出现连阴雨天气,有的年份秋雨甚浓,云雨遮日,使喜光作物棉花遭受致命的打击;低值中心出现在大同盆地及晋西北地区,降水日数只有 5 d 左右。

2.2.3.3　最长连续降水日数的分布

山西省最长连续降水日数的地区分布呈南部长于北部、盆地短于山区。高值中心出现在西部山区离石、柳林、中阳、石楼一带附近,最长连续降水日数在 10～16 d 之间;次高值中心出现在浮山、安泽、屯留、长治一带,最长连续降水日数在 10～12 d 之间;其余地区介于 6～8 d 之间。

从最长连续降水日数出现的时间来看,北部多出现在 6—8 月,个别地区出现在 9 月、11 月;中部地区多出现在 7—8 月或 9 月上旬;晋南地区由于常发生秋季连阴雨,故多出现在 9 月中、下旬及 10 月上旬。

2.2.4　降水强度

2.2.4.1　平均降水强度

降水强度表示单位时间的降水量,是反映降水量利用价值的重要参数,为农业生产和水利建设等国民经济建设部门所必须的参考条件。以全省而论,6 月下旬至 10 月上旬是山西省的雨季,也正是农作物生长发育需水的时候,并有可能发生对经济建设有害的降水强度,所以,这里仅讨论 7—9 月以日为单位时间的平均降水强度。

(1)7 月降水强度

7 月份降水强度全省在 6.7～12.5 mm/d 之间。其分布形势呈由北向南递增,其强度较大的中心位于省境东南端及临汾、运城盆地东部,强度达 10～12.5 mm/d,垣曲最大,为 12.5 mm/d;此外东西山区大部、临汾盆地大部等地的降水强度在 8～10 mm/d 之间;降水强度较小的大同盆地、忻定及太原盆地为 6.7～8 mm/d 左右,定襄最小为仅有 6.7 mm/d (见图 2.30a)。

(2)8 月降水强度

8 月份全省降水强度在 6.2～10.7 mm/d 之间,其分布形势的主要特点是:山地大于盆地,但太原盆地例外,其强度略高于邻近山地。全省降水强度较大的中心较为分散,主要位于东、西山山区,强度可达 10 mm/d 以上,强度较小的为大同盆地,在 7 mm/d 以下。其余地区介于 7～10 mm/d 之间(见图 2.30b)。

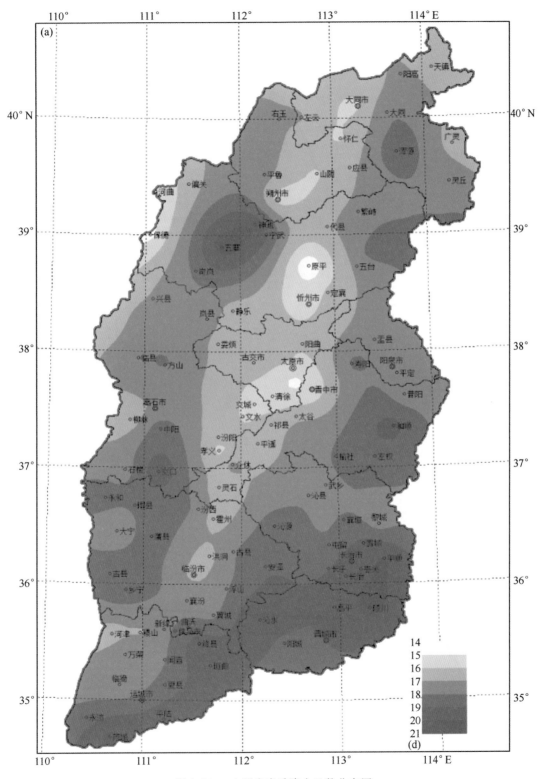

图 2.29a　山西省春季降水日数分布图

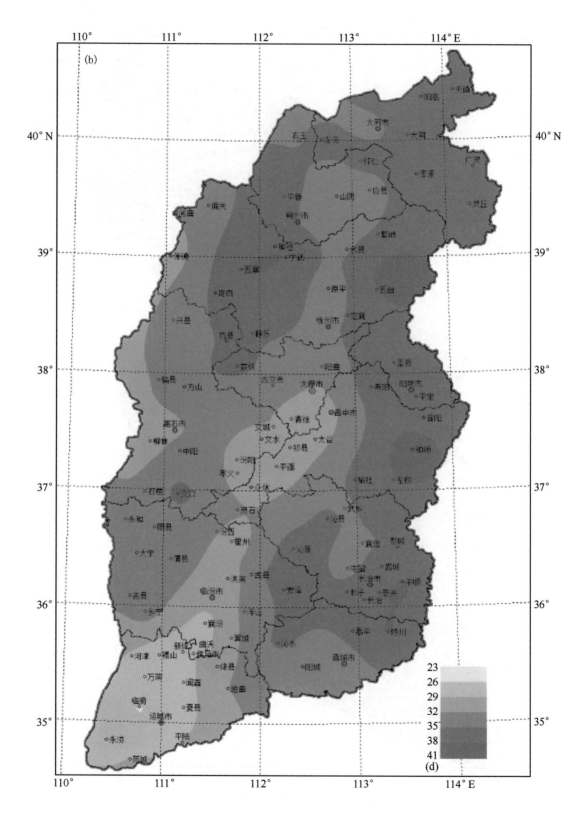

图 2.29b 山西省夏季降水日数分布图

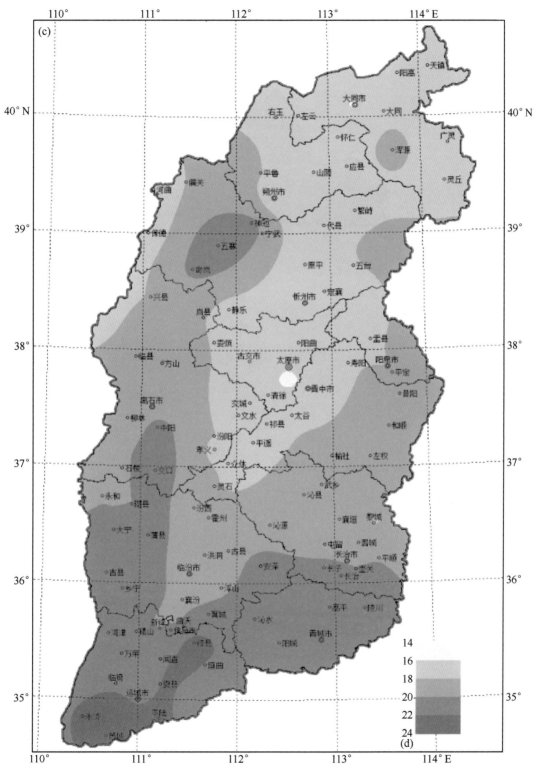

图 2.29c　山西省秋季降水日数分布图

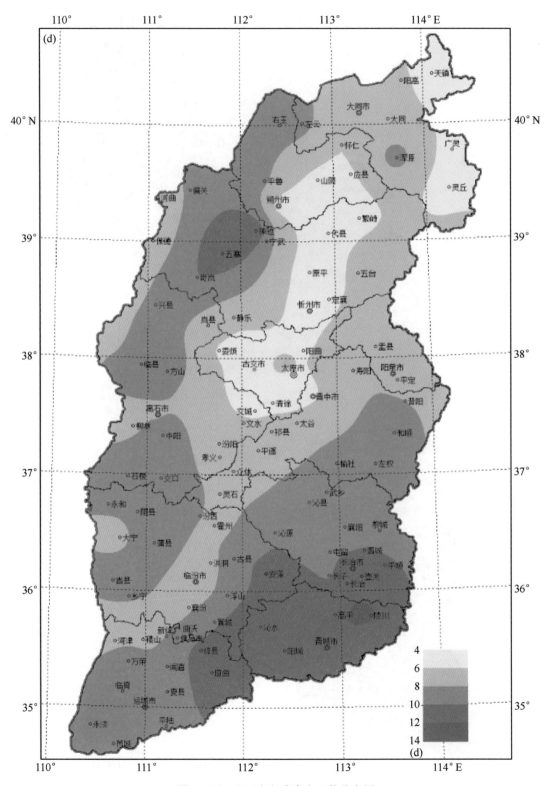

图 2.29d　山西省冬季降水日数分布图

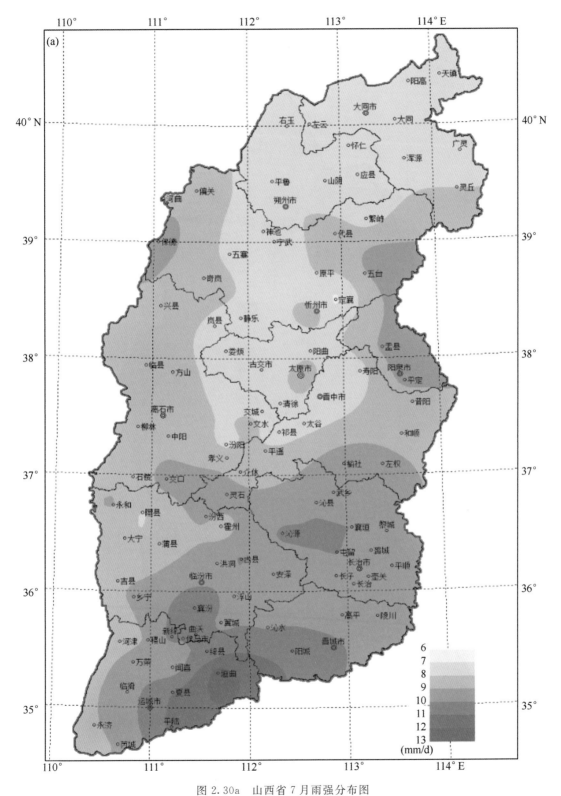

图 2.30a　山西省 7 月雨强分布图

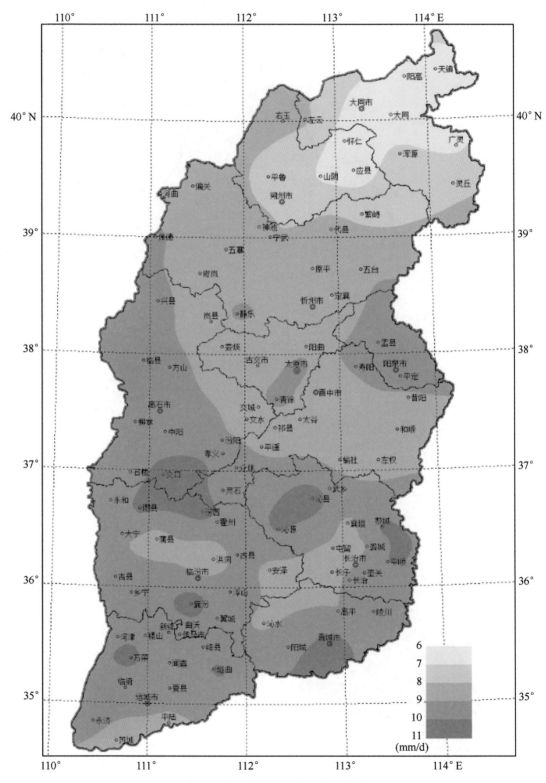

图 2.30b 山西省 8 月雨强分布图

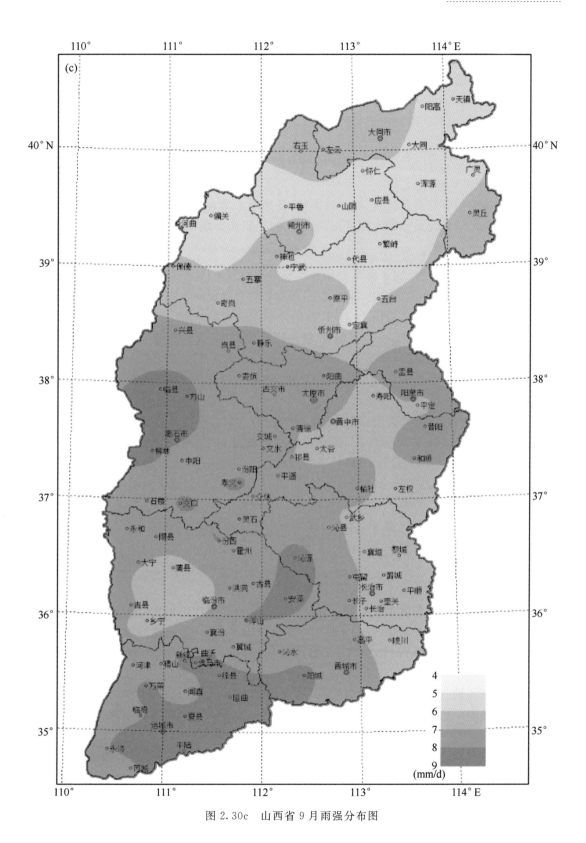

图 2.30c　山西省 9 月雨强分布图

（3）9月降水强度

9月份降水强度全省在5.0～8.7 mm/d之间,其分布形势与8月份大致相同,全省有三个降水强度较大的中心,中心之一位于省境南端川谷地带,中心之二位于西山离石、临县、柳林一带,之三位于东山区的沁源、安泽一带,强度达8 mm/d以上;低强度中心仍位于大同盆地一带,其次为西山区的蒲县附近,降水强度为5 mm/d以下;其余地区介于5～8 mm/d之间(见图2.30c)。

值得指出的是,9月份,上党盆地强度迅度减弱,已由高值中心转变为一个相对低值中心,强度已低于7 mm/d。

由于雨带的季节移动及地形、地势的影响,各地降水最大强度出现的月份也不相同。离石、太原、阳泉一线以北最大降水强度出现在8月份,以南出现在7月份。

2.2.4.2 各级降水强度

平均降水强度,虽然反映了降水总量在雨日里平均分配状况,但是却掩盖了各级降水强度的分布特征。因此,在上述分析的基础上,很有必要对各级降水强度作进一步讨论。

（1）日降水量≥10 mm（中雨以上）日数的分布

日降水量≥10 mm日数,全省普遍在11～19 d之间,其分布形势基本上呈由北向南递增,山地多于盆地。五台山日数最多,为23 d;东部山区及上党盆地、运城盆地、省境东南部普遍在18 d左右,绛县最多为18.7 d;大同盆地最少为11～12 d,其余地区为13～16 d(见图2.31a)。

（2）日降水量≥25 mm（大雨以上）日数分布

日降水量≥25 mm的大雨日数,在全省范围内明显少于中雨日数。全省在2～6 d之间。其分布形势与中雨(≥10 mm)日数基本相似。西部山区中部、东部山区及上党盆地、运城盆地、省境南端川谷地带为全省较多的地区,其日数为4～6 d;仍以大同盆地最少,普遍在2～3 d之间,其余地区在3～4 d之间(见图2.31b)。

日降水量≥50 mm属于暴雨,将在灾害章节中加以阐述。

2.3 风

风是最重要的气候要素之一。盛行风向特征表示气压系统的形势、配置和稳定性;平均风速则表示气压系统的平均强度。风速对经济建设关系重大,建筑物的风压荷载设计主要决定于当地的最大风速;狂风、飑线、龙卷破坏建筑设施和颠覆船只、损害庄稼的事时有发生。

风输送着不同气团,使空气中的热量和水分相互交换,由此形成不同的天气现象和气候特征。正是冬半年强劲北风,使山西省冬季气候寒冷;也正是夏半年东南季风使雨水集中于夏季。

地面风向和风速不仅受气压场分布的支配,而且在很大程度上受地形和地势的影响。山隘和峡谷能改变气流运动方向并使风力加大;丘陵、山地却因摩擦加大使风速减小,多见平稳天气;孤峰山顶和高原地区则又天高风急。因此,风向和风速的时空分布较为复杂。

风是重要的可再生的清洁能源。

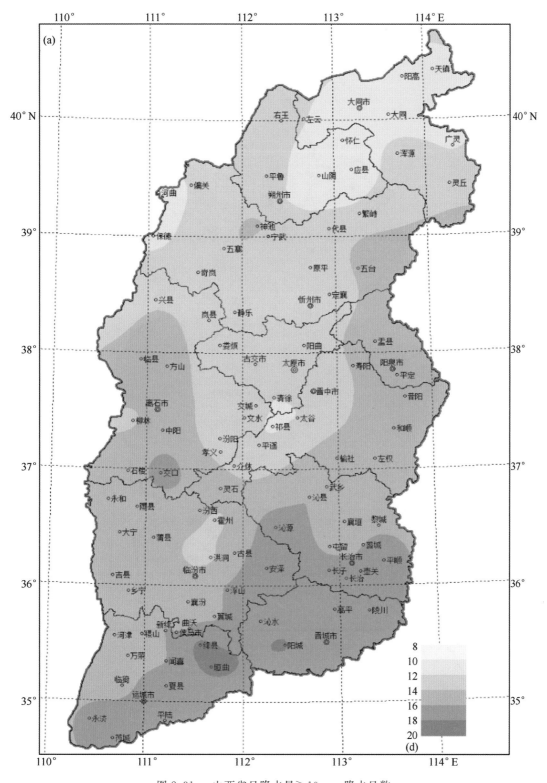

图 2.31a 山西省日降水量≥10 mm 降水日数

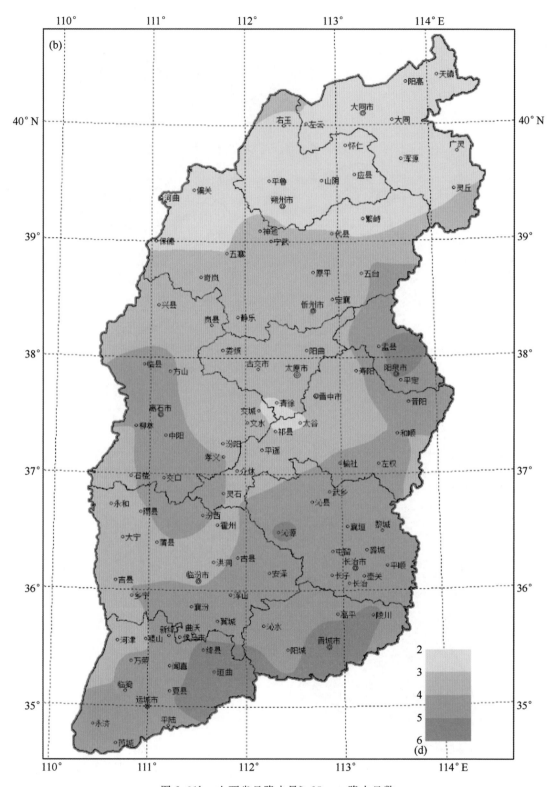

图 2.31b　山西省日降水量≥25 mm 降水日数

2.3.1　风向

山西省属于季风气候,冬、夏受着属性不同的气团控制,产生明显的季节风,盛行风向交替变更。但由于山多川少,沟壑纵横交错,地形复杂,因此,风的季节性变化受到破坏,各地年、季盛行风紊乱,形成地方性风场(见图 2.32)。如太原地处山西省中部盆地、东西两侧为太行山和吕梁山等一系列南北走向的山脉,南、北两端为临汾、忻定等一系列断陷盆地,各种气流因受到阻挡而改变方向,形成地方性风场。致使太原地区全年各月均以北风或偏北风为主(参见表 2.9)。

地处东南部的阳城、晋城和西部山区的石楼因地势较高,四周基本无大的屏障阻挡气流,风向的季节变化比较明显。如表 2.9 所示,阳城从 10 月到次年 2 月,在强盛的大陆性气团控制之下,以西北气流为主,最多风向均为西北风,4 月份以后,东南气流开始侵入,西北气流开始减弱,由于两种气团的进与退的过程需要一段时间,所以 3 月份风向较为紊乱,出现了西北风和东南风两个最多风向,直到 4 月以后趋于稳定,4—9 月份该地均以东南风为主。

表 2.9　太原等站各月最多风向及风速(m/s)

站名	项目	1月	2月	3月	4月	5月	6月	7月	8月	9月	10月	11月	12月	年
太原	风向	NNW	NW	NW	NW	NW	NW	NW	NW	NW	NW	NW	NW	NW
	风速	11.5	12.0	11.1	9.6	9.2	9.6	9.2	11.1	9.3	8.8	11.7	12.1	12.1
阳城	风向	WNW	WNW	NW	SE,NW	SE	SE	SE	SE	SE	WNW	WNW	WNW	SE
	风速	11.0	11.2	10.0	10.0	11.0	11.2	11.9	13.2	11.7	10.5	12.2	12.9	13.2
晋城	风向	NW	NW	SE	SSE	S	SE	SE	SE	SE	NW	WNW	WNW	SE
	风速	10.3	8.6	8.9	10.2	9.2	12.1	13.6	10.8	8.6	8.7	11.7	12.4	13.6
石楼	风向	N	N	N	N	S	S	S	S	S	S	N	N	S
	风速	18.5	17.3	16.9	16.1	17.7	19.7	19.6	17.2	18.8	14.7	16.1	16.9	19.7

注:最多风向若为静风,则选次多风向。

山西北部、吕梁山区、运城盆地及长治盆地以东的静风频率在 30% 以下,其余大部分地区静风频率介于 30%～40% 之间。五台山区、吕梁山区及运城市南部静风频率较小,在20% 以下,其中尤以五台山的静风频率最小,只有 4%。

2.3.2　风速

2.3.2.1　风速的地理分布

(1)年平均风速

风速主要由相邻两地气压梯度的大小决定,同时还要受地形和地势等因素的影响。山西省地势起伏不平,地面气流受到较大影响,因此各地的风速比同纬度的河北平原偏小,静风机会较多。由图 2.33 可以看出,山西省年平均风速一般在 0.9～3.5 m/s 之间。晋西北及西部山区、运城盆地西南部等地风速较大,在 2 m/s 以上,其中平鲁—神池一带平均风速3 m/s 以上,随着拔海高度增加,风速逐渐加大,五台山顶达 9.2 m/s,为全省之冠。定襄、沁县等地风速较小,年平均风速 1 m/s 以下,其他地区在 1～2 m/s 之间。

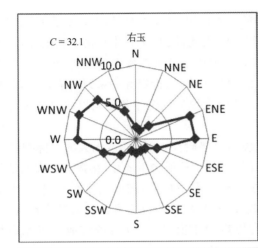

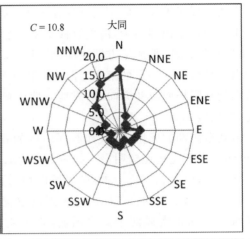

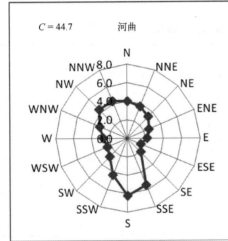

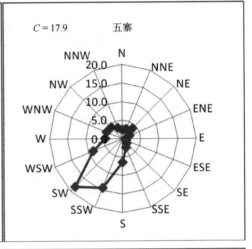

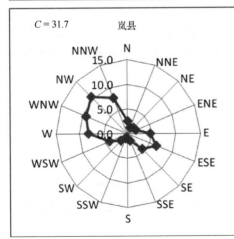

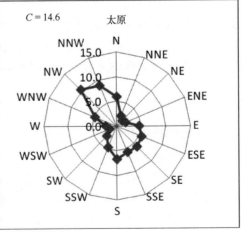

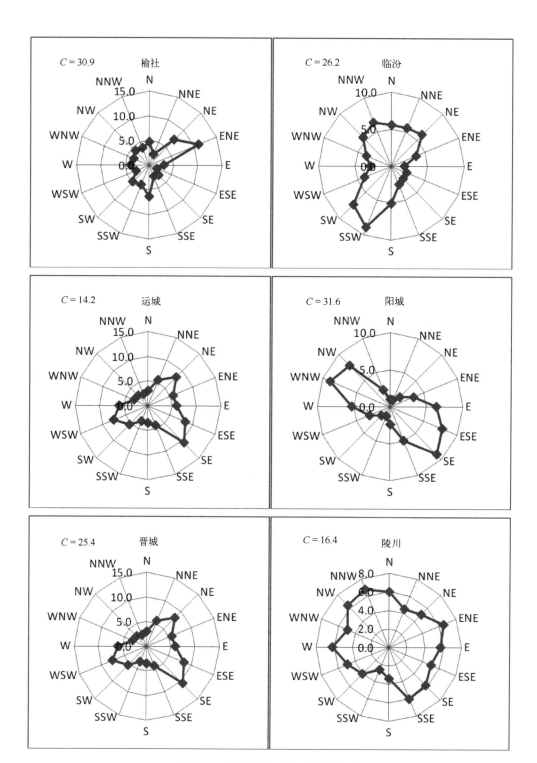

图 2.32　太原等市、县年各风向频率

C 为静风

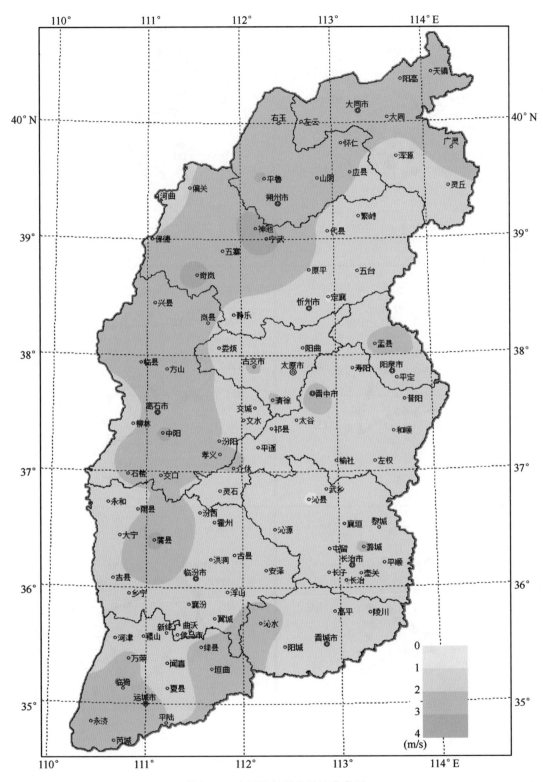

图 2.33　山西省年平均风速分布图

（2）年最大风速

年最大风速是指最大的 10 min 平均风速的极值,其主要为强对流天气所至,偶然性较大。山西省各气象台站年最大风速介于 10～40 m/s 之间(详见图 2.34)。各地最大风速值

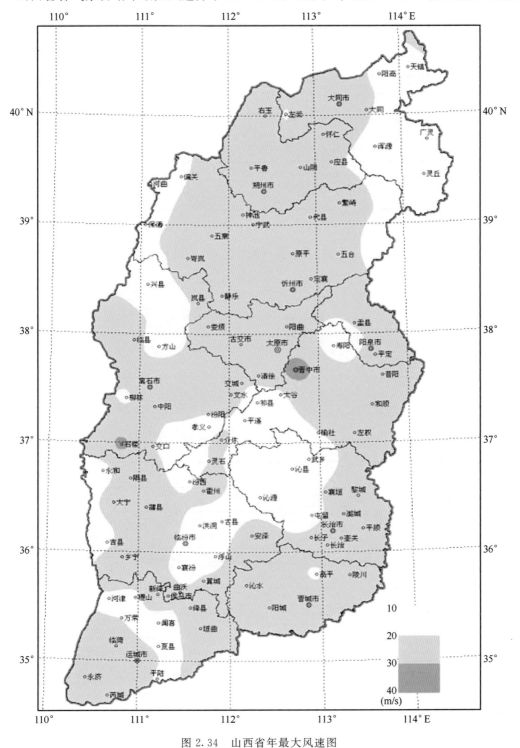

图 2.34　山西省年最大风速图

差异明显,其中20~30 m/s的最大风速比较多,少数站点最大风速超过30 m/s。因山西地形复杂,且最大风速形成的物理过程较为复杂并具有一定的偶然性,最大风速的地理分布很不明显,总体上呈由北向南减小的趋势。五台山由于拔海较高,呈孤峰凸起,平均最大风速达40 m/s;其次为河曲、阳泉、介休、高平、沁水等地风速也达28 m/s;晋南盆地的闻喜、新绛、稷山,风速较小,为13~15 m/s;其余地区介于15~28 m/s之间。

年最大风速各月出现次数所占比例见表2.10,由表可以看出,5月份所占比例最高,其次为4月份。综观全年,最大风速多出现在春季,其次为夏季,主要是由强对流天气造成的。

风速较大站点各月、年最大风速见表2.11。

表 2.10 山西省最大风速各月出现次数百分比(%)

月份	1	2	3	4	5	6	7	8	9	10	11	12
百分比比	3	1	7	17	25	11	14	6	1	7	3	4

表 2.11 部分气象台站最大风速(m/s)

月份	1	2	3	4	5	6	7	8	9	10	11	12	年
平鲁	20.3	19.0	19.3	21.0	20.0	22.3	23.0	18.0	18.0	19.0	21.7	20.3	23.0
神池	23.0	18.0	27.7	29.7	20.0	18.7	18.0	15.0	16.0	21.0	21.0		29.7
中阳	16.3	15.3	18.0	21.0	19.7	18.3	17.0	19.7	17.3	16.3	15.0	17.3	21.0
蒲县	20.7	23.0	22.0	25.3	20.7	19.7	19.0	24.7	25.3	20.0	25.0	18.7	25.3

2.3.2.2 风速的季节变化

各月平均风速的时空分布(见图2.35)与年平均风速的分布特征基本一致。

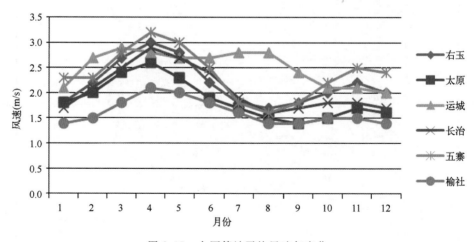

图 2.35 太原等站平均风速年变化

全年最大月平均风速就全省而论,基本上出现在春季的4月份,省境南部部分地区出现在3月份,但与4月份相差很少,西北部局部地区出现在冬季12月,如神池11月、12月、1

月月平均风速分别为 4.2 m/s、4.4 m/s、4.1 m/s,最大值出现在 12 月,为 4.4 m/s;最小月平均风速的出现月份相对较为分散,主要出现在 8、9 月份,北部以 8 月份居多,中南部以 9 月份居多,也有少数地区出现在 10、11、12 月份。

风速的季节变化也是比较明显的。冬季(1 月),全省大部分地区平均风速在 0.6~4.1 m/s 之间,由图 2.36 可以看出,其中晋北平鲁、神池一带风速最大,在 3.0~4.1 m/s 之间,大同盆地东部、河曲沿黄河一带、忻定盆地、太原盆地、临汾盆地及运城盆地部分地区、东部山区和上党盆地大部,风速在 2.0 m/s 以下,其中河曲、武乡,沁县等地风速仅有 0.6~1.0 m/s;其余地区在 2.0~3.0 m/s 之间。

春季(4 月),气旋活动频繁,是山西省风速最大的季节,风速迅速增大。由图 2.37 可以看出,全省大部分地区风速在 1.5~4.1 m/s 之间,仍以平鲁、神池及风速最大,在 4.0 m/s 左右,风速大于 3.0 m/s 的区域较 1 月份扩大,覆盖省境北部及西北部;忻定盆地、黄河南部南段、临汾盆地部分地区及武乡沁县地区,风速则在 2 m/s 以下。其中,武乡、沁县风速最小,只有 1.5 m/s;其余地区在 2~3 m/s 之间。

夏季(7 月),各地风速普遍减小,在 0.6~3.6 m/s 之间。由图 2.38 可以看出,全省以吕梁山高山区、大同市附近及省境南端风速最大,在 2.0~3.6 m/s 之间,其中岢岚风速最大,达 3.6 m/s;忻定盆地一带风速最小,只有 0.6~0.9 m/s;其余绝大部分地区在 1.0~2.0 m/s 之间。

秋季(10 月),天气稳定,气候凉爽,全省大部分地区风速较小,普遍在 0.7~3.3 m/s 之间。由图 2.39 可以看出,晋西北及西部山区高山区、大同盆地东侧、省境南端风速较大,普遍大于 2.0 m/s,其中蒲县最大为 3.3 m/s,其次为神池、宁武为 3.2 m/s;忻定盆地、沁县一带风速较小,普遍在 1.0 m/s 以下,其中定襄、沁县风速最小,只有 0.7 m/s;其余绝大多数地区在 1.0~2.0 m/s 之间。

2.3.2.3 风速的日变化

风速有较明显的日变化,由气压系统的变化和局地因素决定。当气压形势稳定少变时,它大致随温度的升降而增减。因此,在温度日较差大的季节和地区,风速的日变化也相应较大,反之亦然。

一般说来,在近地面层,夜间辐射冷却增强,空气层结稳定,风力微弱,风速最小多见于日最低气温出现的时候。日出以后,随着地面的受热,空气稳定度减小,湍流交换加强,促使上层大的动量(风速)向地面传递,出现地面风速增强和上层风速减少的情况。这种风速增大的过程约在 6—8 时开始,10 时左右至 16 时左右为风速增强时段,在日最高气温出现期间,风速最大。16 时以后风速逐渐减小,18—20 时风时趋于稳定(如图 2.40a 所示)。于是在 80~100 m 以上的气层里或孤立的山峰,风速的日变化恰好与地面相反,即午后风速最小,夜间风速增大,在深谷地区,由于山谷风的影响,从中午到傍晚的风速不仅没有减弱,而且还增强,结果常在傍晚出现最大值。

各地风速开始增大或减小的时间随日出,日没时间的迟早而不同,同时还因下垫面性质不同而异(见图 2.40b)。

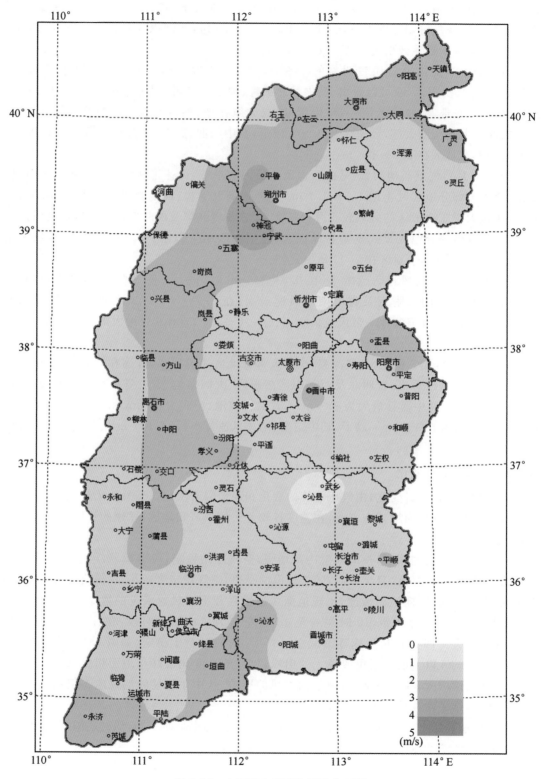

图 2.36 山西省 1 月平均风速分布图

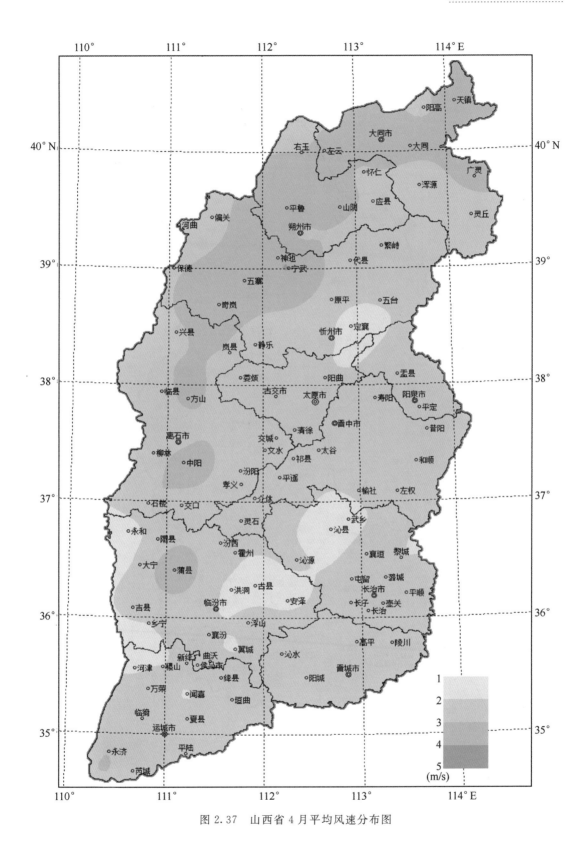

图 2.37　山西省 4 月平均风速分布图

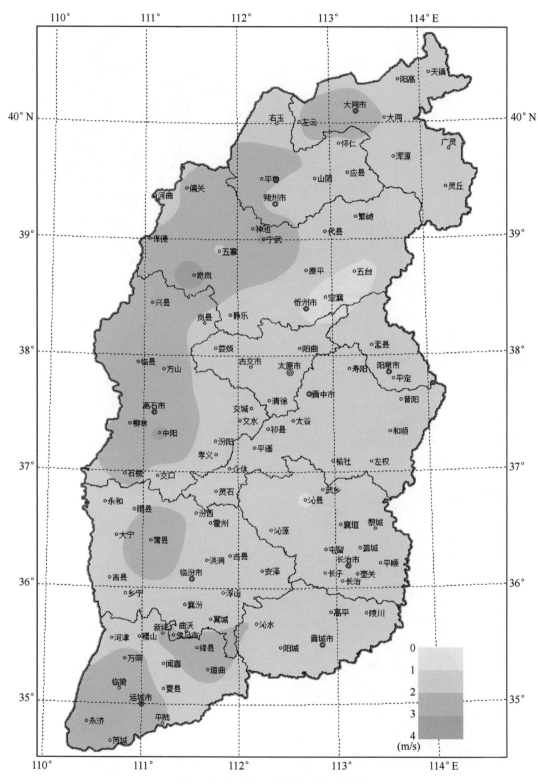

图 2.38 山西省 7 月平均风速分布图

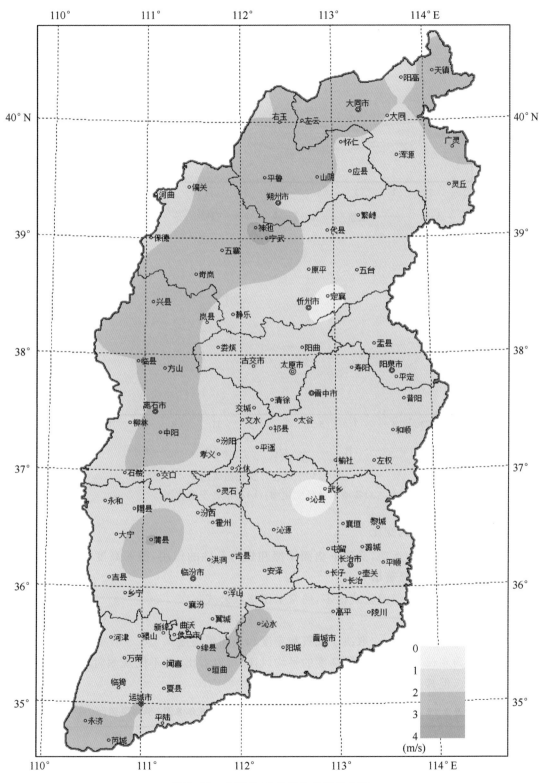

图 2.39 山西省 10 月平均风速分布图

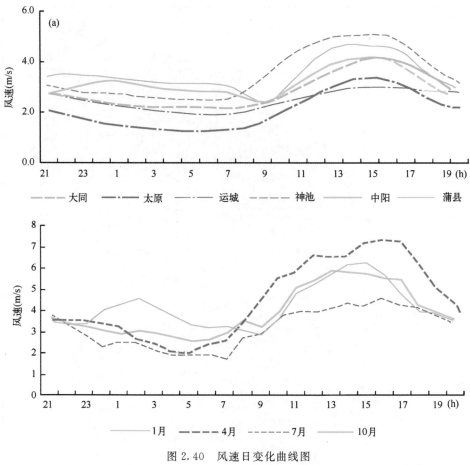

图 2.40 风速日变化曲线图

(a)各地风速日变化图;(b)神池各季变化图

2.3.2.4 风速随高度的变化

气流在近地层中的运动,受到下垫面摩擦和热力条件的作用,随着高度的增加,粗糙表面的影响减弱,风速将显著增大。

风速随高度变化的经验公式很多,通常采用指数公式:

$$u = u_1(z/z_1)^n$$

其中 n 为表示层结的参数,它取决于大气稳定度和地面粗糙度。

表 2.12 为左权不同季节不同高度的平均风速,可以看出,在不同观测时期,风都随高度的增加而加大,但其变化幅度略有不同。

表 2.12 左权不同高度各季、年(2004 年 9 月—2005 年 8 月)平均风速(m/s)

测风高度(m)	冬季	春季	夏季	秋季	年
10	1.1	2.3	1.4	1.1	1.4
30	1.7	3.2	2.1	1.7	2.1
60	2.0	3.6	2.5	2.1	2.5

2.3.3　风能资源

2.3.3.1　有效时数

风力发电机组的起动风速一般为 3～6 m/s,有效风速为 3～25 m/s。风能是一种不稳定的资源,若一地年平均风功率密度大但有效小时数少,则说明该地风能变化大、资源不稳定,不利于利用,反之亦然。因此,风力有效小时数,是衡量一地风能是否具有开发价值的重要指标。笔者计算的有效时数为测站全年测风序列中风速在 3～25 m/s 之间的累计小时数。

表 2.13 为部分气象台站年有效时数出现时间百分率。表 2.14 详细列出了全省各气象台站风速在 3～25 m/s 之间的有效小时数。

表 2.13　部分测站风速 3～25 m/s 年有效时数出现时间百分率(%)

站名	蒲县	神池	中阳	平鲁
有效时数(h)	5579	4927	4604	4161
有效风出现时间百分率(%)	64	56	53	48

表 2.14　山西省各气象站风速 3～25 m/s 年有效时数[4]　　　　　　单位:h

站名	时数	站名	时数	站名	时数	站名	时数
阳高	2630	岚县	2500	榆次市	3331	洪洞	1465
大同	3566	临县	3258	寿阳	2382	临汾	1323
大同县	2948	柳林	1548	昔阳	1820	霍县	1470
浑源	1877	石楼	3000	榆社	1505	古县	1855
左云	3089	方山	3732	灵石	2019	安泽	1626
广灵	3164	离石	2402	介休	2684	乡宁	1202
右玉	3131	中阳	4604	沁源	1656	曲沃	1195
朔州	2433	孝义	2003	长治县	2427	翼城	1304
平鲁	4161	汾阳	2094	襄垣	1646	侯马	1189
怀仁	2389	交城	1121	平顺	1780	浮山	2045
山阴	3056	文水	1629	高平	1716	稷山	2021
应县	2626	交口	2732	阳城	1928	万荣	2851
河曲	1442	太原	2263	晋城	2602	运城	3084
神池	4927	古交	2459	永和	366	新绛	1938
繁峙	2602	阳泉	2037	隰县	2528	闻喜	1834
五寨	2798	盂县	3322	大宁	1816	垣曲	3183
原平	2585	平定	2890	吉县	2033	永济	3484
忻州	960	祁县	2170	蒲县	5579	芮城	3769
兴县	3486	太谷	2159	汾西	2820	平陆	3976

统计分析结果表明,山西省北、中部大部分地区及南部运城大部分地区年风速有效时数在 2000 h 以上。其中西北部、吕梁山区及运城市南部有效时数在 3000 h 以上,平鲁、中阳、神池、蒲县等少数县(市)风速有效时数达到了 4000 h 以上。蒲县的有效时数较多,年均达到了 5579 h,相当于一年中有 232 d 的风速≥3 m/s。而其中有效时数较少的平鲁也有 173 d 的风速≥3 m/s。

2.3.3.2 风功率密度

根据气象站风观测资料,分别计算了山西省 109 站的年平均风功率密度。由结果可知:山西省大部分地区的年平均风功率密度在 50 W/m² 以下。

(1)年平均风功率密度

从山西省年平均风功率密度分布图(图 2.41)可以看出,省境北部、吕梁山区及省境南端年风功率密度较大。年平均风功率密度在 50 W/m² 以上的站有 7 个(详见表 2.15),其年平均风速均在 3 m/s 以上,在这 7 个站中以五台山平均风功率密度最大,达 776 W/m²,其余各站平均风功率密度均在 100 W/m² 以下,神池平均风功率密度接近 100 W/m²,为 97.2 W/m²。

表 2.15   年平均风功率密度≥50 W/m²气象站的风速及年平均风功率密度[4]

站名	年平均风速(m/s)	年平均风功率密度(W/m²)
五台山	9.2	776.0
神池	3.9	97.2
岢岚	3.5	87.0
宁武	3.5	78.0
平鲁	3.4	76.3
中阳	3.4	65.4
蒲县	3.7	60.9

从地域上看,山西省风能资源较好的地区在山西省北部及吕梁山西部,多处于无遮挡区或风口,且测站海拔高度也较高;风能资源较差地区多为盆地或者气流受地形阻挡的地区。

(2)风功率密度时间分布

由于风能是不稳定的能源,而且生产和生活对能量的需求也随季节和时间而不同,因此了解和掌握风能时间分布特征是十分必要的。

根据各站风观测资料,分别对各月风功率密度≥50 W/m² 以上的站数进行了统计分析,统计分析结果见图 2.42。由图可知,3—5 月份≥50 W/m² 以上的站数最多,占统计站数的 24%以上,4 月份最多为 25%;其次为 11、12、1、2 月份,在 12%以上;6~10 月份最少,均在 5%以下。

冬季,12 月份,月风功率密度≥50 W/m² 的区域主要分布在北部,神池、宁武一带达 100~200 W/m²。1 月份,月风功率密度≥50 W/m² 的站点分布在神池、宁武、吕梁山区及省境南端,个别县(市)达 100 W/m² 以上。2 月份,月风功率密度≥50 W/m² 的分布区域同 1 月份相似,但较 1 月份略有缩小。

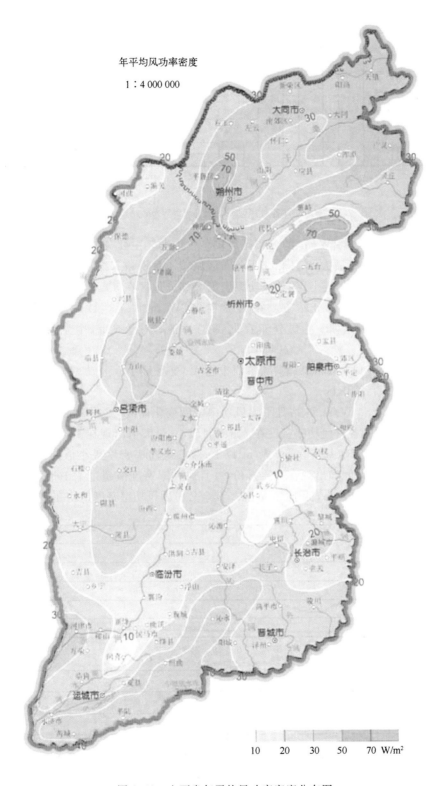

图 2.41　山西省年平均风功率密度分布图

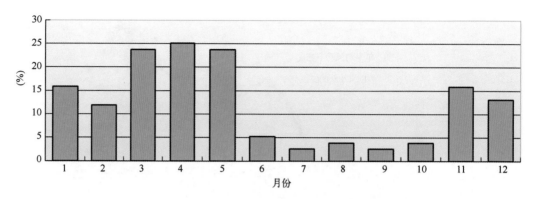

图 2.42 山西省各月风功率密度≥50 W/m² 站数百分比

春季,风功率密度≥50 W/m² 的分布区域较冬季增加。主要分布在北部、吕梁山区及省境南端。4 月份分布区域最大,3 月和 5 月分布区域较 4 月份略有缩小。

夏季,我省风功率密度最小,各月风功率密度大部分地区在 50 W/m² 以下。

秋季,9、10 月仅有少部分站点功率密度在 50 W/m² 以上。11 月份,月风功率密度≥50 W/m² 的站点显著增加,主要分布在北部的神池、宁武一带,个别县(市)达 100～200 W/m²。

综上所述,山西省风功率密度呈春、冬两季较大,夏季最小。风功率密度较大的区域基本集中在我省北部、吕梁山区。

年风功率密度≥50 W/m² 各站月平均风功率密度变化曲线(见图 2.43)。分析图中结果可知:神池、平鲁两地的各月风功率密度在 7、8、9 月较小,最大值出现在 11、12 月,两地除 7、8、9 月外其余月份风功率密度基本在 50 W/m² 以上;蒲县风功率密度最小值同样出现在 7、8、9 月,但其风功率密度最大值却出现在 3、4 月份,并且风功率密度值超过了 100 W/m²。中阳的风功率密度在 1、11、12 月较小,低于 50 W/m²,其余月份的风功率密度值均在 50 W/m² 以上。

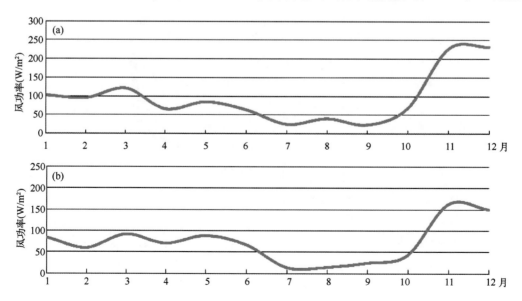

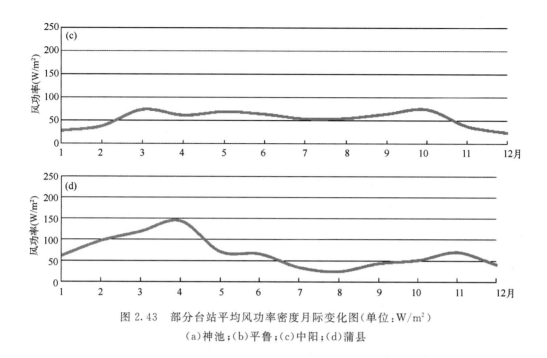

图 2.43 部分台站平均风功率密度月际变化图(单位:W/m²)
(a)神池;(b)平鲁;(c)中阳;(d)蒲县

2.4 湿度和蒸发

2.4.1 湿度

湿度是一个重要的气象要素,它不仅是降水可能性的一种指示,而且是气态的水分资源,因为只有大气中有了水汽才能成云致雨,产生大气中许多有声有色、壮丽万千的云天景象,才能造成暴雨、洪涝、阴雨连绵、久晴干旱等气象灾害。湿度与经济建设、国防建设以及人民生活也都有密切的联系,与农业生产的关系更大。例如,春季湿度过高常会使小麦发生锈病,但当相对湿度低于30%时,棉花脱蕾落铃现象增加到最大值。如果湿度减少到一定程度时,能引起大气干旱,严重时使作物呈凋萎现象以至死亡。衡量大气中水汽即湿度指标有许多种,例如水汽压、相对湿度、绝对湿度、饱和差,露点温度、温度露点差等等。但在实践中最常用的是水汽压和相对湿度两种。

2.4.1.1 水汽压

水汽压是大气中水汽的分压强,即实际水汽压强。

山西省年平均水汽压强大部分地区在 4.2~11.9 hPa 之间。由图 2.44 可以看出,水汽压的分布形势呈由北向南递增,由盆地向山区递减。晋西北及西部山区、东部山区的和顺一带水汽压普遍在 4.2~8.0 hPa 之间;临汾、运城盆地及省境南端川谷地带水汽压最大,在 10.0~11.9 hPa 之间;其余地区介于 8.0~10.0 hPa 之间。

月平均水汽压年内变化也比较明显,由图 2.45 可以看出,月平均最大值一般出现在 7月份,全省普遍在 10~24 hPa 之间;月平均最小值出现在 1 月份,全省普遍在 1~3 hPa 之间。这种变化规律与气温、降水的变化规律基本一致。

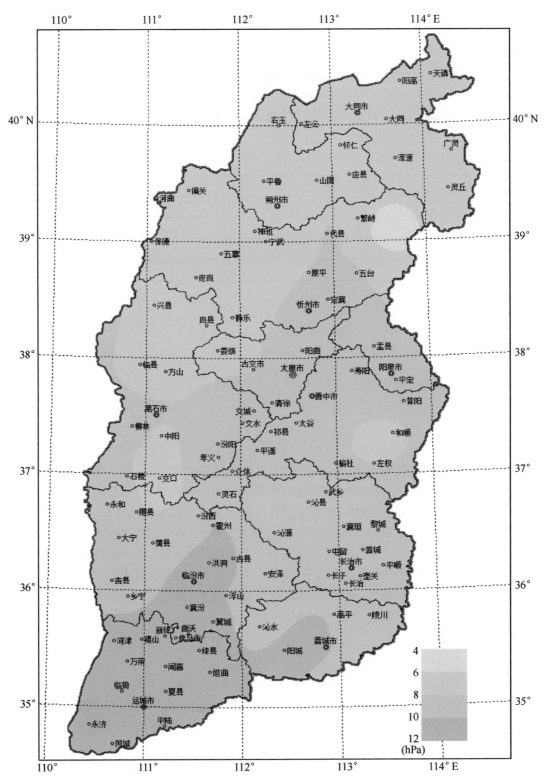

图 2.44 山西省年平均水汽压分布

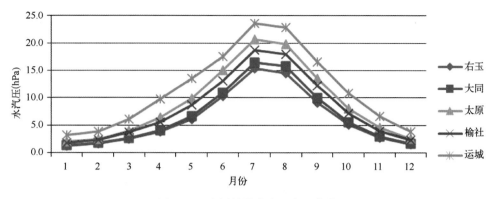

图 2.45　大同等站水汽压各月变化

最大水汽压,全省普遍在 $25\sim45$ hPa 之间,出现月份除极个别站点出现在 6 月份外,均出现 7 月、8 月份。最小水汽压、全省在 $0.0\sim0.3$ hPa 之间,冬、春季节均可出现,以冬季居多。

水汽压的日变化,视地区和季节而异。冬季由于温度低,蒸发少,近地面层热力交换微弱,以致使冬季水汽压日变和温度日变化趋势一致,日出前最小,午后最大,且日振幅很小。夏季日变化都有两个高点和两个低点,接近日出有一个最低点,随后就增大,到午前 11 时左右达次高点,这时蒸发已经开始,但对流不强,空气中含水量仅由气温升高而增大来决定,尔后,水汽压又下降,到 16 时至 18 时出现次低点,此时,虽然蒸发旺盛,但对流的发展使垂直交换得以加强,高空干空气与低层湿空气进行交换,致使低层水汽上传而使水汽含量反而减少,过后又逐渐增大,在 22 时至 23 时前后达到最高点,此时对流已减弱,气层日趋稳定,蒸发还在继续,致使低层水汽含量迅速增加。春秋季节水汽压的日变化也和夏季相似,只是高、低值出现的时间有所不同。

高山地区水汽压日变化与气温日变化相似,午后没有下降现象。这是因为对流使空气垂直交换对高山的影响与平地恰好相反,高山上由于水汽上传而湿度增大。但是,如果夏季对流发展旺盛,垂直交换气层超过测站高度时,就会出现高山测站之上的干空气下传而使湿度减少的情况。

2.4.1.2　相对湿度

(1)年平均相对湿度

相对湿度是当时温度条件下,空气中实际水汽压与同温度下的饱和水汽压之比,以百分数表示。相对湿度的大小表明空气距离饱和的程度。相对湿度愈大,空气愈接近饱和。饱和湿空气的相对湿度等于 100% 。因此,它的分布受温度高、低和空气中含水汽量多寡的共同支配。

从年平均相对湿度的分布图(图 2.46)可以看出,相对湿度由东南向西北递减,但相差不多,山西省年平均相对湿度介于 $48\%\sim68\%$ 之间。五台山及和顺、武乡、介休、蒲县、吉县、河津一带以南,相对湿度较大,为 $60\%\sim68\%$;大同盆地及朔州、河曲、兴县、临县一带相对湿度为全省最小,在 55% 以下;其余地区多在 $55\%\sim60\%$ 之间。

(2)相对湿度季节变化

由图(2.47)可以看出,相对湿度最大月份的出现时间和降水量最大月份很一致。全省

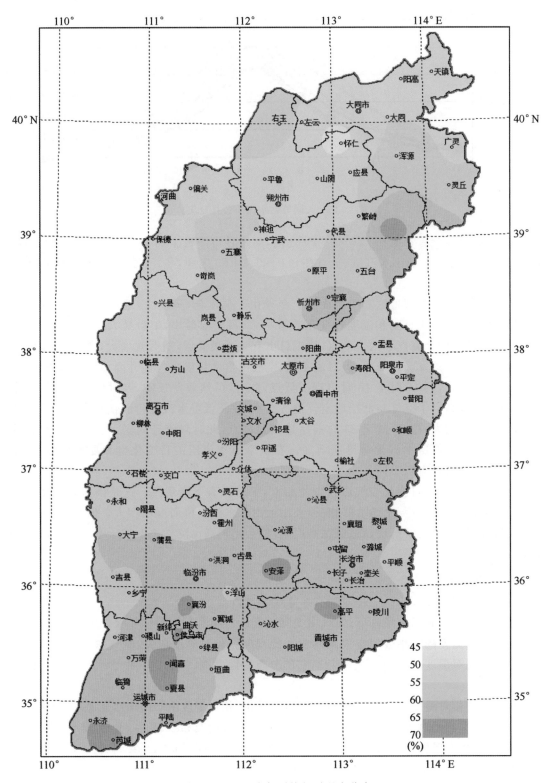

图 2.46　山西省年平均相对湿度分布

基本上出现在 8 月份,南部运城盆地出现在 9 月份,但与 8 月份相差很小。最小月份出现比较分散,北部大部分地区出现在 4、5 月份,此时温度迅速升高,但雨季尚未到来,蒸发增大空气干燥;南部盆地部分地区最小值出现在 1、2 月份,这主要是由于 1、2 月份南部盆地冬季气温相对较高且 2 月份升温较迅速,蒸发较为强盛,故该地区在 1、2 月份出现了相对湿度最低值。

由图(2.47)还可以看出,由于运城地区常出现秋季阴雨连绵的天气,加之此时温度下降迅速,故该地区相对湿度一直到 11 月份都比较大。

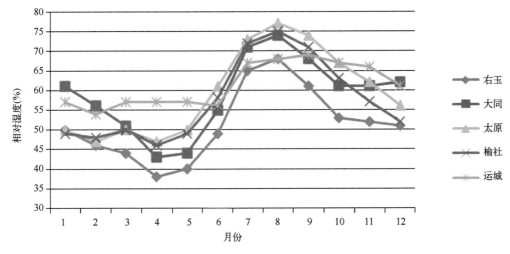

图 2.47　大同等站相对湿度各月变化

由图还可以看出,相对湿度年较差山地大于盆地,北部地区较大;北部大于南部。

①冬季(1 月),全省相对湿度普遍在 43%～62% 之间,西部山区高山地带、五台山区及东南部部分地区、晋南盆地湿度在 55% 以上,为湿度最大的地区;大同盆地、忻定盆地、太原盆地部分地区及阳泉附近,相对湿度较小,在 50% 以下;其余地区介于 50%～55% 之间。

②夏季(7 月),全省大多数地区湿度都有明显增加,相对湿度在 58%～83% 之间,呈明显的由东南向西北递减趋势。五台山区、西部山区部分地区及东部山区、上党盆地、晋南盆地部分地区相对湿度已增至 70%～83%;大同盆地,西北部黄河沿岸为最小,在 65% 以下,其中河曲,偏关一带小于 60%;其余地区介于 65%～70% 之间。

(3)相对湿度日变化

相对湿度的日变化与温度的日变化恰好相反。一天中温度出现最低时,往往是相对湿度最大;温度出现最高时,又多是相对湿度最小的时候。当天空布满云层时,由于下垫面辐射效应不显著,相对湿度的日变化幅度很小。

(4)最小相对湿度

相对湿度太低,会过分地加速植物蒸腾作用,给植物生长带来不良影响。就全省而言,年最小相对湿度大部分出现在春季,这是由于此时地面气温急剧升高,而水汽含量较少,相对湿度陡降,出现了相对湿度最小值。年最小相对湿度,除太原盆地的文水,晋南盆地的洪洞、临汾、稷山、运城、曲沃、翼城、侯马为 1%,东南部的陵川为 2% 外,其余地区相对湿度均为 0%。

2.4.2 蒸发

蒸发量的资料有两大类。一类是从各种方法计算得到的。例如,国内外比较多用的Penmen 公式,是指在当地实际气象条件下,水分充分供应、短草地面上的蒸发量。因要求水分供应充足,因而称为最大可能蒸发量。第二类是实测得到的,也有两种方法:一种是称土壤重量变化得到的蒸发量,另一种是观测水面高度或从水量变化测知蒸发量的。这里使用的是气象站 20 cm 直径蒸发皿(离地 70 cm)测得的蒸发量资料,蒸发量的单位以 mm表示。

2.4.2.1 全年蒸发量

山西省全年蒸发量介于 1402~2195 mm 之间。地区分布不十分明显,基本上呈由东南向西北递减。大同盆地大部及西北部黄河沿岸地区及省境南端川谷地带,年蒸发量较大,在1800~2195 mm 之间,其中临县达 2195 mm;忻定盆地、沁县、沁源、安泽一带蒸发量偏小,在1400~1600 mm 之间,其中定襄最小仅有 1402 mm。

2.4.2.2 各月蒸发量

由于太阳辐射各月变化以及季风环流的影响,使得蒸发量具有明显的季节特征。全省均以春末夏初的 5、6 月份为最大,冬季 12、1 月份最小,且春季大于秋季。由图 2.48 可以看出,定襄、太原、临县最大值出现在 5 月,运城以 6 月份最大,最小值均出现在冬季 12 月、1 月。

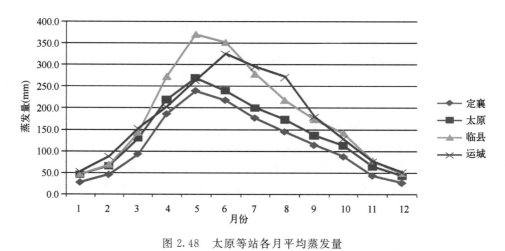

图 2.48　太原等站各月平均蒸发量

2.4.2.3 20 cm 直径蒸发皿蒸发量与最大可能蒸发量的比较

需要指出,气象上用 20 cm 蒸发皿测得的蒸发量要大于实际水面和地面的蒸发量,不能完全代表自然水面的蒸发量,也不能完全代表自然地面的蒸发量,这是因为蒸发除受气象条件的影响外,还要受到水体、土壤本身的物理性质和化学性质以及地势、植被覆盖等其他因素的影响。

气候工作者通过计算,得出了各月及年最大可能蒸发量(用 E_t 表示)和 20 cm 直径蒸发皿测得的蒸发量的比较 ,表 2.16 列出了大同等站最大蒸发量(E_t)与 20 cm 直径蒸发皿测得的(器测)蒸发量比较表,由表可见,年最大可能蒸发量是 20 cm 蒸发皿蒸发量的 39% ～48%;1 月最大可能蒸发量是 20 cm 蒸发皿蒸发量的 24% ～34%;。4 月最大可能蒸发量是 20 cm 蒸发皿蒸发量的 33% ～40%;7 月最大可能蒸发量是 20 cm 蒸发皿蒸发量的 42% ～59%;10 月最大可能蒸发量是 20 cm 蒸发皿蒸发量的 34% ～41%。从所占比例分析,夏季(7 月)最大,冬季(1 月)最小,春季(4 月)与秋季(10 月)基本相近。

表 2.16　大同等站最大蒸发量(E_t)与 20 cm 直径蒸发皿测得的(器测)蒸发量比较

站名	项目	年	1 月	4 月	7 月	10 月
大同	E_t(mm)	800.6	11.4	82.7	118.8	47.8
	器测(mm)	2057.0	36.7	253.1	263.0	142.3
	E_t/器测(%)	38.9	31.1	32.7	45.2	33.6
右玉	E_t(mm)	725.8	7.4	75.9	114.3	41.3
	器测(mm)	1777.3	31.5	221.8	215.0	122.3
	E_t/器测(%)	40.8	23.5	34.2	53.2	33.8
五寨	E_t(mm)	744.7	8.6	77.8	113.9	43.3
	器测(mm)	1798.5	33.5	233.8	215.6	119.1
	E_t/器测(%)	41.4	25.7	33.3	52.8	36.4
太原	E_t(mm)	769.4	14.8	80.7	111.1	42.8
	器测(mm)	1702.1	45.7	219.1	200.4	113.1
	E_t/器测(%)	45.2	32.4	36.8	55.4	37.8
榆社	E_t(mm)	724.4	13.1	72.7	107.0	42.2
	器测(mm)	1674.2	44.2	207.9	199.9	112.0
	E_t/器测(%)	43.3	29.6	35.0	53.5	37.7
临汾	E_t(mm)	763.7	15.6	74.9	113.6	41.6
	器测(mm)	1765.6	45.8	196.2	239.5	106.4
	E_t/器测(%)	43.3	34.1	38.2	47.4	39.1
陵川	E_t(mm)	757.4	16.5	75.0	107.0	46.3
	器测(mm)	1578.2	48.4	190.0	180.6	114.1
	E_t/器测(%)	48.0	34.1	39.5	59.2	40.6
运城	E_t(mm)	844.6	17.3	77.9	126.1	47.8
	器测(mm)	2079.4	52.6	201.7	295.1	127.9
	E_t/器测(%)	40.6	32.9	38.6	42.7	37.4

2.5　日照、云量

云量多寡,日照丰富与否,很大程度地影响着地面和大气的辐射平衡、热量平衡,因而在一定程度上决定了当地气温的变化特点和气候的干湿情况。例如,在其他条件相同的情况下,多云少日照则气温变化和缓,白天气温偏低、夜间气温偏高,日较差偏小,且因日照少,湿度大,蒸发少,气候相对较为湿润。反之,少云多日照,气温日变化较为急剧,日较差大,空气相对较为干燥。

2.5.1 日照

太阳的光照,是大气中和地球上一切物理过程的能量来源和各地生物生长发育的基本条件。如果没有云量与地形的影响,太阳可能照射的时数,取决于纬度的高低,并随季节的转变而有所不同。

冬半年,纬度愈高,可能照射的时数愈多。日照时数季节差异随纬度增高而加大。年可能照射的时数,随纬度的增高稍有增加。但实际上一地日照的长短,不仅决定于地理纬度,而且在很大程度上决定于云量、阴雨天数,可以日照百分率表征这种影响的程度。

2.5.1.1 日照时数

日照时数即为地面实际受到太阳光照射的时数,是随纬度和季节的不同而变化的。

(1)年日照时数的地理分布

山西省年日照时数在 2030~2965 h 之间,基本上呈盆地少于山区,南部少于北部。由图 2.49 可以看出:晋西北的左云、右玉、大同一带及西部山区高山地带,日照时数均在 2600~2900 h 之间,其中大同县达 2965 h;五台山地区虽然海拔较高,但因云、雨天气多,使日照时数反而较少;晋南盆地日照偏少,普遍在 2200 h 以下,其中古县最少,为 2030 h;其余地区在 2200~2600 h 之间。

(2)日照时数的季节变化

从天文角度来看,日照时数应该是 7 月最多,12 月最少。但由于云雨和地理环境的影响,日照时数最多月份各地有一定的差异。由表 2.17 可以看出,山西省各地日照时数最多月份出现在 5 月份,其次为 6 月份。这是由于 5、6 月多晴朗、少云雨天气,7 月份多阴雨天气,导致了地面实际接受到的太阳光照的时数 5、6 月份反而多于 7 月。日照时数最少的月份,北部地区以 12 月份居多,中、南部地区以 2 月份居多。

表 2.17 右玉等站各月、年日照时数(h)

站名	1 月	2 月	3 月	4 月	5 月	6 月	7 月	8 月	9 月	10 月	11 月	12 月	年
右玉	210	205	240	267	289	276	264	248	238	237	216	200	2890
大同县	210	212	251	272	294	282	278	263	248	243	214	198	2965
五寨	196	187	219	239	263	249	239	223	218	216	201	189	2637
兴县	178	175	205	228	254	240	228	216	209	205	190	173	2501
原平	162	171	201	231	259	231	216	209	199	202	170	151	2401
太原	161	168	199	231	255	237	224	215	196	197	172	154	2408
榆社	185	173	195	229	249	225	209	201	187	196	188	180	2416
隰县	191	174	201	234	256	241	229	216	193	201	193	189	2519
介休	158	160	190	224	241	215	193	190	168	177	164	155	2233
古县	139	138	161	200	221	200	187	181	158	158	151	138	2031
长治	185	173	198	237	255	233	210	204	182	192	186	182	2435
运城	146	142	171	205	228	221	215	203	164	154	144	144	2137
芮城	152	145	174	206	224	217	217	205	168	164	157	156	2186

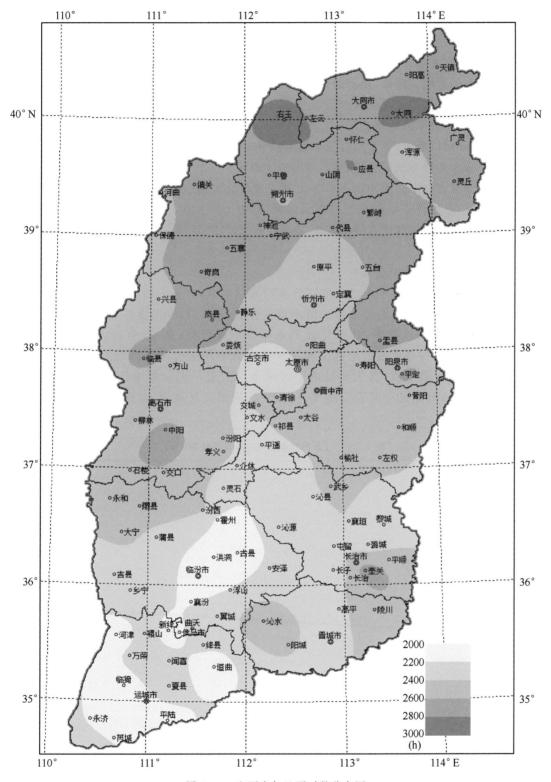

图 2.49　山西省年日照时数分布图

2.5.1.2 日照百分率

日照时数只是反映当地日照时间绝对值的多少,不说明当地因天气原因而减少日照的情况。因此,只有实际日照时数和天文日照时数之比的日照百分率,才能清楚地反映天气条件对日照时数的影响。例如,左云的日照百分率为64%,垣曲的日照百分率为46%,即意味着天气条件分别使这两个站点减少了36%和54%的日照时间,这便可知左云比垣曲晴朗。

(1)年日照百分率的地理分布

由图2.50可以看出,年日照百分率的地理分布与年日照时数的地理分布基本一致。年日照百分率分布形势为南部少于北部,盆地少于山区。

山西省日照百分率介于46%～67%之间。晋西北大同、右玉一带及西北部山区高山地带及恒山地区,日照百分率在60%～67%之间,其中大同县达67%,为全省高值区;晋南盆地及省境南端川谷地带日照百分率偏小,在46%～50%之间,垣曲最小为46%;其他地区为50%～60%。

(2)日照百分率的季节分布

由表2.18可以看出,冬季是日照百分率较高的季节,有不少地区最大值出现在12月份,虽然中、南部盆地日照百分率最大值出现在春季4—5月,但与冬季相比,差值较小;春季由于降水较冬季明显偏多,日照百分率总体有下降趋势;夏季,全省各地降水急剧增加,多阴雨天气,全省绝大多数地区出现了日照百分率最低值。值得指出的是,运城盆地反而在秋季出现了最小值,这主要是由于运城地区多夏旱而秋季多阴雨连绵的缘故;秋季,山西省绝大多数地区出现了秋高气爽的天气,阴雨天气减少,日照百分率较夏季明显增加。

表 2.18 右玉等地各月、年日照百分率(%)

	1	2	3	4	5	6	7	8	9	10	11	12	年
70	67	64	67	65	62	59	59	65	70	73	69	66	
大同县	70	70	67	68	66	63	62	63	67	71	72	69	67
五寨	64	61	59	60	59	56	53	53	59	63	67	64	60
兴县	58	57	55	57	57	54	51	52	57	60	64	59	57
原平	53	56	54	58	58	52	48	50	54	59	57	52	54
太原	52	54	53	58	58	54	50	52	53	57	57	52	54
榆社	60	56	52	58	57	51	47	48	51	57	62	61	55
隰县	62	56	54	59	58	55	52	52	53	58	64	63	57
介休	51	52	51	56	55	49	43	46	46	52	54	52	51
沁源	57	54	51	56	55	50	44	44	47	54	60	59	53
长治	59	56	53	60	58	53	48	49	49	56	61	61	55
运城	46	46	46	52	52	51	49	49	45	44	47	47	48
垣曲	50	45	44	50	50	47	38	40	41	46	53	53	46

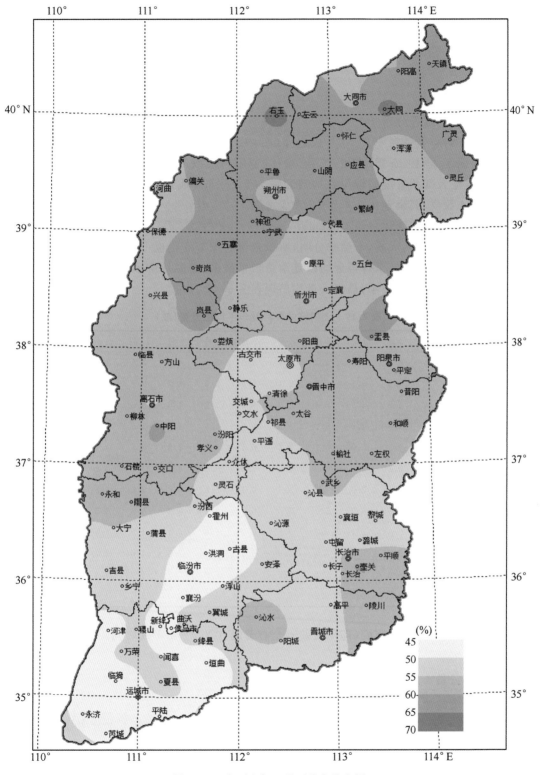

图 2.50　山西省年日照百分率分布图

2.5.2 云量

气象台站云量观测分为总云量和低云量两种。云量单位采用 10 成制,无云为零,满天皆云为 10。

2.5.2.1 总云量

(1)总云量的地理分布

全省年平均总云量在 4.0～6.0 成之间(图 2.51a)。其分布形势为由西北向东南南递增。五台山地区、隰县、石楼、霍州、沁县、榆社、昔阳一线以南总云量较多,为 5.0～6.0 成,其中,运城盆地大部及省境南端川谷地带云量为 5.5～6.0 成;省境的西北部地区总云量偏少,为 4.0～4.5 成;其余地区在 4.5～5.0 成之间。

(2)总云量的季节变化

由于山西省属季风气候,干湿季分明,所以云量的季节变化也十分明显。

由表 2.19 可以看出,全省各地均以夏季总云量最多,最多月份多为 7 月份,南部运城出现在 6 月,但与 7 月差值很小;最少云量均出现在冬季 12 月份。

表 2.19 大同等站各月及年平均总云量(成)

	1月	2月	3月	4月	5月	6月	7月	8月	9月	10月	11月	12月	年
大同	2.5	3.5	4.4	4.6	5.2	5.4	5.9	5.5	4.3	3.5	2.8	2.5	4.2
平鲁	2.6	3.7	4.8	5.2	5.6	6.1	6.5	6.0	4.7	3.7	2.8	2.6	4.5
繁峙	2.8	3.6	4.9	4.9	5.4	5.9	6.2	5.8	4.6	3.8	3.2	2.8	4.5
五寨	2.9	3.9	4.8	4.9	5.2	5.6	6.0	5.5	4.7	3.8	3.0	2.9	4.4
原平	2.7	3.8	4.9	5.0	5.1	5.6	6.1	5.8	4.8	3.8	3.1	2.6	4.4
离石	3.0	4.2	5.3	5.2	5.2	5.6	5.8	5.5	5.0	4.2	3.2	2.8	4.6
太原	2.9	4.0	5.1	5.0	5.1	5.7	6.1	5.8	5.0	4.2	3.3	2.7	4.6
榆社	3.2	4.4	5.5	5.3	5.2	5.8	6.4	6.1	5.3	4.3	3.5	3.0	4.8
介休	3.2	4.4	5.5	5.1	5.2	5.6	6.0	5.6	5.1	4.3	3.4	3.0	4.7
长治	3.6	4.6	5.6	5.4	5.5	5.9	6.5	6.0	5.5	4.6	3.7	3.3	5.0
运城	4.2	5.2	6.0	5.8	5.8	5.9	5.8	5.3	5.7	5.2	4.4	3.6	5.2
陵川	4.2	5.3	6.2	6.1	6.2	6.8	7.1	6.5	6.0	5.0	4.1	3.7	5.6

各地总云量季节变化幅度(即年较差),全省普遍在 2.0～4.1 成之间。其地理分布为由南向北递增。

2.5.2.2 低云量

(1)低云量的地理分布

山西省低云量普遍介于 0.4～1.9 成之间(图 2.51b)。地理分布不十分明显,南北相差较小。全省除五台山为 3.1 成,黄河沿岸兴县、临县、离石及运城盆地部分地区、阳城晋城在 0.4～1.0 成外,其余站点低云量在 1.0～1.9 成之间。

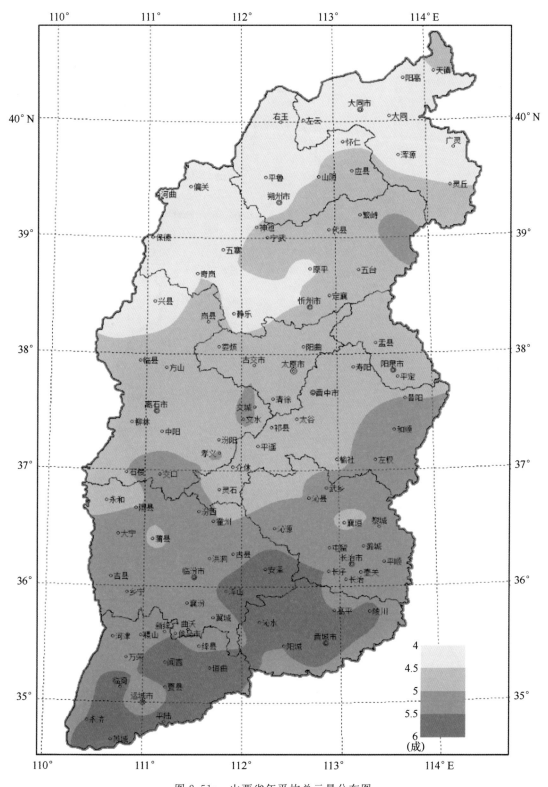

图 2.51a　山西省年平均总云量分布图

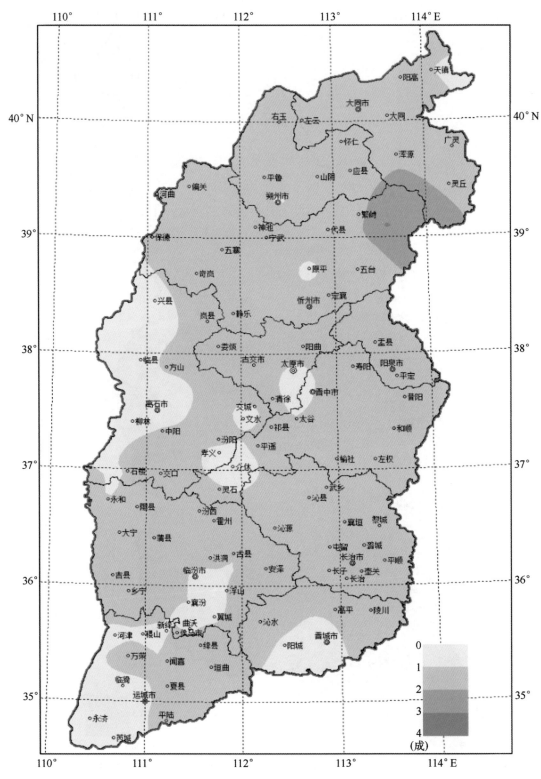

图 2.51b　山西省年平均低云量分布图

（2）低云量的季节变化

低云量的季节变化与总云量基本相似，全省都是夏季 7、8 月间云量剧增，普遍在 1.2～3.9 成之间；云量最少的季节出现在冬季 12 月，1 月，普遍只有 0.0～0.9 成。

（3）总、低云量差

总、低云量差也是一个重要的气候特征。差值小表示当地中、高云不多；差值大则表示这里多为中、高云。由表 2.20 可以看出，全省各地总低云量差普遍界于 2.4～5.4 成之间，且由北向南明显增多。

表 2.20　大同等站年平均总云量、低云量及两者差值（成）

	大同	平鲁	浑源	五寨	原平	离石	太原	榆社	介休	长治	芮城	陵川
总云量	4.2	4.5	4.3	4.4	4.4	4.6	4.6	4.8	4.7	5.0	6.0	5.6
低云量	1.2	1.5	1.9	1.7	0.8	0.4	1.0	1.4	0.5	1.2	0.6	1.6
差　值	3.0	3.0	2.4	2.7	3.6	4.2	3.6	3.4	4.2	3.8	5.4	4.0

2.6　主要天气现象

山西省地形复杂，山地，高原、丘陵、台地，平原等各种地形均有分布，加上特定的地理位置，致使山西省季风气候盛行，气候类型较多。这就造成山西省天气现象种类较多，分布范围广泛，持续时间较长。这里只介绍几种主要的天气现象：雷暴、雾，沙尘暴，雨凇，雾凇，降雪和积雪等。冰雹，大风和霜冻等将在灾害章节中论述。

2.6.1　雷暴

自古以来，雷电就是一种令人畏惧的自然现象。云里之所以会闪电打雷，是因为云里带有电。这种带电的云，气象上称之为"积雨云"。云的不同部位聚集着两种极性不同的电荷。由于电荷的存在，使云的内部和云与地面之间形成了很强的电场，当这两种电荷的电位差达到一定程度时，就会在一块云的不同部位之间、云与云之间、云与地面之间爆发出强大的电火花，这就是闪电。有闪电时，空气受热迅速膨胀，引起闪电通道内产生与爆炸相仿佛的声波振荡。这种空气的振荡传到人耳内就是雷声。闪电和雷声实际上是同时发生的，只是由于它们在大气中传播的速度差异很大，光速要比声速快得多，因此总是先看到闪电后听到雷声[5]。

雷暴是积雨云强烈发展阶段时产生的雷电现象，它常伴有大风、暴雨以至冰雹和龙卷，是一种局部的，但很猛烈的灾害性天气。

山西省雷暴较多，年平均雷暴日数介于 17～46 d 之间。纬向分布较为明显，呈由南向北递增，山区向盆川递减。中、北部地区为多雷暴区，全年雷暴日数 35 d 以上，其中省境东北部及五台山附近达 40 d 以上；临汾盆地南部及运城地区为少雷暴区，年雷暴日数在 25 d 以下，其中运城南部地区在 20 d 以下；其余地区介于 25～35 d 之间（图 2.52）。

山西雷暴起始日期与终止日期各地有一定的差异。一般起始日期介于于 4 月中旬至 5 月上旬，北部晚于南部；终至日期介于 9 月中旬至 10 月上旬。雷暴日数主要集中在夏季，6

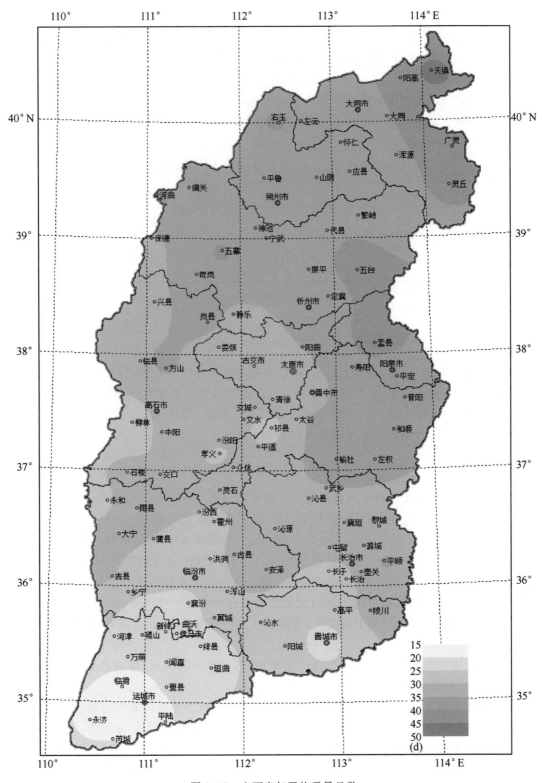

图 2.52 山西省年平均雷暴日数

至 8 月雷暴日数占全年的 80％左右,雷暴常发生在中午到晚上,14～18 时出现最多。夏季雷暴持续时间较长,春、秋季较短。一般不超过 1 h,个别情况达 6 h 以上。

2.6.2　雾

雾是人们常见的一种天气现象,它由无数悬浮在低空的微细水滴或冰晶组成,并使能见度小于 1 km。

按照雾的形成原因,雾大致可分为两类:一类是天气系统影响下的锋面雾,高压雾和低压雾等;另一类是受下垫面性质影响而形成的平流雾、辐射雾。此外,还有受地形影响的上坡雾等等。

山西雾日分布总的趋势是比较湿润的东南部和山区较多,西北部相对较少(图 2.53)。年雾日数大部分地区介于 0.6～33.3 d。太岳山以东、寿阳、阳泉以南,陵川以北地区,五台山区和太原、清徐、临汾等地雾日为 20 d 以上,五台山顶的雾特别多,年雾日数约为 190 d,尤其是 7、8 月份,各月雾日达 23～25 d;省境西北地区大部,吉县、安泽等地雾日最少,在 5 d 以下;其余地区雾日数介于 5～20 d。

雾,一年四季均可出现,以秋季最多,其次是冬季,春、夏季相对较少。一般夜间开始形成,日出前最浓,日出后逐渐消失。

轻雾(能见度为 1.0～＜10.0 km),盆地和东部地区最多,南部多于北部。长治、太原、临汾、运城及阳泉、阳城等地,年轻雾日数约为 30～60 d,太原最多,年平均达 120 d;忻定盆地 15～20 d;其他地区一般在 10 d 左右天。轻雾,一年四季均可出现,7—11 月较多,其次是冬季和早春,4—6 月较少。一般日出前后出现较多,其次是夜间,中午和下午较少。

2.6.3　沙尘暴、扬沙、浮尘

2.6.3.1　沙尘暴

沙尘暴是大量沙尘被强风吹到空中,使能见度小于 1 km 的严重风沙现象。因此,沙尘暴的出现和地理分布主要受大风天气的支配,同时还与地表植被状况、气候干燥程度等因素有关。

山西省年沙尘暴日数介于 0.1～13.3 d 之间(图 2.54a)。省境西北地区沙尘暴天气较多,年沙尘暴日数普遍在 3 d 以上,其中朔县,五寨、偏关．河曲等地每年为 6～13.3 d,其他地区介于 0.1～3.0 d。

2.6.3.2　扬沙

风把地面的尘土、沙粒等吹起,使空气相当浑浊,能见度在 1.0～10.0 km,称扬沙。

山西省年扬沙日数介于 1.4～50.7 d 之间(图 2.54b)。扬沙地理分布不十分明显,基本上呈北部多于南部,高值区主要集中于西北部地区,普遍在 20 d 以上;其中山阴、河曲、右玉等地在 30～40 d;其他地区一般在 20 d 以内,东南部、中条山区和运城、临汾盆地大部分地区,扬沙最少,每年少于 10 d,夏县最少,仅为 1.8 d。

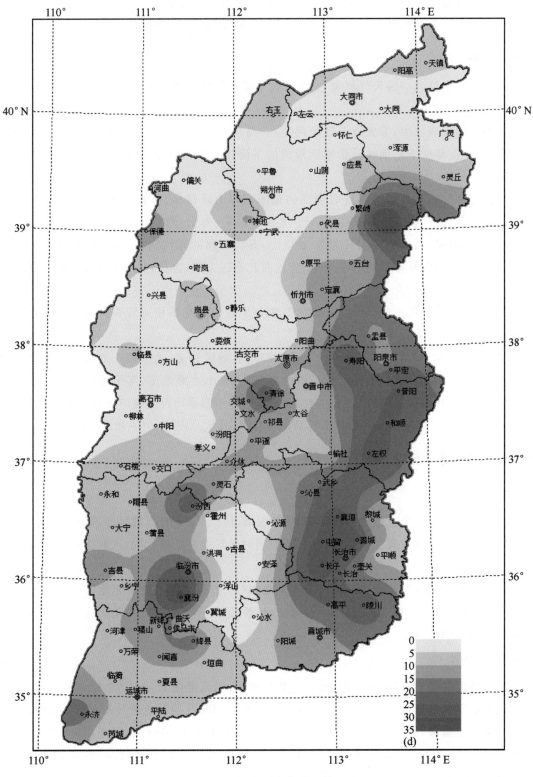

图 2.53　山西省年雾日数

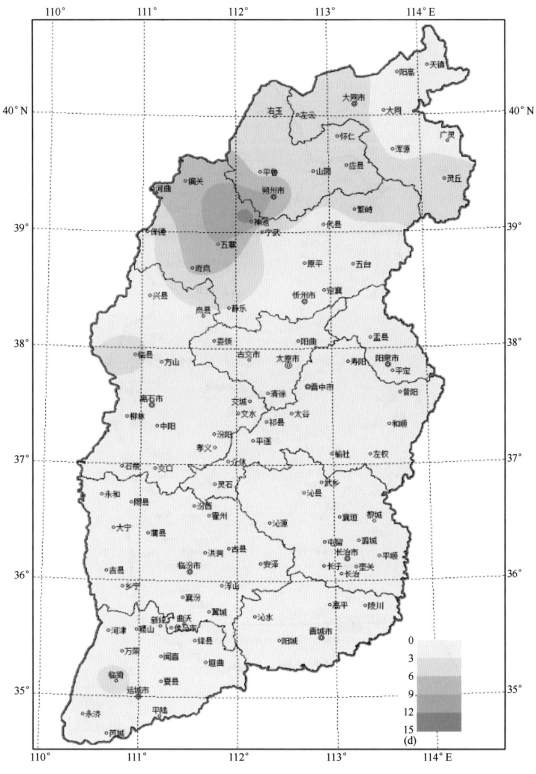

图 2.54a　山西省年沙尘暴日数分布

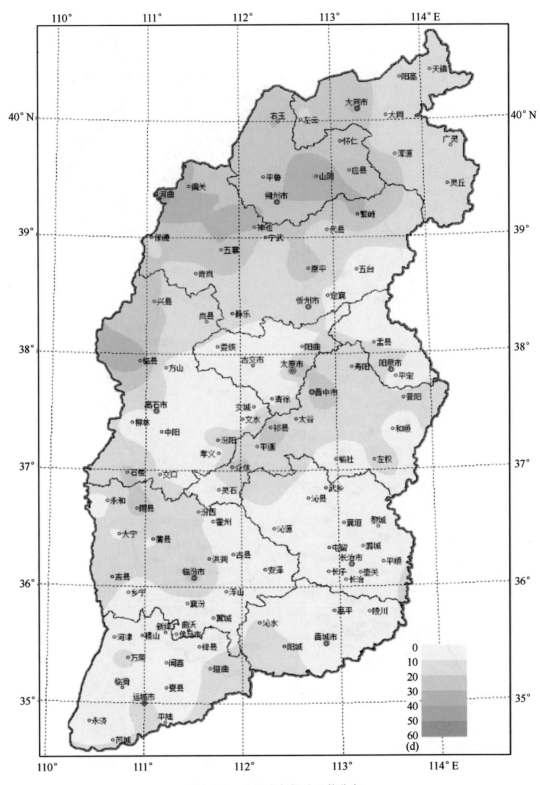

图 2.54b　山西省年扬沙日数分布

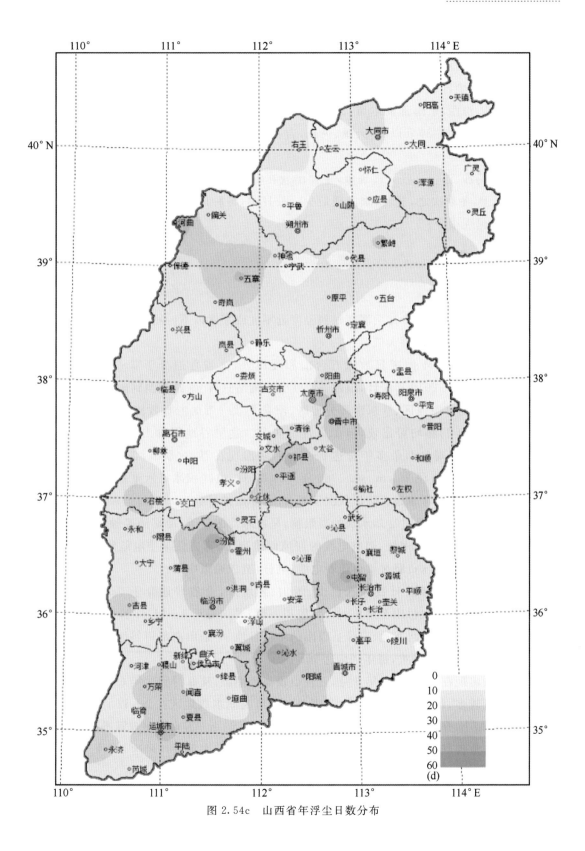

图 2.54c　山西省年浮尘日数分布

2.6.3.3 浮尘

尘土细粒均匀浮游在空中,使水平能见度小于 10 km 的天气现象称浮尘。

山西省年浮尘日数介于 1.4～50.9 d 之间。浮尘的地理分布不明显,以晋西北地区和和中部的祁县、汾西,东南部的屯留、沁水,运城的盐湖区等地出现较多,年浮尘日数 30～50 d;其他地区一般在 30 d 以内,天镇、灵丘、吉县、安泽、阳泉等地最少,每年仅 3～5 d,平鲁、大同不足 2 d。

沙尘暴、扬沙、浮尘这些天气现象,主要出现在春季,3—5 月各地这些天气日数约占全年的 60% 以上,冬季次之,夏、秋季出现最少。一日中,各种风沙天气主要出现在中午至傍晚,清晨前后出现很少。

2.6.4 雨凇、雾凇

2.6.4.1 雨、雾凇日数

雨凇,俗称冰凌,是过冷却雨滴接触到温度近零度或零度以下的物体或地面冻结而成的冰层。通常出现于微寒阴雨天气。

山西省雨凇较少,年雨凇日数除五台山和陵川外,全省普遍介于 0～1.5 d 之间(图2.55a)。根据 1981—2010 年统计,山西省 109 个观测站只有 69 站观测到雨凇,且累年值大部分少于 1 d。五台山地区、晋东南部分地区、阳泉平顺一带雨凇日数较多,每年多于 1 d。雨凇从秋末到次年初春均可出现,但 1、2 月份居多。盆川谷地很少出现。五台山顶雨凇相当严重,每年约出现 5 d,最多年份达 9～10 d,多出现在春、秋季节,最长持续时间曾达106 h,电线最大积冰直径 20 cm。如 1960 年 5 月 27 日,电线积冰每米重量大约 3.5 kg 以上,将 3 寸钢管线杆压弯着地。陵川仅次于五台山,年雨凇日数为 2.4 d。

雾凇,俗称树挂,也是过冷却水滴的凝聚物,是在寒冷的雾天,冷雾滴接触地物冻结而形成的松散冰晶物。通常在树枝、架空电线的迎风面最突出,雾凇使架空电线绝缘性能降低,影响线路畅通,电线积冰负载过重可压断电线、电杆,造成通讯中断。

山西雾凇较多,年雾凇日数除五台山、陵川、襄垣外,全省普遍介于 0～7 d 之间(图2.55b)。右玉、河曲及太岳山至襄垣、长治、陵川一带,平均每年 4～11 d;年平均不足 2 d 的地区有大同盆地、西部黄河谷地、安泽县以南的沁河谷地、中条山南部川谷地带;其他地区介于 2～4 d。五台山顶最严重,每年平均达 158 d。

雾凇一般出现在 11 月至次年 3 月,五台山顶高寒潮湿,从 9 月到次年 6 月都可出现,10月到次年 4 月较多,每月有 12～17 d。雾凇最长持续时间多数地区在 2 h 以上,其中五台山360 h,运城 107 h,介休 77 h,榆社 55 h,原平 42 h,太原 41 h。五台山出现雾凇的时间长,日数多、强度大,危害严重。如 1968 年 10 月 9 日,电线积冰最大重量每米达 2.8 kg,曾将 8 号钢心架空明线压断。

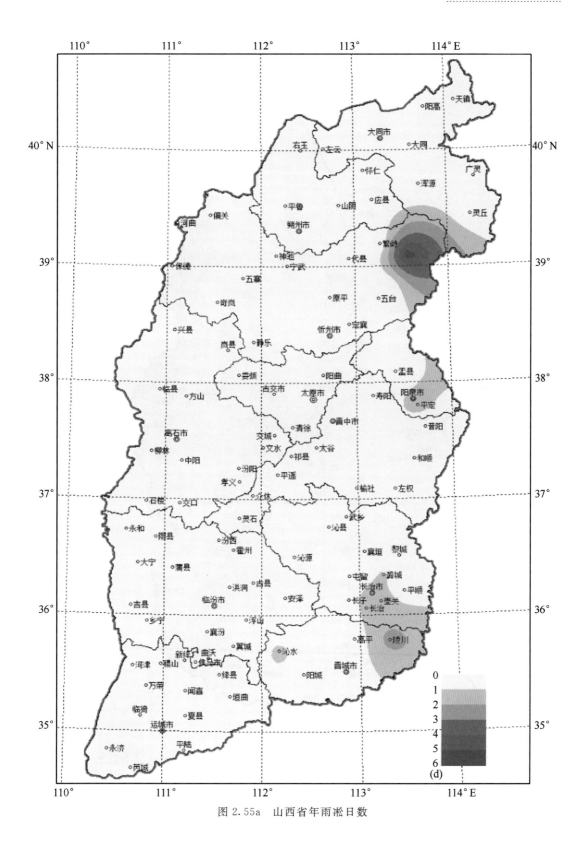

图 2.55a 山西省年雨凇日数

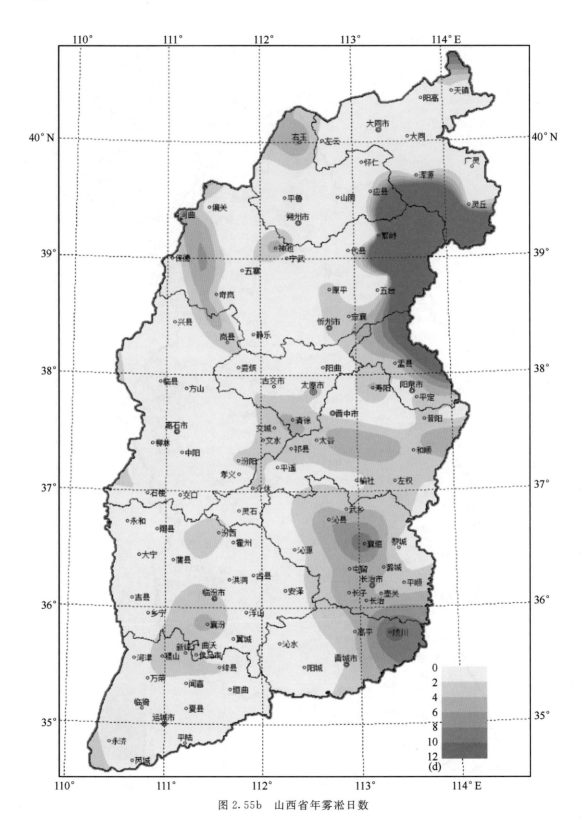

图 2.55b　山西省年雾凇日数

2.6.4.2　线路覆冰

在雨凇、雾凇分析的基础上,输电线路电线积冰情况分析对电力部门线路设计、架设、运行、维护也具有十分重要的参考意义。山西省气候中心分别根据电力公司收集到的有关材料以及中心收集到的部分线路积冰情况,分析了山西省易覆冰区。

上述分析结果(图 2.56、2.57)表明:电力部门以及气候中心收集到的资料分析结果基本一致,易发生线路覆冰的地区,主要是在海拔相对较高的地区,山区积冰多于盆地。易发和较重的地区位于恒山山脉、吕梁山北部和南部、中条山和太行山脉。

在上述调查分析结果基础上,分析了覆冰形成物理机制,综合考虑雨、雾凇出现日数、冬季降雪、雾日数以及湿度等气象因素,并参照森林植被、水体分布情况,分析得到山西省积冰分布图 2.58。

由图 2.58 可以看出,北部的恒山、五台山、芦芽山、云中山,中南部的太岳山,南部的吕梁山、中条山,以及东南部的太行山是山西省积冰的易发地区。

2.6.5　降雪、积雪

山西降雪期较长,但降雪量不大,降雪日数不多。山西省降雪期介于 93～195 d 之间,五台山达 278 d,30% 地区在 5 个月以上,80% 地区在 4～5 个月之间。

年降雪量大部分地区在 20～60 mm 之间,东西部山区和东南部地区降雪量较大,一般在 40 mm 以上,各盆地及黄河沿岸 30 mm 以下,其中以忻定、临汾盆地最少,不到 20 mm。

全省年平均降雪日数 12～43 d。各盆地在 20 d 以内;五台山、吕梁山的高山区及晋西北地区 30 d 以上,五台山顶最多,年平均降雪日数达 80 d;其他地区介于 20～43 d(图 2.59)。

降雪期以五台山、吕梁山、恒山等山区及雁北地区最长,达 6 个月之久,一般始于 10 月下旬,终于次年 4 月下旬;西部黄河沿岸,太岳山及和顺,左权,陵川,平顺等地降雪期约 5 个月,11 月初至次年 4 月初;忻定、太原盆地,中条山,晋东南大部分地区,降雪期 4 个月,始于 11 月中旬终于次年 3 月下旬;临汾、运城盆地降雪期最短,只有 3 个月,一般 12 月上旬开始,次年 3 月上旬结束。

冬季气温低,降雪不易融化,常形成积雪,造成路面冰雪覆盖,影响交通。

本省各地积雪初日比降雪初日晚 20 d 左右,积雪终日比降雪终日早约 15 d。五台山、恒山、吕梁山、太岳山及右玉、平鲁、和顺、陵川等地积雪期长,积雪日数 30～50 d,高山区积雪期更长,如五台山顶,积雪日数达 179 d;大同,忻定盆地,西部黄河沿岸,太原东西山区,晋东南丘陵盆地,中条山等积雪日数 20～30 d;太原、临汾、运城盆地及中条山南部河谷地带,积雪日数 12～20 d(图 2.60)。

本省冬季较为寒冷,遇有较大的降雪,连续积雪日数多,最长连续积雪日数,临汾、运城盆地 20 d 左右,中、北部盆川地区 30～50 d,山区和高寒地 60～80 d,五台山顶连续积雪历史上曾达 6 个多月。

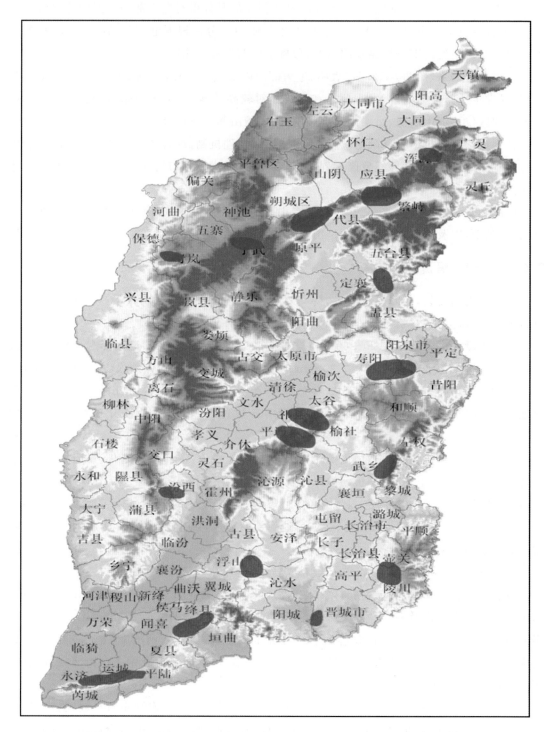

图 2.56 山西省电力公司线路覆冰调查分析图(蓝色区域为宜覆冰区)[6]

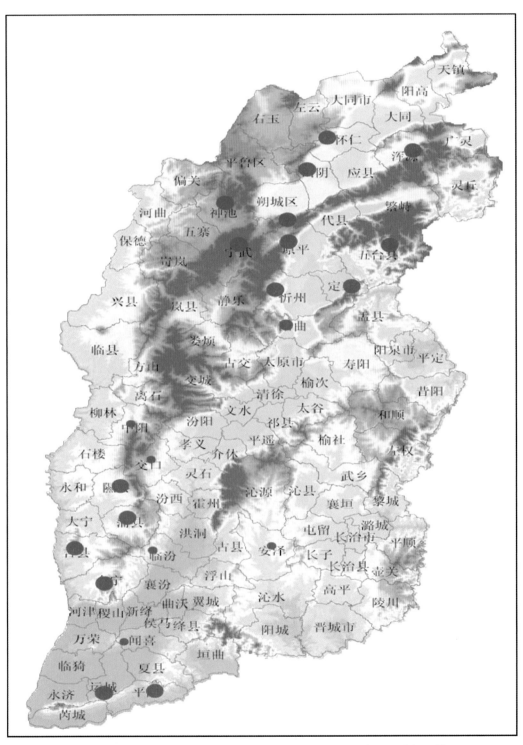

图 2.57 山西省气候中心线路覆冰调查分析图(蓝色区域为宜覆冰区)[6]

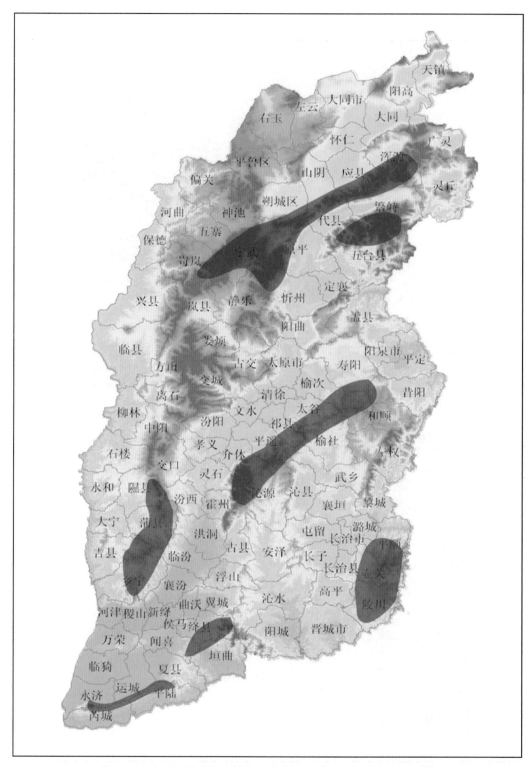

图 2.58　山西省线路覆冰易发区分布图(蓝色区域为宜覆冰区)[6]

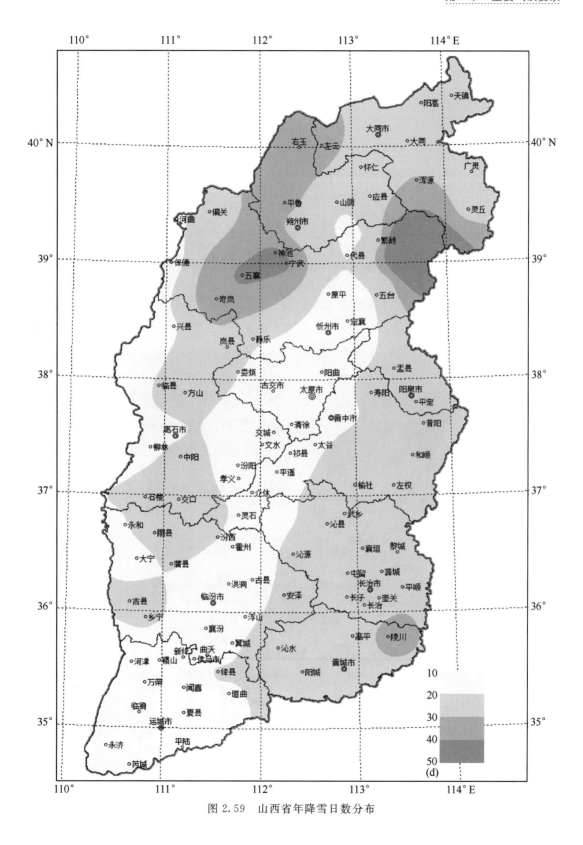

图 2.59 山西省年降雪日数分布

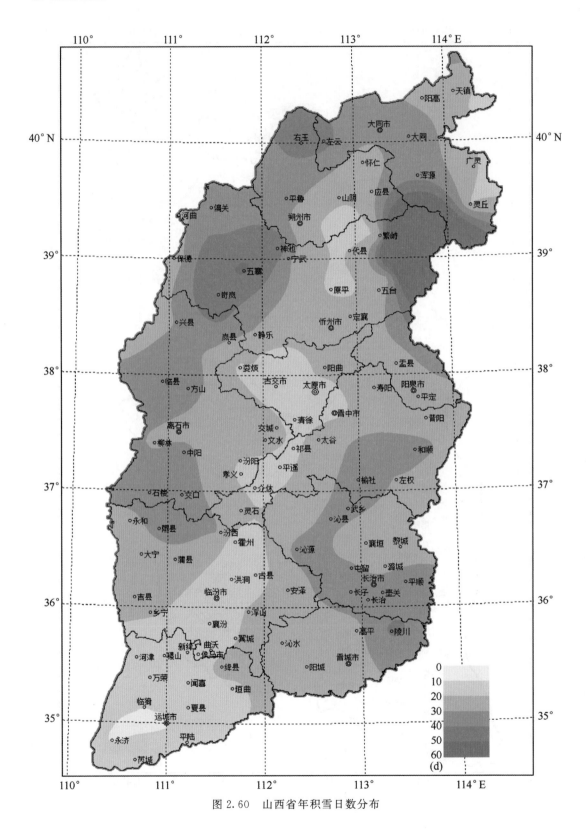

图 2.60　山西省年积雪日数分布

参考文献

［1］钱林清等. 山西气候.北京:气象出版社,1991.

［2］张家诚等. 中国气候.上海:上海科学技术出版社,1985.

［3］郭慕萍等. 山西省气候资源图集.北京:气象出版社,1996.

［4］山西省气候中心. 山西省风能资源评价. 2005.

［5］温克刚. 中国气象灾害大典·山西卷.北京:气象出版社,2005.

［6］山西省气候中心. 基于南岭观测资料的输电线路积冰分析. 2008.

第3章 主要气象灾害

气象灾害是指大气对人类的生命财产和国民经济建设及国防建设等造成的直接或间接的损害。气象灾害一般包括天气、气候灾害和气象次生、衍生灾害。气象灾害是自然灾害中最为频繁而又严重的灾害。山西省地处中纬度黄土高原东部,南北气候差异显著,气象灾害具有种类多、地域广、频率高、灾情重的特点。干旱、冰雹、暴雨洪涝、大风等气象灾害,都是山西比较常见且危害较大的气象灾害。

3.1 干旱

气象干旱是指某时段由于蒸发量和降水量的收支不平衡,水分支出大于水分收入而造成的水分短缺现象。气象干旱一般有两种类型,一类是干旱气候,由气候、海陆分布、地形等相对稳定的因素在某个相对固定的地区常年形成的水分短缺现象。通常干旱气候是指用彭曼公式计算的最大可能蒸散量与年降水量比值大于或等于 3.5 的地区。另一类是干旱灾害,各种气象因子(如:降水、气温等)的年际或季节变化形成的随机性异常水分短缺现象,称为大气干旱,在多数情况下所说的干旱通常指这类干旱。在干旱半干旱地区,干旱灾害发生的频率较高,在湿润地区较少,主要是因为干旱半干旱地区,降水量年际变化大,降水显著偏少的年份比较多[1]。

干旱是影响山西最主要的气象灾害。干旱灾害平均每年要使 20%～25% 的耕地面积遭受不同程度的损害,是其他各种气象灾害总和的两倍。山西干旱具有范围广、时间长和灾情重的特点。山西干旱一年四季都有发生,春旱、夏旱、春夏连旱、夏秋连旱等均有出现,其中以春旱出现的几率最大。随着水利工程的建设和发展,人类防灾减灾的能力逐步提高,但是干旱灾害给国民经济和人民生活造成的影响仍十分严重。1965 年的旱情持续到翌年 4、5 月份,全省受旱面积 3824 万亩,严重受旱面积 2500 万亩,分别占棉秋田总面积的 78%、51%,其中 530 万亩绝收,近 1000 万亩减产 50% 以上。当年秋粮比上年减产 6.5 亿 kg,第二年夏粮又减产 8.5 亿 kg,两年合计损失粮食 15 亿 kg。1998 年 8 月以后,山西省北中部降水量偏少,造成严重伏秋旱、"卡脖子旱",对大秋作物的产量影响极为严重。全省农田受旱面积 2495 万亩,成灾面积 1218 万亩。受灾较重的有大同、朔州、忻州、阳泉、晋中、吕梁 6 个地(市)的 40 多个县(市),受旱绝收面积 15 万亩[2]。

3.1.1 干旱指标

干旱指标是利用气象要素,根据一定的计算方法所获得的指标,用来监测或评价某区域某时间段内由于天气气候异常引起的干旱程度。由于着眼点和使用的资料不同,干旱指标有多种。

中国气象局颁布的《气象干旱等级》[3]（2006 年 11 月）中，统一了气象干旱监测和评估的标准，气象干旱监测技术和评估方法实行了标准化和规范化。《气象干旱等级》国家标准中将干旱划分为五个等级，分别为无旱、轻旱、中旱、重旱和特旱。无旱特点为降水正常或较常年偏多，地表湿润，无旱象；轻旱特点为降水较常年偏少，地表空气干燥，土壤出现水分轻度不足，对农作物有轻微影响；中旱特点为降水持续较常年偏少，土壤表面干燥，土壤出现水分不足，地表植物叶片白天有萎蔫现象，对农作物和生态环境造成一定影响；重旱特点为土壤出现水分持续严重不足，土壤出现较厚的干土层，植物萎蔫、叶片干枯，果实脱落，对农作物和生态环境造成较严重影响，对工业生产、人畜饮水产生一定影响；特旱特点为土壤出现水分长时间严重不足，地表植物干枯、死亡，对农作物和生态环境造成严重影响，工业生产、人畜饮水产生较大影响。

较为常用的气象干旱指标有降水量距平百分率、相对湿润度指数、标准化降水指数、气象干旱综合指数。本节干旱分析中采用的综合气象干旱指数（C_i）来进行统计分析。

（1）降水量距平百分率（Pa）

①原理和计算方法

降水量距平百分率（Pa）是指某时段的降水量与常年同期降水量相比的百分率。

$$Pa = \frac{P - \overline{P}}{P} \times 100\% \tag{3.1}$$

其中 P 为某时段降水量，$\overline{P}$ 为多年平均同期降水量，取 1981—2010 年 30 年气候平均值。

$$\overline{P} = \frac{1}{n} \sum_{i=1}^{n} P_i \tag{3.2}$$

其中 P_i 为时段 i 的降水量，n 为样本数，$n = 30$。

②等级划分

由于我国各地各季节的降水量变率差异较大，故利用降水量距平百分率划分干旱等级对不同地区和不同时间尺度也有较大差别，表中为适合我国半干旱、半湿润地区的干旱等级标准。

表 3.1　单站降水量距平百分率划分的干旱等级

等级	类型	降水量距平百分率（Pa）（%）		
		月尺度	季尺度	年尺度
1	无旱	$-50 < Pa$	$-25 \leqslant Pa$	$-15 \leqslant Pa$
2	轻旱	$-70 < Pa \leqslant -50$	$-50 \leqslant Pa < -25$	$-30 \leqslant Pa < -15$
3	中旱	$-85 < Pa \leqslant -70$	$-70 < Pa \leqslant -50$	$-40 < Pa \leqslant -30$
4	重旱	$-95 < Pa \leqslant -85$	$-80 < Pa \leqslant -70$	$-45 < Pa \leqslant -40$
5	特旱	$Pa \leqslant -95$	$Pa \leqslant -80$	$Pa \leqslant -45$

（2）标准化降水指数（SPI 或 Z）

①原理和计算方法

标准化降水指数（简称 SPI）是先求出降水量 Γ 分布概率，然后进行正态标准化而得，其

计算步骤为：

1)假设某时段降水量为随机变量 x，则其 Γ 分布的概率密度函数为：

$$f(x) = \frac{1}{\beta^\gamma \Gamma(\gamma)} x^{\gamma-1} e^{-x/\beta}, x > 0 \tag{3.3}$$

$$\Gamma(\gamma) = \int_0^\infty x^{\gamma-1} e^{-x} \mathrm{d}x \tag{3.4}$$

其中 $\beta > 0, \gamma > 0$ 分别为尺度和形状参数，β 和 γ 可用极大似然估计方法求得：

$$\hat{\gamma} = \frac{1 + \sqrt{1 + 4A/3}}{4A} \tag{3.5}$$

$$\hat{\beta} = \bar{x}/\hat{\gamma} \tag{3.6}$$

其中

$$A = \lg\bar{x} - \frac{1}{n}\sum_{i=1}^{n}\lg x_i \tag{3.7}$$

式中，x_i 为降水量资料样本，$\bar{x}$ 为降水量多年平均值。

确定概率密度函数中的参数后，对于某一年的降水量 x_0，可求出随机变量 x 小于 x_0 事件的概率为：

$$P(x < x_0) = \int_0^\infty f(x)\mathrm{d}x \tag{3.8}$$

利用数值积分可以计算用(3.3)式代入(3.8)式后的事件概率近似估计值。

2)降水量为 0 时的事件概率由下式估计：

$$P(x = 0) = m/n \tag{3.9}$$

式中，m 为降水量为 0 的样本数，n 为总样本数。

3)对 Γ 分布概率进行正态标准化处理，即将(3.8)、(3.9)式求得的概率值代入标准化正态分布函数，即：

$$P(x < x_0) = \frac{1}{\sqrt{2\pi}}\int_0^\infty e^{-z^2/2}\mathrm{d}x \tag{3.10}$$

对(3.10)式进行近似求解可得：

$$Z = S\frac{t - (c_2 t + c_1)t + c_0}{[(d_3 t + d_2)t + d_1]t + 1.0} \tag{3.11}$$

其中 $t = \sqrt{\ln\frac{1}{P^2}}$，$P$ 为(3.8)式或(3.9)式求得的概率，并当 $P > 0.5$ 时，$P = 1.0 - P$，$S = 1$；当 $P \leqslant 0.5$ 时，$S = -1$。

$c_0 = 2.515517, c_1 = 0.802853, c_2 = 0.010328,$

$d_1 = 1.432788, d_2 = 0.189269, d_3 = 0.001308$

由(3.11)式求得的 Z 值也就是此标准化降水指数 SPI。

②等级划分

由于标准化降水指标就是根据降水累积频率分布来划分干旱等级的，它反映了不同时间和地区的降水气候特点。其干旱等级划分标准具有气候意义，不同时段不同地区都适宜。

表 3.2　标准化降水指数 *SPI* 的干旱等级

等级	类型	*SPI* 值	出现频率
1	无旱	$-0.5<SPI$	68%
2	轻旱	$-1.0<SPI\leqslant-0.5$	15%
3	中旱	$-1.5<SPI\leqslant-1.0$	10%
4	重旱	$-2.0<SPI\leqslant-1.5$	5%
5	特旱	$SPI\leqslant-2.0$	2%

（3）相对湿润度指数（M_i）

①原理和计算方法

相对湿润度指数是某时段降水量与同一时段长有植被地段的最大可能蒸散量相比的百分率，其计算公式：

$$M_i=\frac{P-E}{E} \tag{3.12}$$

式中，P 为某时段的降水量，E 为某时段的可能蒸散量，用 FAO Penman-Monteith 或 Thornthwaite 方法计算。

②等级划分

相对湿润度指数反映了实际降水供给的水量与最大水分需要量的平衡，故利用相对湿润度指数划分干旱等级不同地区和不同时间尺度也有较大差别，表 3.3 为适合我国半干旱、半湿润地区月尺度的干旱等级标准。

表 3.3　相对湿润度指数 M_i 的干旱等级

等级	类型	相对湿润度指数 M_i
1	无旱	$-0.50<M_i$
2	轻旱	$-0.70<M_i\leqslant-0.50$
3	中旱	$-0.85<M_i\leqslant-0.70$
4	重旱	$-0.95<M_i\leqslant-0.85$
5	特旱	$M_i\leqslant-0.95$

（4）气象综合干旱指数 C_i

①原理和计算方法

气象干旱综合指数 C_i 是以标准化降水指数、相对湿润度指数和降水量为基础建立的一种综合指数：

$$C_i=\alpha Z_3+\gamma M_3+\beta Z_9 \tag{3.13}$$

当 $C_i<0$，并 $P_{10}\geqslant E_0$ 时（干旱缓和），则 $C_i=0.5\times C_i$；

当 $P_y<200$ mm（常年干旱气候区，不做干旱监测），$C_i=0$。

通常 $E_0=E_5$，当 $E_5<5$ mm 时，则 $E_0=5$ mm。

式中，Z_3、Z_9 为近 30 和 90 d 标准化降水指数 SPI，由（3.11）式求得；M_3 为近 30 d 相对湿润度指数，由（3.12）式求得；E_5 为近 5 d 的可能蒸散量，用桑斯维特方法（Thornthwaite Method）计算。P_{10} 为近 10 d 降水量，P_y 为常年年降水量；α、γ、β 为权重系数，分别取 0.4、0.8、0.4，也可根据当地气候站点确定。

通过(3.13)式,利用逐日平均气温、降水量滚动计算每天综合干旱指数 C_i 进行逐日实时干旱监测。

②等级划分

气象干旱综合指数 C_i 主要是用于实时干旱监测、评估,它能较好地反映短时间尺度的农业干旱情况。

表 3.4 综合干旱指数 C_i 的干旱等级

等级	类型	C_i 值	干旱对生态环境影响程度
1	无旱	$-0.6 < C_i$	降水正常或较常年偏多,地表湿润,无旱象。
2	轻旱	$-1.2 < C_i \leqslant -0.6$	降水较常年偏少,地表空气干燥,土壤出现水分不足,对农作物有轻微影响。
3	中旱	$-1.8 < C_i \leqslant -1.2$	降水持续较常年偏少,土壤表面干燥,土壤出现水分较严重不足,地表植物叶片白天有萎蔫现象,对农作物和生态环境造成一定影响。
4	重旱	$-2.4 < C_i \leqslant -1.8$	土壤出现水分持续严重不足,土壤出现较厚的干土层,地表植物萎蔫、叶片干枯,果实脱落;对农作物和生态环境造成较严重影响,对工业生产、人畜饮水产生一定影响。
5	特旱	$C_i \leqslant -2.4$	土壤出现水分长时间持续严重不足,地表植物干枯、死亡;对农作物和生态环境造成严重影响、工业生产、人畜饮水产生较大影响。

③干旱过程的确定和评价

干旱过程的确定:当综合干旱指数 C_i 连续十天为轻旱以上等级,则确定为发生一次干旱过程。干旱过程的开始日为第一天 C_i 指数达轻旱以上等级的日期。在干旱发生期,当综合干旱指数 C_i 连续十天为无旱等级时干旱解除,同时干旱过程结束,结束日期为最后一次 C_i 指数达无旱等级的日期。干旱过程开始到结束期间的时间为干旱持续时间。

干旱过程强度:干旱过程内所有天的 C_i 指数为轻旱以上干旱等级之和为干旱过程强度,其值越小干旱过程越强。

某时段干旱评价:当评价某时段(月、季、年)是否发生干旱事件时,所评价时段内必须至少出现一次干旱过程,并且累计干旱持续时间超过所评价时段的1/4时,则认为该时段发生干旱事件,其干旱强度由时段内 C_i 值为轻旱以上干旱等级之和确定。

3.1.2 干旱空间分布

(1)年空间分布

山西省轻旱及以上出现日数在 117～184 d,五寨最少,清徐最多。从区域分布看,出现日数较多的区域集中在大同盆地、太原盆地和临汾盆地,大部分地区在 160 d 以上,出现旱情在 180 d 以上的有清徐(184 d)、祁县(181 d)、交城(180 d)、山阴(180 d)四个县市。忻州市西部、吕梁市西部、长治市和晋城市出现日数较少,在 150 d 以下,五寨(117 d)和神池(119 d)在 120 d 以下(图 3.1)。

山西省重旱及以上出现日数在 27～53 d。从区域分布看,太原盆地及南部临汾市和运城市出现日数较多,在 45 d 以上,有 17 个县市在 50 d 以上,分别是洪洞(50 d)、大宁(50 d)、柳林(51 d)、清徐(51 d)、芮城(51 d)、榆次市(51 d)、平陆(51 d)、古交(52 d)、稷山(52 d)、临汾(52 d)、太谷(52 d)、临猗(52 d)、河津(52 d)、交城(53 d)、祁县(53 d)、介休(53 d)、平遥

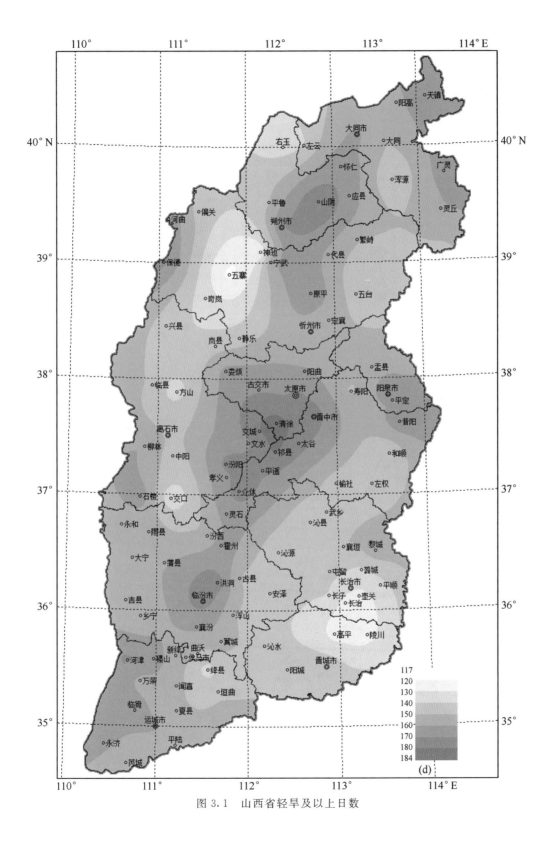

图 3.1 山西省轻旱及以上日数

（53 d）。忻州市西部、长治市南部、晋城市北部出现日数较少，在 35 d 以下，五寨（27 d）和高平（29 d）最少，在 30 d 以下（图 3.2）。

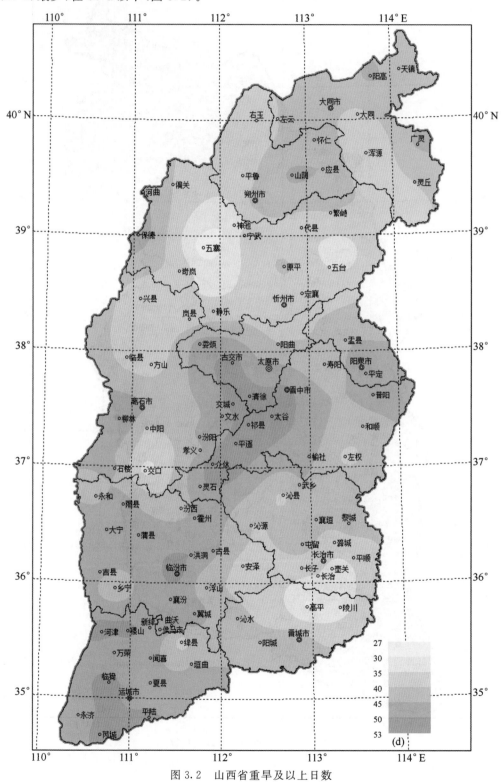

图 3.2　山西省重旱及以上日数

从干旱的空间分布特征上可以看出,地形对山西干旱分布的影响明显。山西省地形地貌复杂,太行山、吕梁山对来自太平洋的东南气流起着明显的屏障作用,导致山体以西地区降水较少,另外,东部太行山脉的走向有利于东南暖湿气流沿山地强烈抬升而使降水量显著增大,形成东部山地多雨区。由于地形的阻挡和抬升作用,形成了山西降水量分布具有由东南向西北逐渐减少,旱情则由山区向盆地逐渐严重的分布特征。

在各等级干旱出现中,轻旱、中旱、重旱和特旱出现的站次依次减少,所占统计总数的比例分别为 17.4%、13.0%、7.2%、4.7%。

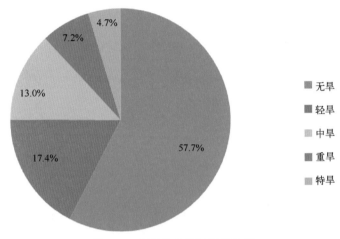

图 3.3　山西省各等级干旱比例

(2)季节空间分布

山西省重旱及以上出现日数,春夏秋三个季节分布特征较为相似,冬季略有不同。春夏秋三个季节,出现日数较多的区域主要在中部太原盆地和南部运城市和临汾市,较少的区域主要在吕梁山中部山区以及太岳山以南的长治市和晋城市。冬季出现日数较多的区域主要在太原盆地以东及以南地区,出现日数较少的区域在北部。

山西省春季重旱及以上出现日数在 4~16 d。从区域分布看,太原盆地及南部临汾市和运城市出现日数较多,在 12 d 以上,有 10 个县市在 14 d 以上,古交最多,为 16 d。南部长治市和晋城市交界处出现最少,在 8 d 以下,高平最少,为 4 d(图 3.4a)。

山西省夏季重旱及以上出现日数在 11~23 d。从区域分布看,太原盆地、临汾市南部和运城市出现日数较多,在 18 d 以上,有 14 个县市在 20 d 以上,其中祁县最多,为 23 d。出现日数较少区域主要忻州市、吕梁山区、东南部长治市和晋城市,壶关、交口、陵川、高平出现最少,均为 11 d(图 3.4b)。

山西省秋季重旱及以上出现日数在 4~14 d。从区域分布看,大同盆地、太原盆地及南部临汾市和运城市出现日数较多,在 10 d 以上,有 13 个县市在 12 d 以上,平遥最多,为 14 d。忻州市中南部、吕梁市南部、长治市和晋城市交界处出现较少,在 8 d 以下,五寨最少,为 4 d(图 3.4c)。

山西省冬季重旱及以上出现日数在 3~12 d。从区域分布看,阳泉市、晋中市、长治市、临汾市北部、晋城市西部出现日数较多,在 8 d 以上,有 7 个县市在 10 d 以上,阳泉最多,为 12 d。北部大部出现较少,在 6 d 以下,天镇和右玉最少,为 4 d(图 3.4d)。

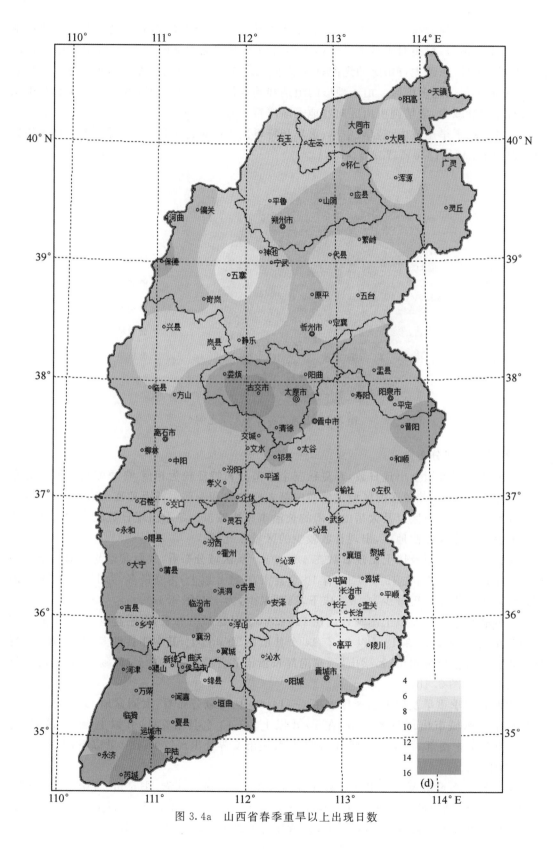

图 3.4a 山西省春季重旱以上出现日数

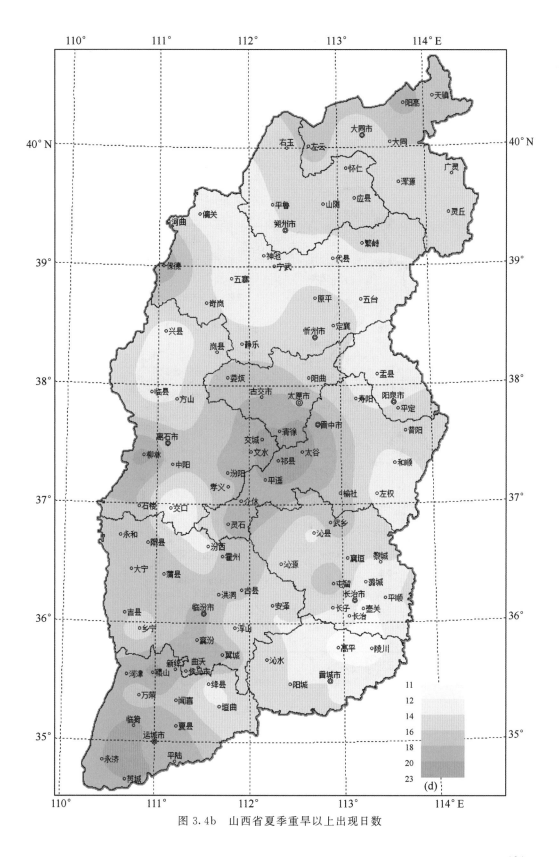

图 3.4b 山西省夏季重旱以上出现日数

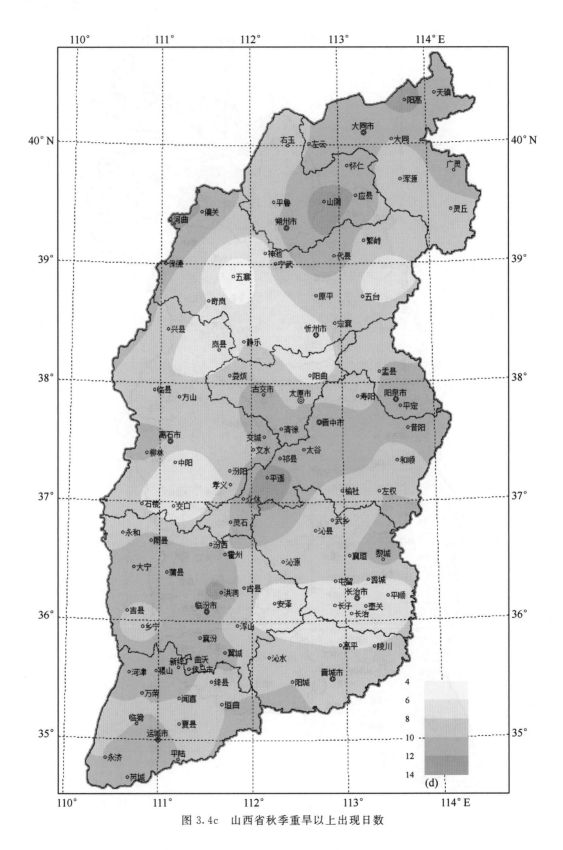

图 3.4c　山西省秋季重旱以上出现日数

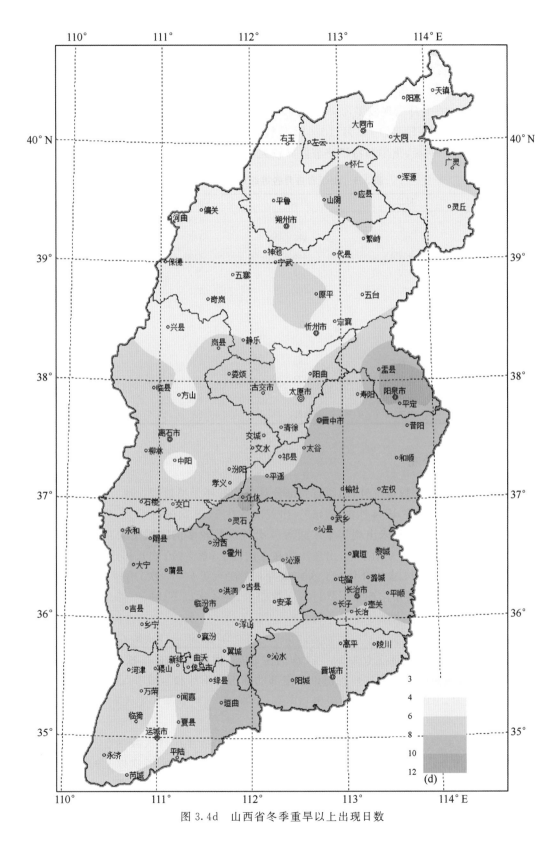

图 3.4d　山西省冬季重旱以上出现日数

3.1.3　干旱时间分布

分月来看,山西在4—7月出现干旱的站次较多,占统计总数的37.4%;2月份出现最少,占统计总数的6.7%。各等级干旱时间分布略有不同,轻旱在4—5月、10—12月出现较多,2—3月较少;中旱在4—5月出现较多,2—3月、8—9月较少;重旱在4—8月出现较多,1—2月较少;特旱在6—9月出现较多,1—2月、10—12月较少。总的来看轻旱和中旱各月出现站次差异较小,季节差异不明显,重旱和特旱季节差异较大,夏季出现最多,冬季出现最少(表3.5)。

表3.5　山西省各月各等级干旱出现站次

月份	轻旱	中旱	重旱	特旱
1	604	457	178	43
2	465	378	182	86
3	457	386	210	129
4	656	509	287	113
5	680	462	259	163
6	527	440	295	305
7	505	446	306	292
8	490	389	273	266
9	504	385	244	234
10	658	423	183	66
11	657	433	224	87
12	678	422	205	61

3.1.4　干旱过程分布

根据1981—2010年数据统计,山西省大部分县市均有年干旱过程出现,30年出现次数在0~13次,其中出现次数在1~4次的占46%,出现次数在5~9次的占40%,出现次数在10次以上的占7%,有7%的县市未出现年干旱过程。出现次数较多的区域集中在大同盆地北部、太原盆地、临汾盆地北部以及阳泉市,出现次数在6次以上;孝义(10次)、祁县(10次)、榆次(10次)、广灵(11次)、小店(11次)、介休(11次)、太原(13次)、盂县(13次)出现次数在十次及以上。长治市东北部和运城市出现年干旱过程次数较少,在4次以下,神池、浮山、翼城、临猗、万荣、夏县、黎城7个县市未出现年干旱过程。

山西省各县市均有春季干旱过程出现,1981—2010年30年统计次数在6~19次,出现次数在6~9次的占15%,出现次数在10~14次的占63%,出现次数在15次以上的占22%。出现次数较多的区域集中在山西省西北部以及南部的临汾市南部和运城市,出现次数在14次以上,其中大同最多,出现19次,其次是天镇和阳高,出现18次。中部丘陵区和山区出现次数较少,在10次以下,其中方山最少,出现6次(图3.6a)。

山西省各县市均有夏季干旱过程出现,1981—2010年30年统计次数在5~18次,出现次数在5~9次的占28%,出现次数在10~14次的占64%,出现次数在15次以上的占8%。出现次数较多的区域集中在大同盆地、太原盆地以及南部临汾市和运城市,大部分出现次数在12次以上,其中,夏县最多,达18次。北、中部丘陵区以及南部长治市和晋城市出现次数较少,五台县最少,为5次(图3.6b)。

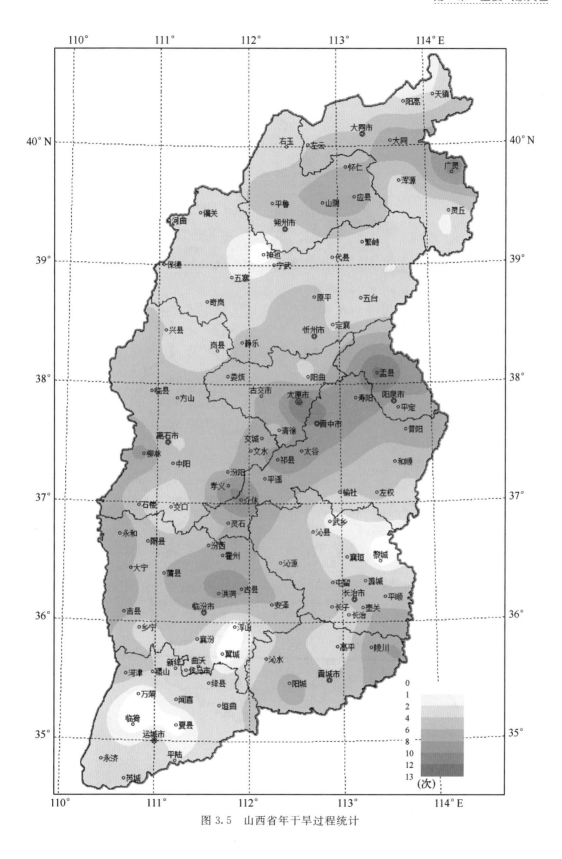

图 3.5　山西省年干旱过程统计

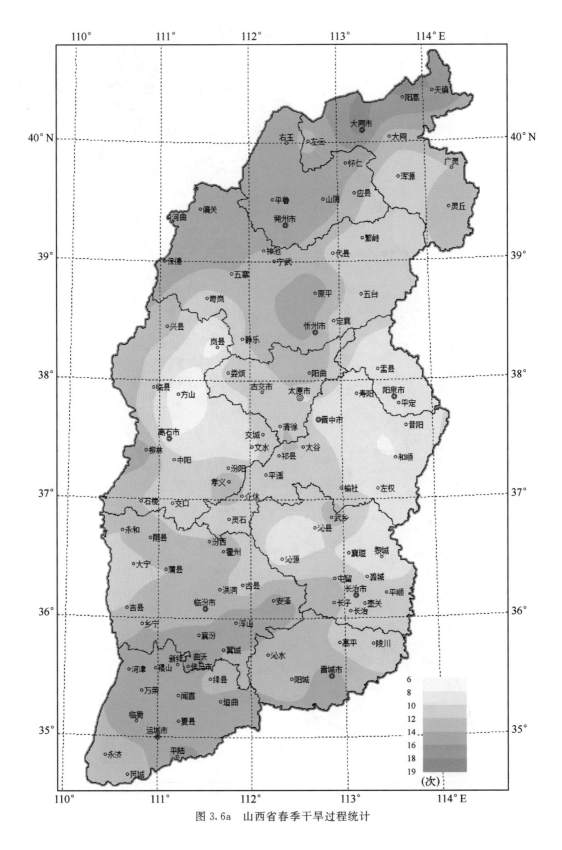

图 3.6a 山西省春季干旱过程统计

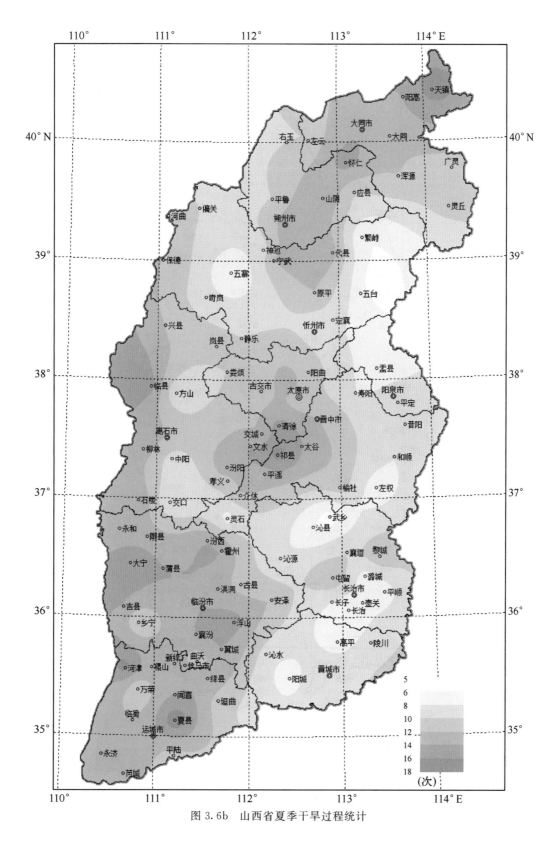

图 3.6b 山西省夏季干旱过程统计

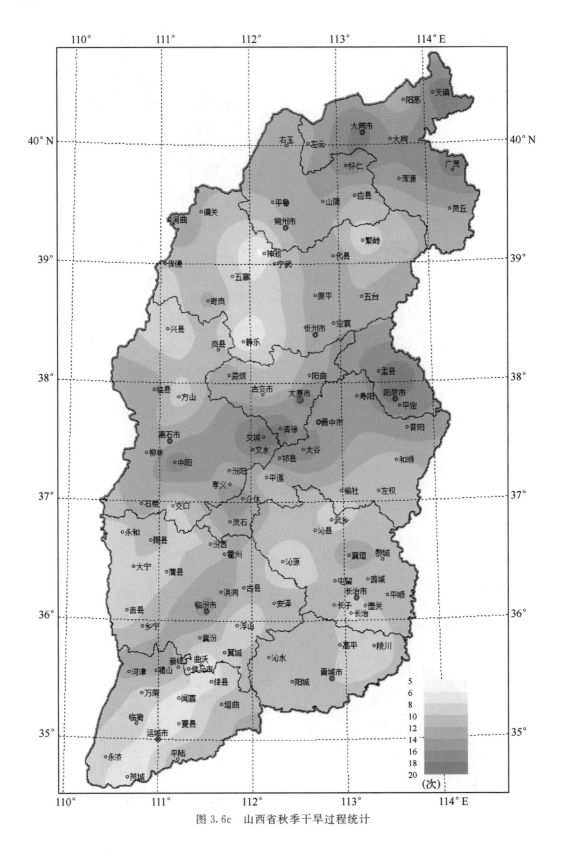

图 3.6c 山西省秋季干旱过程统计

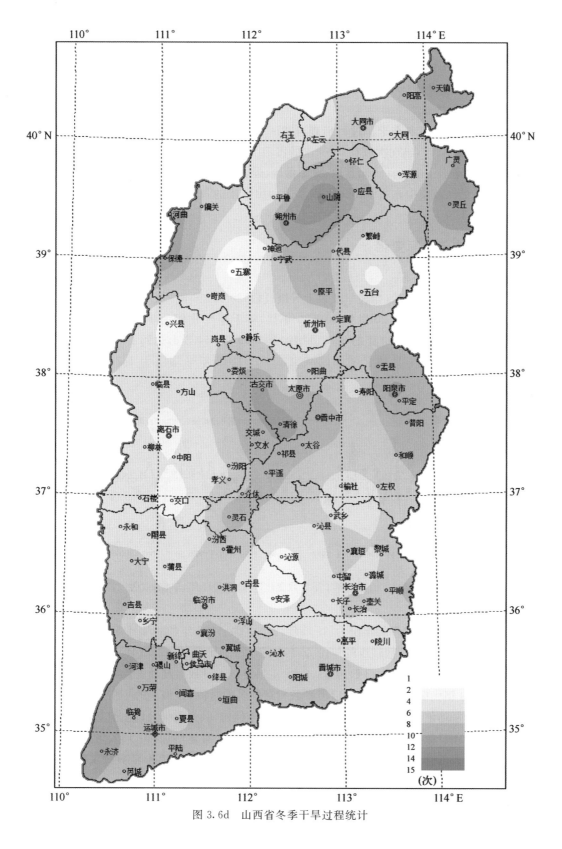

图 3.6d　山西省冬季干旱过程统计

山西省各县市均有秋季干旱过程出现,1981—2010 年 30 年统计次数在 5～20 次,出现次数在 5～9 次的占 23%,出现次数在 10～14 次的占 57%,出现次数在 15 次以上的占 20%。从分布特征来看,北中部多于南部。大同盆地、太原盆地和阳泉市出现次数在 14 次以上,阳泉最多,达 20 次。出现次数较少的区域主要在北部忻州市西部和南部大部分地区,其中神池、曲沃最少,为 5 次(图 3.6c)。

山西省各县市均有冬季干旱过程出现,1981—2010 年 30 年统计次数在 1～15 次,出现次数在 1～4 次的占 14%,出现次数在 5～9 次的占 70%,出现次数在 10 次以上的占 16%。从分布特征来看,盆地多于山区。大同盆地、太原盆地、运城市在 8 次以上,山阴出现最多,达 15 次。出现次数较少的区域集中在吕梁山山区以及太岳山以南的长治市和晋城市,其中五寨出现最少,仅 1 次(图 3.6d)。

3.1.5 干旱的年代际变化

(1)干旱日数变化特征

山西省平均年干旱日数(指轻旱及以上等级日数)为 154.6 d。从历史变化来看,年干旱日数呈波动变化(图 3.7)。在 20 世纪 60—80 年代,年干旱变化较为平缓,在进入 90 年代后,年干旱日数明显增加,由 1990 年的 82.9 d 增加至 1999 年 244.3 d,达到了 1961 年以来的次大值。2000 年以后,年干旱日数又明显的减少,2000—2012 年平均值为 143.7 d,较累年值少 10.9 d。

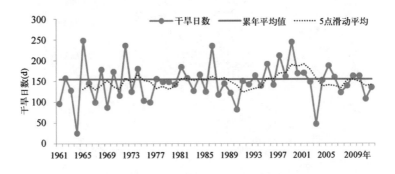

图 3.7　山西省年干旱日数变化(1961—2012 年,单位：d)

山西省年干旱日数较多的年份为:1965 年(249.2 d)、1972 年(236.2 d)、1986 年(235.7 d)、1999 年(244.3 d)。干旱日数较少的年份为:1964 年(24.9 d)和 2003 年(48.1 d)。

山西省平均年重旱及以上日数为 43.4 d。重旱及以上日数呈波动变化(图 3.8)。在 20 世纪 60 年代至 70 年代中期,为重旱及以上日数相对较多的时段,且偏多的年份年日数均在 60 d 以上,明显高于平均值。20 世纪 70 年代中期至 90 年代初期,为重旱及以上日数相对较少的时段,大部分年份年日数少于平均值。进入 90 年代,年日数明显增加,由 1990 年的 8.5 d 增加至 1999 年 115.1 d,达到了 1961 年以来的最大值。2000 年以后,年干旱日数又明显的减少,2000—2012 年平均值为 36.4 d,较累年值少 7.0 d。

山西省年重旱及以上日数较多的年份为:1965 年(109.0 d)、1972 年(107.5 d)、1999 年(115.1 d)。干旱日数较少的年份为:1964 年(1.4 d)、1990 年(8.5 d)、2003 年(6.6 d)。

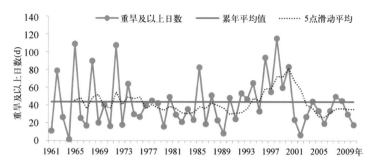

图 3.8　山西省年重旱及以上日数变化(1961—2012 年,单位:d)

山西省平均春季重旱及以上日数为 10.8 d。春季重旱及以上日数呈波动变化(图 3.9)。
20 世纪 60 年代末期至 70 年代末、90 年代前期至 21 世纪 2000 年代前期为重旱及以上日数相
对较多的两个时段,其余时段为日数较少的时段,尤其在近 10 a,仅 2004 年和 2005 年较均值偏
多,其余年份均小于平均值。

山西省春季重旱及以上日数较多的年份为:1962 年(34.3 d)、1968 年(44.8 d)、1995 年
(37.1 d),2000 年(35.1 d)。春季无重旱及以上出现的年份是 1964 年和 1990 年,1991、2003、
2008 年出现也较少。

山西省平均夏季重旱及以上日数为 16.1 d。夏季重旱及以上日数呈波动变化(图 3.9)。
20 世纪 60 年代至 70 年代后期、90 年代后期至 21 世纪 00 年代初为重旱及以上日数相对较多
的两个时段,20 世纪 70 年代末至 90 年代中期为日数较少的时段。在近 10 a,2008、2009、2010
年连续三年多于平均值,且均在 20 d 以上,其余年份均小于平均值。

山西省夏季重旱及以上日数较多的年份为:1972 年(65.1 d)、1997 年(52.1 d)、2001 年
(54.1 d)。夏季重旱及以上出现最少的年份是 1964 年。

山西省平均秋季重旱及以上日数为 9.6 d。秋季重旱及以上日数呈波动变化(图 3.9)。20
世纪 60 年代至 80 年代中期、21 世纪以来为重旱及以上日数相对较少的两个时段,20 世纪 80
年代后期至 90 年代末期为日数较多的时段。2000 年以后,日数明显的减少,仅 2006 年较均值
略偏多,其余年份均小于平均值,2000—2012 年平均值为 4.4 d,较累年值少 5.2 d。

山西省秋季重旱及以上日数较多的年份为:1965 年(51.4 d)、1997 年(36.1 d)、1999 年
(32.0 d)。秋季无重旱及以上出现的年份是 1964 年、1967 年、1973 年、1976 年、1985 年、1992
年、1995 年、1996 年,2003 年出现也较少。

山西省平均冬季重旱及以上日数为 7.0 d。20 世纪 70 年代、80 年代末至 90 年代中期、21
世纪 00 年代三个时段中日数均小于平均值。2000 年以后,仅 2009 年、2010 年、2011 年超过平
均值,2000—2012 年平均值为 4.6 d,较累年值少 2.4 d。山西省冬季重旱及以上日数较多的年
份为:1988 年(23.6 d)、1999 年(48.3 d)(图 3.9)。

从重旱及以上日数多的 1999 年气候条件看:1999 年春季,干旱持续时间较长,从 1998 年
11 月到 1999 年 3 月中旬,山西省连续 100 d 无降水,全省小麦受旱面积达到 73.3 万 hm²,占到
小麦播种面积的 80%,其中,严重受旱面积 28.4 万 hm²,干枯死苗面积 5.9 万 hm²;夏、秋季两
季,山西省大部地区气温偏高,降水偏少,北部和中部地区出现伏秋连旱,全省的大秋作物受旱
面积超过 206.7 万 hm²,占大秋作物总面积的 78%,严重受旱面积 120 万 hm²,其中 55.1
万 hm² 绝收,直接经济损失 136.9 亿元。

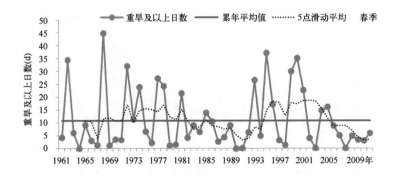

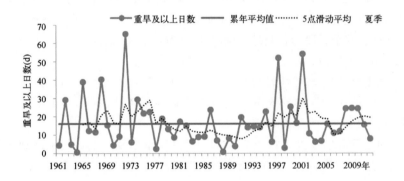

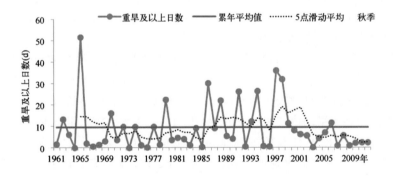

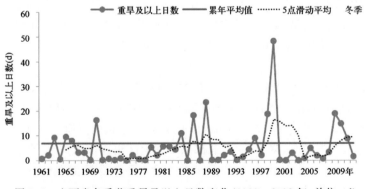

图 3.9 山西省各季节重旱及以上日数变化(1961—2012 年,单位:d)

（2）干旱过程变化特征

全省性的干旱,以全省超过 1/3 的站数发生干旱过程统计。山西省每年均有不同程度干旱发生,以春旱出现的概率最多,1961—2012 年中(表 3.6),共有 19 a 发生全省性春旱,占统计年份的 36.5%。总的来说,全省性干旱发生较少,区域性干旱或局部干旱出现较为频繁。

表 3.6　1961—2012 年全省性干旱年份及过程强度

种类	年份
春旱	1962,1968,1972,1973,1974,1978,1980,1981,1986,1989,1995,1997,1999,2000,2001,2004,2005,2007,2012
夏旱	1965,1972,1974,1980,1984,1986,1987,1991,1997,1999,2001,2002,2006,2008,2009
秋旱	1970,1979,1980,1981,1984,1986,1991,1997,1998,1999,2004,2005,2006,2008
冬旱	1963,1966,1979,1980,1983,1984,1986,1992,1997,1999
春夏连旱	1972,1974,1980,1986,1997,1999,2001
夏秋连旱	1980,1984,1991,1997,1999,2006,2008
四季连旱	1980,1986,1997,1999

3.2　冰雹

冰雹,也叫"雹",有"雹子"、"冷子"、"冷蛋子"等俗称。冰雹直径一般为 5~50 mm,大的可达几十厘米。它虽然出现范围小、时间短促,但来势猛、强度大,并常伴有狂风暴雨,给农作物和人民的生命财产安全带来严重的危害。

山西是我国冰雹灾害较重的省份之一,各地冰雹均有成灾可能,并形成较为严重的灾害。1950 年 3 月 29 日至 6 月 17 日,山西全省先后降雹 110 站次,受灾县达 64 个县,最严重的一次为 5 月 25 日,降雹小如鸡蛋,大如拳头、碗口,砸坏 24 个县的 130 多万亩麦子,打死 2 人,打伤 200 余人,毁坏房屋甚多。1982 年 5 月 26 日至 6 月 25 日,全省 80 多个县降雹,441 万亩农作物受灾。

3.2.1　冰雹的成因

冰雹是一种固态形式的降水,它的形成不仅需要具备形成一般降水所需的三条件,即充沛的水汽、抬升力(动力抬升、热力抬升或地形抬升)、层结不稳定(大气上层干冷、下层暖湿),而且还需具备形成冰雹的特殊条件。人们早就发现,冰雹是由雹心和层层交错的透明和不透明的冰层所组成,多的可达 10 层以上。云雾物理学家根据观测和实验指出:在 −2~0℃ 甚至更冷的云层内,冰雹与过冷却水滴相碰时,立即冻结,并释放热量,使冰雹表面的温度升高到 0℃,形成透明的冰层,冰雹的这种增长方式叫"湿增长";在温度更低的环境中,冻结水滴放出的热量不足以使冰雹表面温度上升至 0℃,这时水滴之间有较大的空隙,形成不透明冰层,这就是"干增长"。根据冰雹的这种特殊结构,可推之形成冰雹的特殊条件是:强盛而不均匀的上升气流、适当的 0℃ 层高度和发展特别强烈的积雨云(其垂直厚度一般超过 8 km)。在这种特殊条件下,冰雹在广阔的垂直空间中,在强盛而不均匀的上升气流的推动下,在 0℃ 层上下反复进行

"干增长"和"湿增长",当增长到上升气流托不住时,降落到地面就是冰雹。

3.2.2　冰雹的空间分布

山西省年冰雹日数的分布有显著的地域特征(图3.10)。北部大部、中部山区和丘陵区、南部太岳山以南区域年冰雹日数在1 d以上,其中,大同市南部、忻州市的管涔山、芦芽山以西山区、阳泉市、晋中市东部山区年冰雹日数在2 d以上。临汾市、运城市、晋城平川区、太原盆地以及吕梁市西部丘陵区年冰雹日数在1 d以下。总的说来,山西省冰雹的分布具有北部多于南部、山区多于盆地、东部山区多于西部山区的特点。

3.2.3　冰雹的季节分布

山西省108个观测站1981—2010年累计冰雹日数3927 d,冰雹多出现在3—11月,月际分布呈单峰型,峰值出现在6月份,降雹时段主要集中在夏季,6—8月占年日次数的67%。其次为4—5月和9—10月,分别占年日次数的16%、17%。3月和11月出现较少(表3.7)。

表3.7　山西省各月累计冰雹日次数(1981—2010)

月份	1	2	3	4	5	6	7	8	9	10	11	12	合计
冰雹日次数			20	131	511	1122	826	671	503	141	2		3927
比例(%)	0	0	0.5	3.3	13.0	28.6	21.0	17.1	12.8	3.6	0.1	0	100

多雹区的分布也有明显的季节变化,4月份主要集中在吕梁市西部的忻州西部和吕梁市一带,以及东部的阳泉和晋中市山区一带。5月份多出现在北部和太原以东一带。6月份,各地的的冰雹日数明显增多,主要出现在太原以北和以东一带。7月份和6月份分布大致相同,但是冰雹日数有所减少。8月份主要集中在北部。9月份与8月份分布大致相同,但多雹区范围减小。

3.2.4　冰雹的历时

对1957—1990年的全省降雹出现时间以及持续日数统计,冰雹在各时次均有发生,但是各时段发生的频率不同。统计表明[4]:一日内06—12时降雹占8.2%,12—20时降雹占83.2%,20—06时夜间降雹仅占8.6%。山西的冰雹主要出现在下午。降雹持续时间不超过1 h,降雹持续1~5 min占46.4%,6~9 min占39.0%,≥10 min占14.6%(其中≥15 min仅占6.0%),降雹持续最长时间为48 min。

山西雹日大多不超过2 d,全省持续性降雹(≥3 d)占19.5%,1~2日降雹过程占80.5%,但站次不足1/3,可知影响较大的为持续性降雹过程。

3.2.5　冰雹日数年变化

山西省累年平均冰雹日数为1.2 d,年平均冰雹日数有减少趋势,日数较多的年份出现在20世纪60年代至80年代末中期。80年代末期至今,年冰雹日数减少明显。2000年以后,年冰雹日数均小于累年平均值,大部分年份年冰雹日数在1 d以下,仅2001、2002、2008年年冰雹日数多于1 d。年冰雹日数最多的年份是1965年(2.9 d),最少的年份是2009年(0.3 d)(图3.11)。

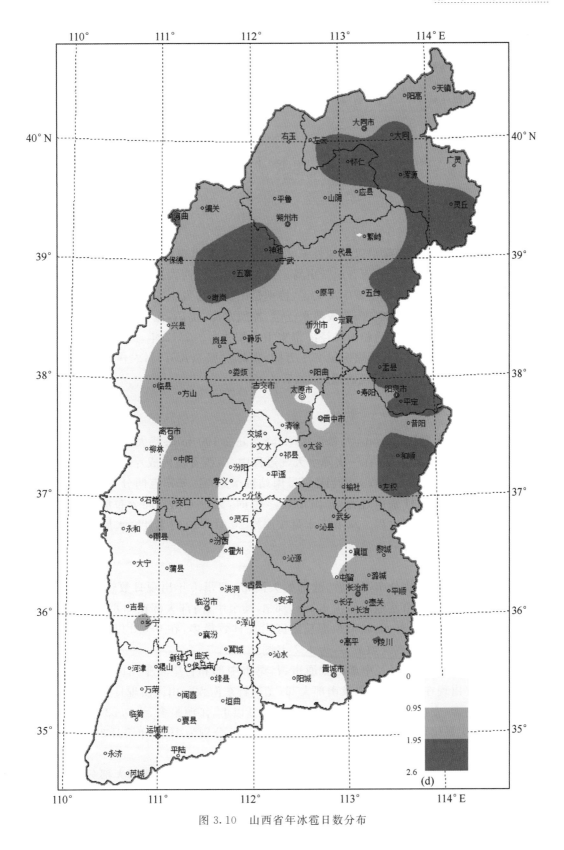

图 3.10　山西省年冰雹日数分布

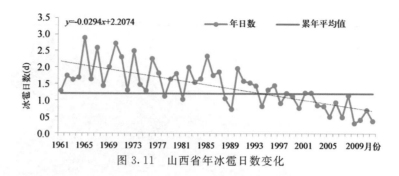

图 3.11　山西省年冰雹日数变化

3.3　暴雨

由于地形的影响,山西暴雨以局地性暴雨居多,暴雨多出现在山脉的迎风区,尤其是在气流随山势升高的喇叭口状的河谷地带更易出现大暴雨。山西大范围暴雨洪灾发生的几率较小,由突发性暴雨形成的小流域雨洪灾害,特别是山洪灾害发生的几率较大。山西每年均有因短时强降水引起的山洪灾害,造成河水泛滥,冲毁水库、堤防,淹没房屋、田地,淹死人畜等,引发地质灾害,给人民生活和国民经济带来重大损失[5]。2012 年,山西省因暴雨洪涝造成 252 万人受灾,死亡 31 人,倒塌房屋 2.1 万间,损坏房屋 8.8 万间;农作物受灾面积 26.1 万 hm²,绝收 4.8 万 hm²;直接经济损失 41.7 亿元。

3.3.1　暴雨定义

暴雨:24 h 降水量≥50 mm,大暴雨 24 h 降水量≥100 mm;特大暴雨 24 h 降水量≥200 mm。区域暴雨过程定义:在一次降水天气过程中,山西省境内成片出现的暴雨站数≥5 时,定义为一次区域性暴雨过程。但当 5≤暴雨站数<10 时,暴雨空间分布呈离散型时,统计时也不记为一次区域性暴雨过程;暴雨站数≥10 时,无论暴雨空间分布成离散型还是成片均记为一次区域性暴雨过程。24 h 降水量按照指 20 时—20 时累计降水量统计。

3.3.2　空间分布特征

从山西省年暴雨日数分布图来看,北部的大同市、朔州市年出现日数较少,在 0.4 d 以下,忻州市、太原市及太原盆地南部在 0.4～0.6 d,其余中、南部大部在 0.6 d 以上,其中,南部的长治市丘陵区、晋城市、运城市东部丘陵区出现日数最多,在 0.8 d 以上。应县出现日数最少,为 0.1 d,垣曲出现次数最多,为 1.2 d(图 3.12)。

山西省北部大部分地区及中部的太原市、吕梁市中部和晋中市平川区无大暴雨天气出现,大暴雨主要出现在中部山区以及南部大部,尤其晋东南太行山区出现日数最多,在 0.1 d 以上。沁县、沁源、安泽、垣曲大暴雨日出现在 0.2 d 以上,沁源最多,为 0.23 d(图 3.13)。

山西省特大暴雨仅垣曲出现 2 次(1981—2010 年),分别为 1982 年 7 月 30 日、2007 年 7 月 30 日,降水量分别为 207.0 mm、244.0 mm。

山西省日最大降水量分布特征类似于大暴雨日数分布的特征,北部大部分地区及中部的太原市、吕梁市中部和晋中市平川区日最大降水量在 100 mm 以下,中部山区以及南部大部日最大降水量在 100 mm 以上,共有 12 个县市日最大降水量 150 mm 以上,垣曲日最大降水量最大,达 244.0 mm(图 3.14)。

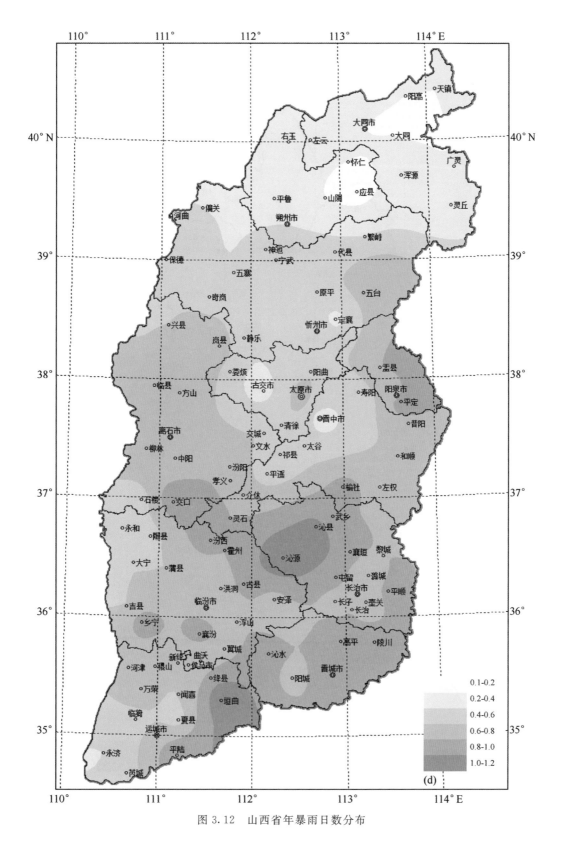

图 3.12　山西省年暴雨日数分布

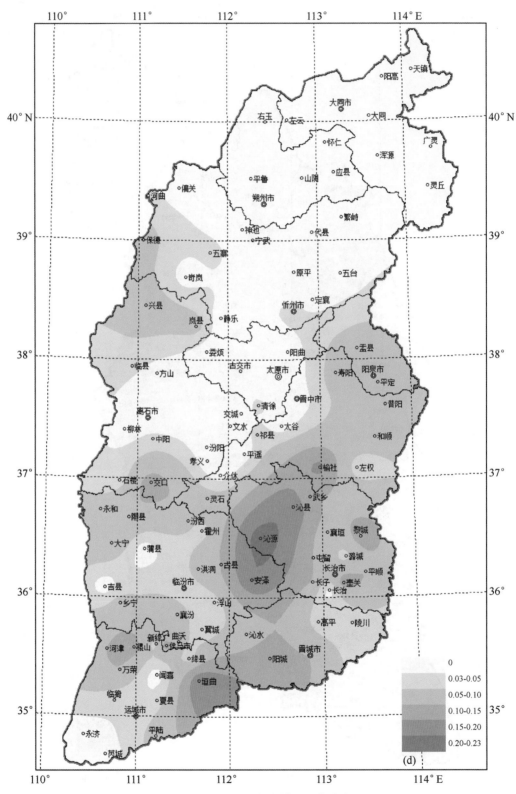

图 3.13　山西省年大暴雨日数分布

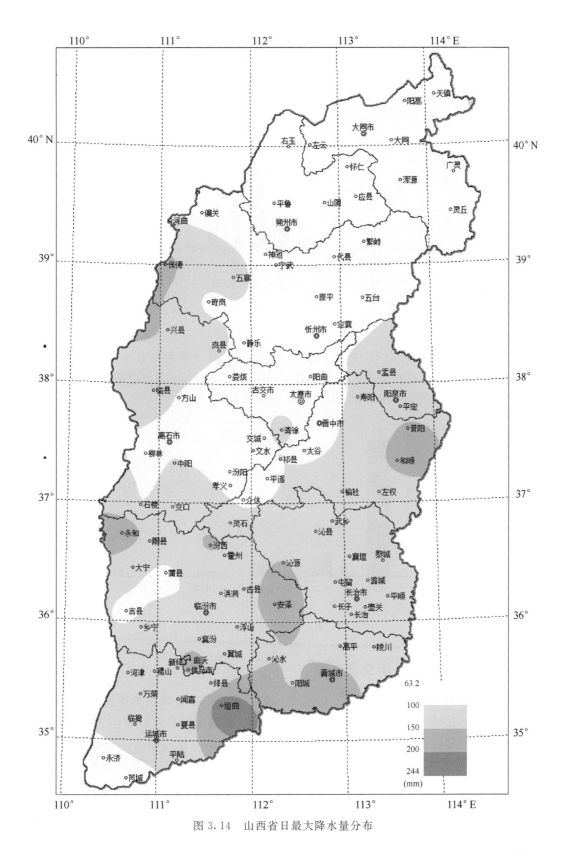

图 3.14　山西省日最大降水量分布

3.3.3　时间分布特征

　　山西暴雨天气出现在 4—10 月份,7 月份出现最多,8 月份次之,7、8 月份出现的暴雨站次占总次数的 75%(图 3.15)。

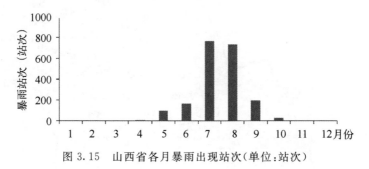

图 3.15　山西省各月暴雨出现站次(单位:站次)

3.3.4　日出现暴雨站数统计

　　山西省 1981—2010 年共有 493 d 出现暴雨,其中有 54 d 暴雨站数≥10 个,暴雨站数 5 ≤且<10 的有 63 d,山西省出现区域暴雨的概率在 11%～24%。暴雨站数在 5 站以下的有 376 d,占总日数的 76%,说明山西省以局地暴雨天气为主(图 3.16)。

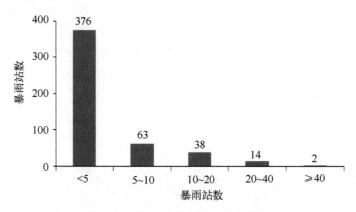

图 3.16　暴雨日出现暴雨站数统计

3.3.5　4—10 月各月暴雨空间分布

　　山西省暴雨天气从 4 月份开始出现,主要区域在省境南段晋城市和运城市一带;5 月份南部大部和太原盆地、吕梁山区开始有暴雨天气出现,南部出现日数较多;6 月份,恒山以南大部分地区出现暴雨天气,日数较多的区域集中在吕梁山和太岳山山区;7 月和 8 月,全省均有暴雨天气出现,日数较多区域集中在南部;9 月份,除北部大同盆地部分县市无暴雨天气出现外,其余大部分地区均有暴雨天气出现,暴雨日数较多的区域集中在中南部太原盆地和长治盆地;10 月份,仅有中、南部少部分地区有暴雨天气出现(图 3.17a～b)。

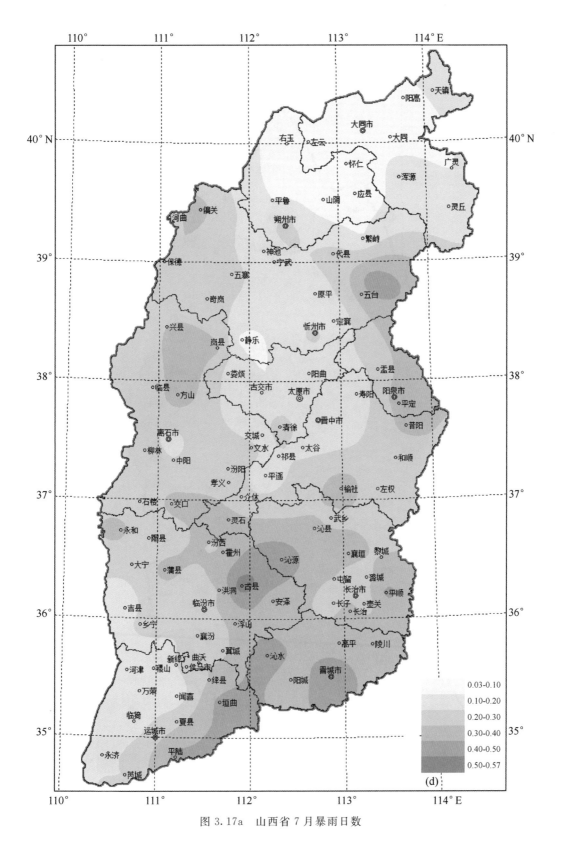

图 3.17a　山西省 7 月暴雨日数

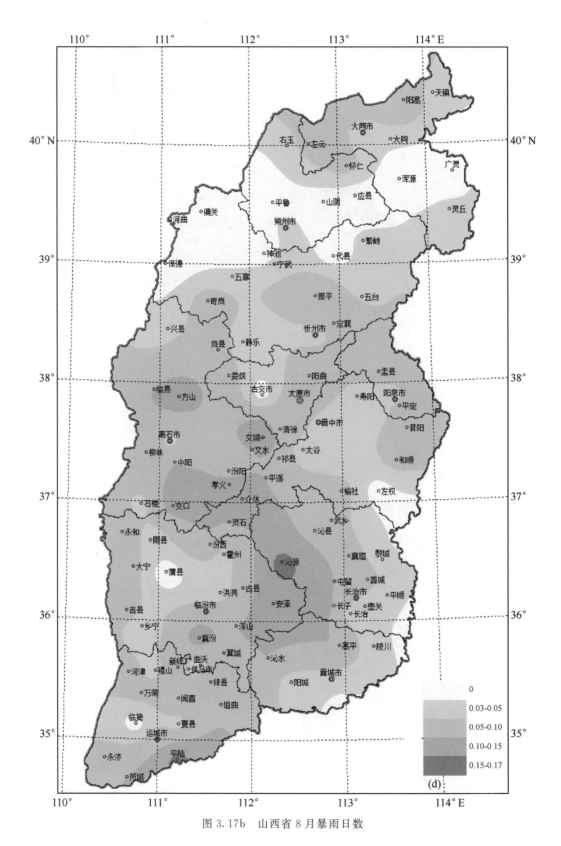

图 3.17b 山西省 8 月暴雨日数

3.3.6　暴雨日数年变化

山西省累年平均暴雨日数为 0.6 d,年平均暴雨日数有弱减少趋势,日数较多的年份出现在 20 世纪 60 年代。年平均暴雨日数大于等于 1 d 的年份共 11 a,出现在 60 年代的共计 5 a,在 1 d 以上的年份有 5 a,分别为 1964 年(1.5 d)、1966 年(1.1 d)、1967 年(1.2 d)、1971 年(1.3 d)、1988 年(1.1 d)。20 世纪 90 年代至今,平均暴雨日数最大值为 1 d(1995年、2005 年、2012 年)(图 3.18)。

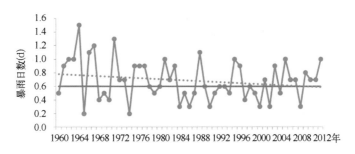

图 3.18　山西省平均暴雨日数年变化

3.4　大风

大风是山西常见的一种灾害性天气。气象部门规定,大风的标准为瞬时风速≥17.2 m/s或风力≥8 级。在山西,6 级大风即可对农作物造成灾害。8 级以上大风的破坏性更大。造成山西大风灾害主要是冬春的寒潮大风,夏季的雷雨大风,秋季因寒潮或强冷空气入侵而出现的大风或磨谷风(秋季谷黍成熟期,因风使谷黍籽穗相互摩擦落地造成减产,称"磨谷风")。

3.4.1　空间分布特征

山西省年大风日数总体呈北部多于南部、山区多于盆地的分布特征。大同市、朔州市、忻州西部,吕梁市南部、临汾市北部、阳泉市以及省境南段部分县市大风日数在 10 d 以上,年大风日数在 20 d 以上区域主要在西北部至吕梁山区一带,共 13 个县市,分别为平鲁(37.1 d)、岢岚(34.7 d)、大同县(31.8 d)、神池(28.2 d)、宁武(28.2 d)、蒲县(26.5 d)、平定(25.9 d)、交口(25.6 d)、大同(25.3 d)、中阳(24.4 d)、右玉(21.9 d)、运城(21.0 d)、岚县(20.5 d)。长治市和临汾市一带年大风日数较少,在 5 d 以下(图 3.19)。

春季,北、中部大风日数大部分地区在 4 d 以上,南部大部分地区在 4 d 以下,大风日数较多的区域主要集中在山西省西北部以及吕梁山区吕梁市和临汾市交界处,大风日数在 8 d以上。大风日数在 10 d 以上的有 12 个县市,分别是平鲁(17.5 d)、岢岚(16.6 d)、大同县(16.4 d)、大同(13.5 d)、蒲县(12.7 d)、中阳(12.0 d)、右玉(11.8 d)、神池(11.8 d)、天镇(11.7 d)、平定(11.4 d)、岚县(10.9 d)、交口(10.0 d)(图 3.20a)。

夏季,各地大风日数明显减少,大风日数均在 10 d 以下,岢岚大风日数最多为 10 d。大同盆地北部以及北、中部盆地以西区域,大风日数在 2 d 以上,其余大部分地区大风日数在2 d 以下(图 3.20b)。

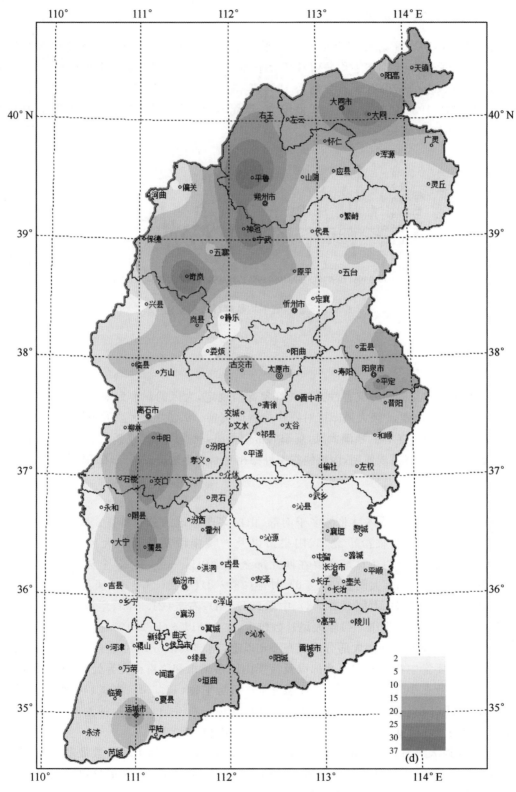

图 3.19　山西省年大风日数分布

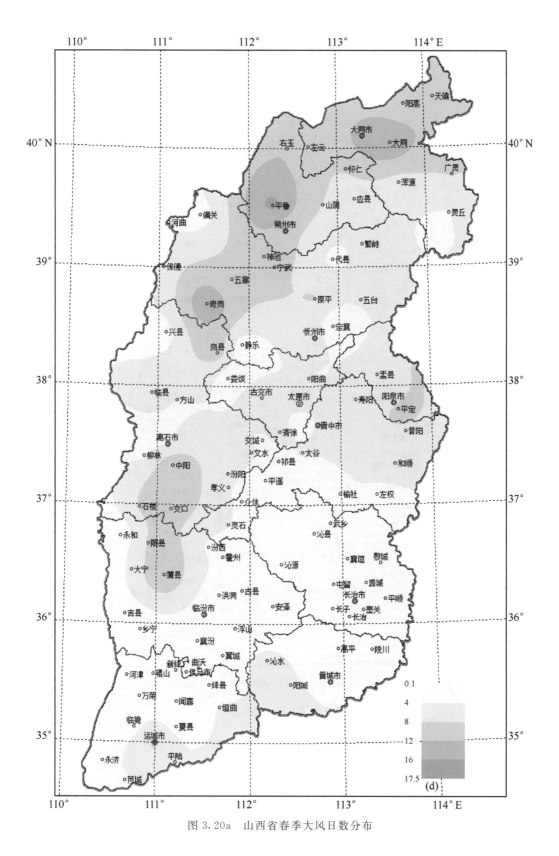

图 3.20a　山西省春季大风日数分布

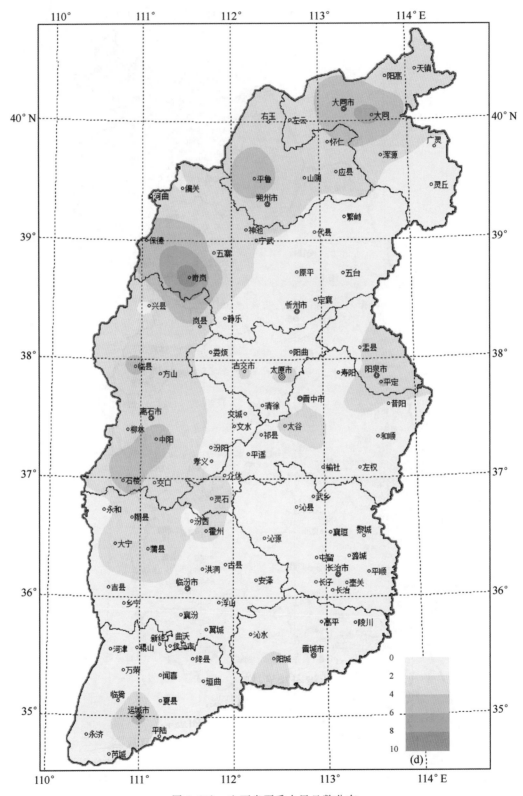

图 3.20b 山西省夏季大风日数分布

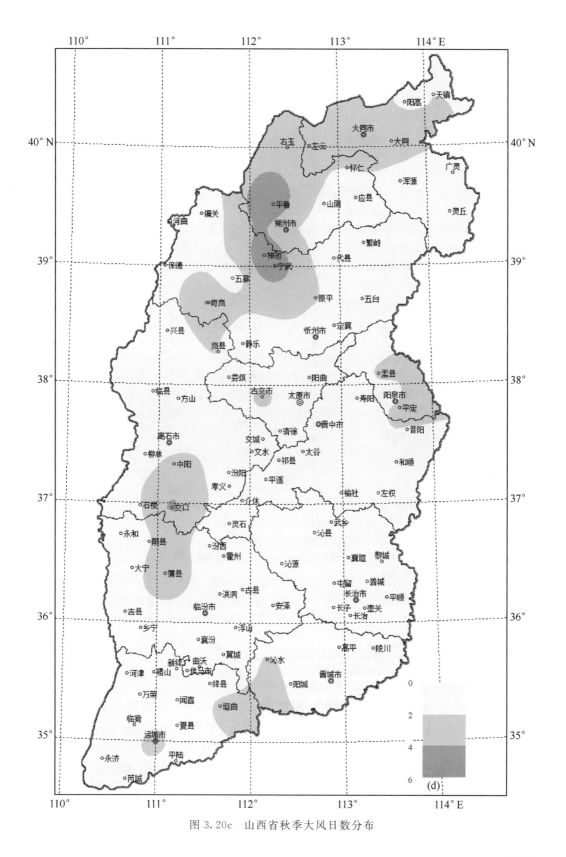

图 3.20c　山西省秋季大风日数分布

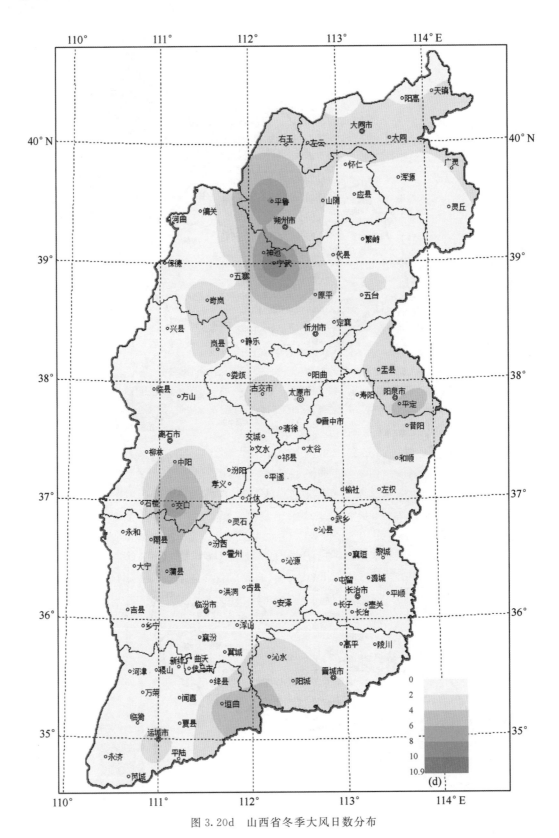

图 3.20d 山西省冬季大风日数分布

秋季,大风日数均在 6 d 以下,分布特征与夏季大致相同,但大风日数较多区域减小,大部分地区大风日数在 2 d 以下。大风日数在 2 d 以上区域主要在西北部和吕梁市、临汾市交界区域、运城市和晋城市交界处,阳泉市大风日数也较多(图 3.20c)。

冬季,大风日数除宁武为 10.9 d 外,其余地区均在 10 d 以下,大同盆地北部、西北部管涔山丘陵的峡谷地带、吕梁市和临汾市交界处、运城市和晋城市交界处、阳泉市大风日数较多,在 2 d 以上,其余大部分地区在 2 d 以下(图 3.20d)。

大风日数受地形影响显著,由于五台山、恒山的阻挡作用,山体以北地区大风日数明显多于山体以南[6]。一般高海拔地地区风力较大,大风日数较多,主要是由于地形以及地面建筑物等的摩擦影响,地面大风风速减小,随着海拔的增加,风力加大,尤其在地形开阔区域,风速更大。但一些山谷的"隘"、"关"、"口",由于狭管效应,经常出现大风,大风日数也较多。例如平鲁和神池处在峡谷区,大风日数明显多于其他区域。

3.4.2　时间分布特征

山西省大风最多的季节是春季,占年统计的 48%,最少的季节是秋季,占年统计的 13%。大风日数各月均有出现,3—6 月是大风较多的月份,占年统计的 59%,其中 4 月最多,占年统计的 19%。大风最少的月份是 8—10 月,占年统计的 11%,其中 9 月最少,仅占年统计的 3%(图 3.21)。

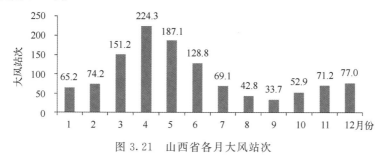

图 3.21　山西省各月大风站次

春季大风天气较多,主要因高空西风槽过境,地面蒙古气旋及其强盛冷高压东移南压或山西高空受西北气流,地面蒙古气旋和高压外围的共同影响或东北冷涡和地面气旋东移、冷锋过境配合形成大风天气过程。

3.4.3　大风日数年变化

山西省年大风日数为 10.8 d,年平均大风日数有减少趋势,日数较多的年份出现在 20 世纪 60 年代,之后迅速减少至 80 年代中期,80 年代中期至今变化较为平缓。年大风日数最多为 1966 年(29.3 d),最少为 2003 年(6.5 d)(图 3.22)。

3.5　雾、霾

根据气象观测规范的定义,雾是指大量微小水滴浮游空中,水平能见度小于 1.0 km 的天气现象,是近地面层空气中水汽凝结(或凝华)的产物。形成雾时大气湿度应该是饱和的(如有大量凝结核存在时,相对湿度不一定达到 100% 就可能出现饱和)。雾的存在会降低空气透明度,使能见度恶化,频繁出现的大雾天气不仅对交通、航运等有严重影响,其伴随的稳

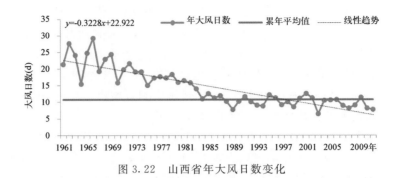

图 3.22　山西省年大风日数变化

定层结大气也使城市污染加重,给经济建设和人民生活带来重大损失。

霾是一种对视程造成障碍的天气现象,是由空气中的灰尘、硫酸、硝酸、有机碳氢化合物等粒子组成的。它也能使大气浑浊,视野模糊并导致能见度恶化,大量极细微的干尘粒等均匀地浮游在空中使水平能见度小于 10 km,造成空气普遍浑浊,将这种非水成物组成的气溶胶系统造成的视程障碍称为霾。灰霾的形成主要是空气中悬浮的大量微粒和气象条件共同作用的结果。在我国的一些地区,霾天气已经成为一种较为严重的灾害性天气现象。

除了气象条件,工业生产、机动车尾气排放、冬季取暖烧煤等导致的大气中的颗粒物(包括粗颗粒物 PM10 和细颗粒物 PM2.5)浓度增加,是雾霾产生的重要因素。如今很多城市的污染物排放水平已处于临界点,对气象条件非常敏感,空气质量在扩散条件较好时能达标,一旦遭遇不利天气条件,空气质量和能见度就会立刻下滑。

近年来,中国部分地区间或遭遇的能见度低于 10 km 的空气普遍浑浊现象,既有霾的"贡献"也有雾的"功劳",被称为"雾—霾"天气。雾与霾可在一天之中互相变换角色,而气溶胶粒子正是两者间变换的桥梁。雾霾天气不仅影响了人们的日常出行,更重要的是直接导致环境空气质量的下降,严重危害人们的身心健康。

山西境内雾、霾天气时有发生。运城市 2012 年 1 月 14—19 日间全市持续雾霾,造成高速公路关闭,影响交通;5 月 29 日夜间到 30 日早上晋城市区出现最小能见度为 700 m 的浓雾,在浓雾的影响下,长晋、晋焦高速暂时封闭,给交通运输带来不便。2013 年 10 月 8 日,大同市浑源出现最小能见度为 200 m 的浓雾,晋中市太谷、祁县、左权、寿阳出现浓雾天气,最小能见度分别为:太谷 200 m,祁县 100 m,左权 500 m,寿阳 20 m(强浓雾)。10 月份晋城市全月共出现 92 站(次)的霾,较多的县(市)为市区霾日数 29 d(能见度小于 5 km 的有 12 d);阳城霾日数 25 d(能见度小于 5 km 的有 14 d)。雾霾天气不仅影响了人们的日常出行,更重要的是直接导致环境空气质量的下降,严重危害人们的身心健康。

3.5.1　雾、霾日数空间分布

(1)雾日数空间分布

从年平均雾日数分布图中可以看出,各地雾日数介于 0~40 d 之间。其中兴县、古交、朔州和柳林四个县市大雾天气较少,兴县最少。而长子、潞城、襄垣、左权和襄汾等五个县市雾日数大于 31 d,襄汾最多,为 40 d。大部分县市出现雾天气在 1~10 d 之间(图 3.23)。

从区域分布看:省境东南部多于西北部。西北部大部分地区在 5 d 以下,东南部大部分地区在 10 d 以上,长治市、晋中市东南部、临汾市南部、晋城市北部为雾多发地区。

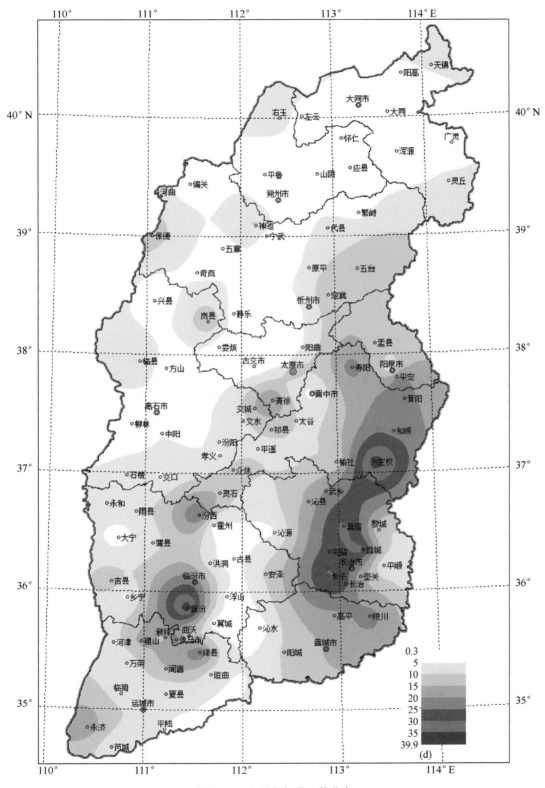

图 3.23　山西省年雾日数分布

　　根据统计站点分析,35%的站点雾日数在5 d以下,24%的站点在5～10 d,16%的站点在10～15 d,25%的站点在15 d以上。

　　(2)霾日数空间分布

　　从山西省年平均霾日数分布图中可以看出,山西省西北部少于东南部,西部北大部在5 d以下,东南部大部在10 d以上。太原盆地和运城市是霾出现较多区域,部分县市霾日数在100 d以上。根据站点统计,霾日数在5 d以下占56%,5～20 d占6%,20～50 d占24%,50～100 d占8%,100 d以上占6%(图3.24)。

3.5.2　雾、霾时间分布

　　(1)雾日数时间分布

　　山西省一年中雾出现最多的月份在9月份,出现日数为1.6 d;其次出现在10月份,为1.5 d。一年中雾出现最少月份在4、5和6月份。四季中,秋季出现的雾日数最多,达到4.4 d;其次是夏季,为2.5 d;冬季为2.2 d;春季最少,为1.4 d。山西省的雾天多集中出现在8—12月,天数均在1.0 d及以上。雾出现日数较少的时段在1—7月份。总的来说,一年中的前半年雾天较少,后半年雾天较多(图3.25)。

　　(2)霾日数时间分布

　　一年中霾出现最多的月份在12、1月份,出现日数为3.3 d;其次出现在11月份,为2.7 d。一年中霾出现最少月份在8月份,为1.2 d。四季中,冬季出现的霾日数最多,达到8.8 d;其次是秋季,为6.0 d;春季为5.5 d;夏季最少,为4.3 d。山西省霾多集中出现在1—3月、10—12月,天数均在2.0 d及以上。低于2.0 d的月份在4—9月份(图3.26)。

3.5.3　雾、霾日数变化趋势

　　(1)山西省雾日数变化趋势

　　山西省历年的雾日数总体上呈增加趋势,出现日数最多的为1994年为14.2 d,出现天数最少的为1965年为5.4 d。分阶段看:在20世纪80年代初期以前,年雾日数增加趋势较为明显,80年代后期到21世纪初期,年雾日数变化趋势较为平缓,之后到目前为止,年雾日数呈下降趋势(图3.27)。

　　从变化曲线来看,偏多的年份主要集中在20世纪80年代末到21世纪的00年代初,偏少的年份则主要集中在20世纪80年代以前和21世纪的00年代末开始至今。21世纪以来,大部分年份的雾日数较少,仅有4个年份的年雾日数偏多,即2002、2003、2006和2007年。其中,2003年大雾日数最多,较累年均值多4.3 d;次多的几个年份则都出现在20世纪的90年代初。年雾日数出现天数最少的年份为1965年,较累年均值偏少5 d,次少年份在1969年,较累年均值偏少4.8 d(图3.27)。

　　从山西省历年雾日每10 a的变化情况来看,1961—1970年为出现最少的10 a,为8.0 d,1991—2000年最多,为10.6 d。

　　(2)山西省霾日数变化趋势

　　山西省历年的霾日数增加趋势比较明显,以2007年出现霾日数最多,出现43 d。在20世纪70年代以前,山西省年霾日数变化比较平稳,没有大的起伏,绝大部分年份霾天数在5 d以内;70年代到进入21世纪的前5 a,年霾日数增加趋势明显;之后有一缓慢回落(图3.28)。

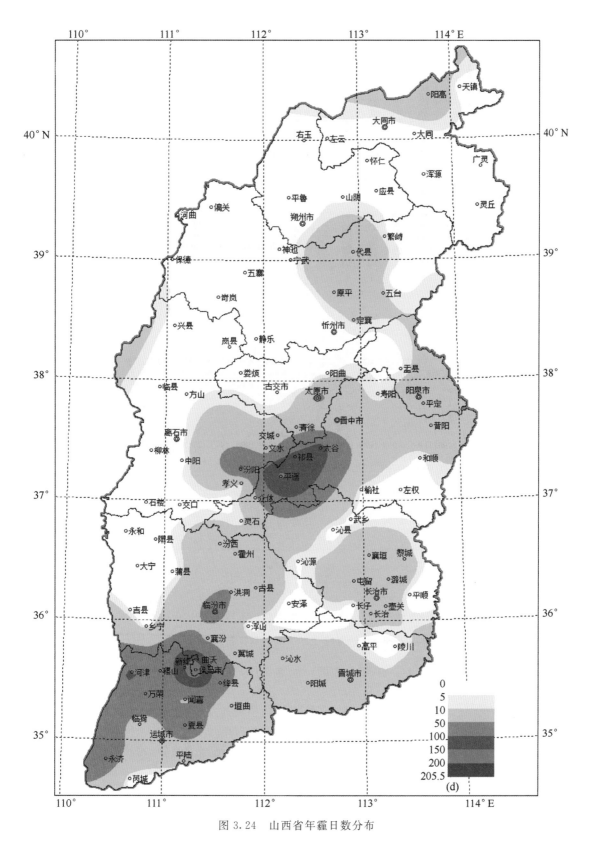

图 3.24　山西省年霾日数分布

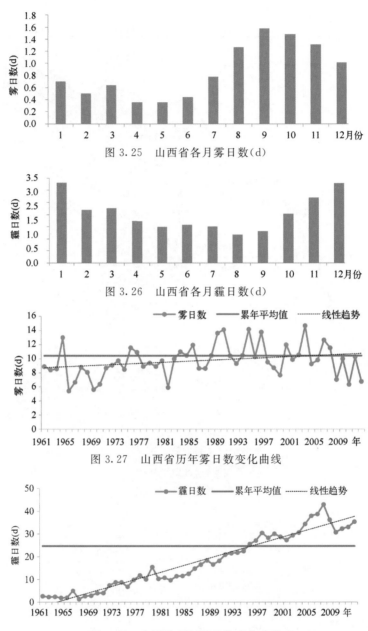

图 3.25　山西省各月雾日数(d)

图 3.26　山西省各月霾日数(d)

图 3.27　山西省历年雾日数变化曲线

图 3.28　山西省历年霾日数变化曲线

　　从变化曲线来看,20 世纪 90 年代前期以前的年份均较累年均值偏少,偏多的年份则集中在 20 世纪 90 年代后期至今。从 1995 年开始,连续 18 年山西省霾日数较累年均值偏多。年霾日数出现天数最少的年份为 1967 年,较累年均值偏少 23.3 d,次少年份在 1964 年,较累年均值偏少 22.7 d。

　　从山西省历年霾日每 10 a 的变化情况来看,霾日数呈增加的趋势,尤其 20 世纪 80 年代以来,每 10 a 间的变化加大,差值在 10 d 左右。

　　综合以上的分析中我们可以看出:雾霾的形成是由多种天气条件、环境因素决定的,造成雾霾日数变化的原因也是很复杂的。

山西省雾霾多发区域的东南部地区,其与该区域的地形、小气候等影响较大。天气条件、大气成分和测站周围环境的变化也会影响到雾霾日数的增加(减少)。

近年来,随着工业的发展,人们生活条件的提高,工业废气和生产生活的粉尘增加,大气污染加重,所排放的气溶胶等污染成分加大,对雾霾的形成和增减都有较大的影响。

秋冬季出现雾霾天气增多其主要原因与北方冬季取暖有较大关系,其次是雨雪天气后,出现的雾霾天气则因雪后空气湿度大和风力较小等原因造成了雾霾天气的增多。2013 年 1 月 19—20 日,山西省出现大范围降雪天气,其后的 21—23 日便集中出现了雾霾天气。另外,大气层结稳定和冬季采暖造成的空气污染是霾产生的主要原因之一。

大雾天气导致能见度下降,部分县市能见度仅有几百米甚至几十米,对交通运输产生不利影响。受省内及邻近省份大雾天气影响,省内高速公路多次封闭。

雾霾天气不仅给交通运输和人们的出行带来极大的不便,在雾霾天气下,环境受到一定影响,污染物积聚、无法扩散,出现空气污染,对人体健康不利,容易引发呼吸系统疾病。霾出现时,能见度恶化,空气质量明显下降。

3.6　寒潮

寒潮是冬半年影响山西的主要灾害性天气之一,寒潮天气发生时通常会造成剧烈降温和大风,有时还伴有雨、雪、大风等灾害性天气,给山西省国民经济造成巨大损失。山西出现寒潮或强冷空气入侵,有三个源地三条主要路径,第一条是西北路径,强冷空气团从新地岛以西的洋面上,经巴伦支海进入欧洲,经西伯利亚到达蒙古侵入山西;第二条是偏北路径,强冷空气团从新地岛以东的洋面上,经中西伯利亚南下到达蒙古,然后侵入山西;第三条是偏西路径,强冷空气团从冰岛以南的洋面上,经欧洲南部、黑海、里海东移到新疆,再侵入山西[7]。其中,以西北路经的寒潮势力最强,次数最多,极易造成全省性寒潮天气,以影响全省性出现急剧降温和大风天气为主。偏北路径的寒潮势力也比较强,次数约占总次数的 1/5,以区域性或全省性的急剧降温和区域性的雨雪天气为主,北中部伴有 6～7 级大风。偏西路径的寒潮一般势力较弱,次数较少,以影响中、南部地区出现急剧降温、大风或伴有雨雪天气为主。

3.6.1　寒潮标准

根据中国气象局标准结合山西省天气气候特征,确定山西省寒潮的标准。

单站寒潮标准:冷空气过境后,(1)日最低气温 24 h 下降 8℃以上,且最低气温下降到 4℃以下(简称 24 h 标准);(2)日最低气温 48 h 下降 10℃以上,且最低气温下降到 4℃以下(简称 48 h 标准);(3)日最低气温 72 h 下降 12℃以上,且最低气温下降到 4℃以下(简称 72 h 标准)。符合以上任一条标准均为一次寒潮过程。

3.6.2　寒潮的空间分布

山西省单站寒潮各站均有发生,呈由北到南递减的分布特征,寒潮次数最多的区域在山西省西北部大同市、朔州市和忻州市西部一带,出现次数大多在 10 次以上。寒潮次数最少的区域在南部临汾市、运城市、晋城市和长治市南部一带,大部分县市在 5 次以下(图 3.29)。

春、秋、冬三季寒潮出现次数的分布特征与年分布特征基本一致,均呈北多南少的分布特征(图 3.30a～b)。春季,北部大部分地区寒潮出现次数在 2 次以上,其中,大同市中部、朔州市和忻州市的西部在 4 次以上,中、南部大部分地区出现次数在 2 次以下。秋季,北部大部分地区在 2 次以上,中、南部大部分地区出现次数在 2 次以下。冬季,北部大同市、朔州市和忻州市西部在 6 次以上,南部大部分地区在 2 次以下。

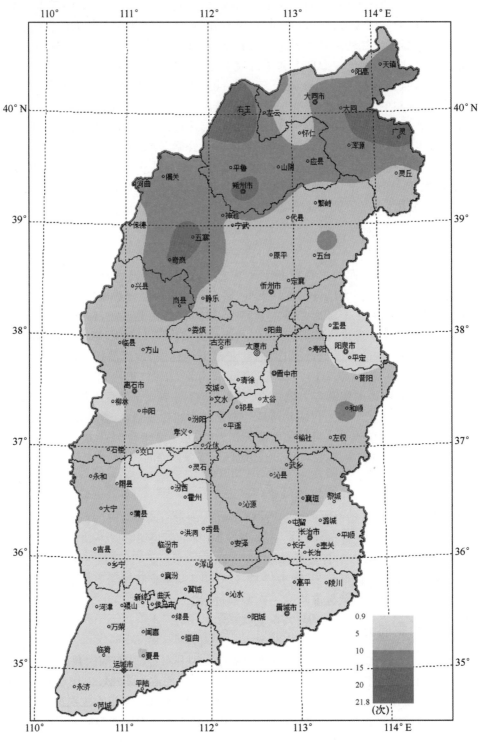

图 3.29 山西省年寒潮出现次数分布图

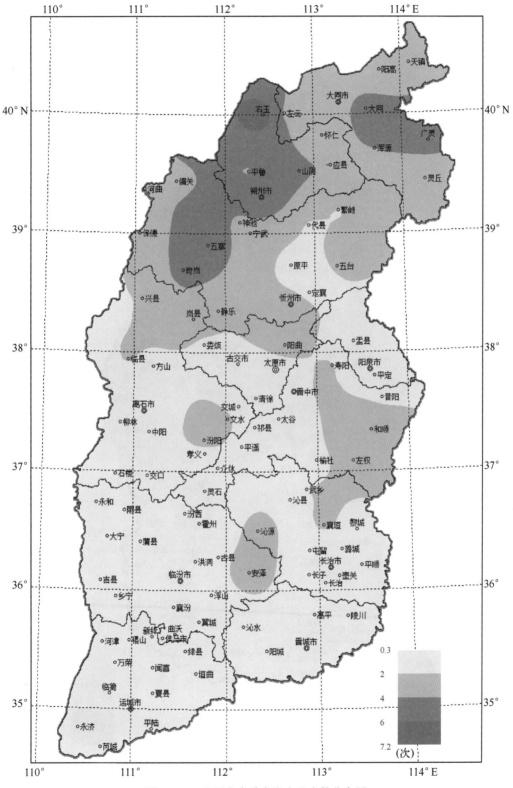

图 3.30a　山西省春季寒潮出现次数分布图

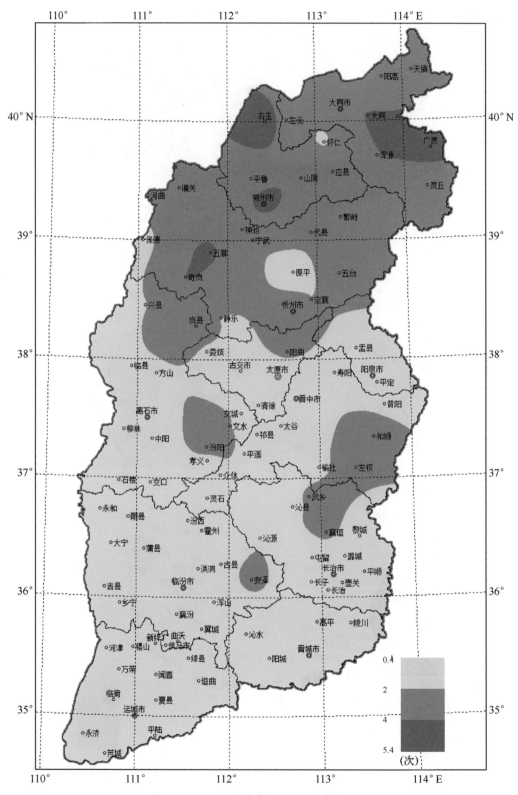

图 3.30b 山西省秋季寒潮出现次数分布图

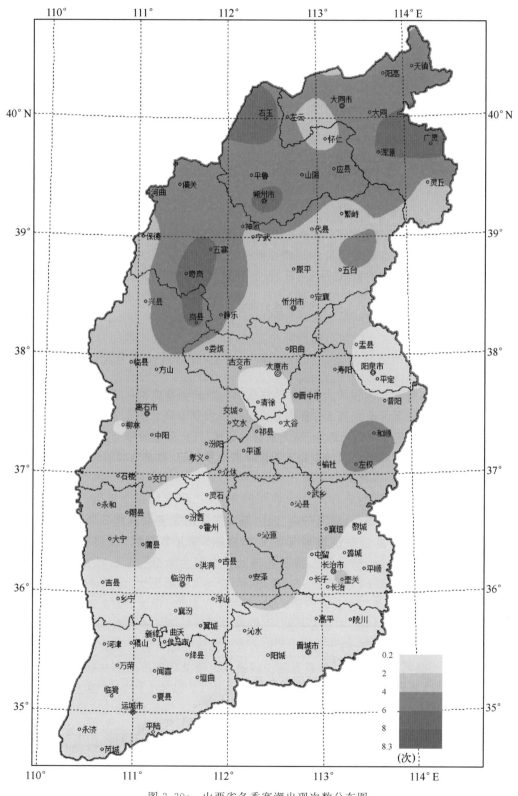

图 3.30c　山西省冬季寒潮出现次数分布图

3.6.3　寒潮的时间分布

山西省寒潮除7月外,其余各月均有出现(图3.31)。在11至12月以及次年的1至4月出现最多,各月出现次数均在5站次以上,其中12月最多,为5.8站次,其次为11月,为5.6站次。5月份和10月,出现在4站次以上,6月和8月份出现最少,均在1站次以下。

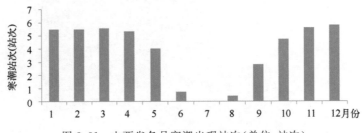

图3.31　山西省各月寒潮出现站次(单位:站次)

山西省单站寒潮的出现时间由北到南逐渐推后,随着纬度的降低,起始日期逐渐推迟。出现时间最早的为北部的五寨(8月10日)。出现时间最晚的为南部的永济(10月27日)。大部分地区寒潮起始日期在9月下旬至10月上旬。寒潮出现时间还与海拔有密切的关系,高海拔的山区和丘陵出现时间早于盆地和平川。

山西省单站寒潮的终止时间分布特征与起始时间相反,随着纬度的升高,寒潮的终止日期逐渐推迟。终止日期最早的是南部的垣曲(4月10日),最晚的为北部的岚县(6月16日)。同时,海拔高的地方寒潮结束得晚。

3.7　连阴雨

连阴雨是一种持续时间长、影响范围广的降水现象,是山西省主要的灾害性天气之一,在春、秋两个过渡季节山西省都可能出现连阴雨天气。持续的阴雨天气对农业生产危害较大。由于长时间的缺少光照,农作物光合作用减弱,加之降水使得土壤湿度和空气湿度加大,造成农作物发育不良,容易感染病害。连阴雨天气会导致种子和果实发芽、霉变,使得农作物质量和品质受到影响。同时,连阴雨易诱发喜温、喜湿的作物病虫害发生发展[8]。

3.7.1　连阴雨的定义

根据山西省的气候特点,定义日降雨量大于等于0.1 mm作为一个雨日,全天日照小于3 h为阴天。满足以下条件:在4月到5月中旬连阴雨日≥5 d,过程总降水量≥20 mm;5月下旬到6月中旬连阴雨日≥5 d,过程总降水量≥30 mm;9月到11月间连阴雨日≥5 d,过程总降水量≥30 mm,定义为一次连阴雨天气过程。本章节中,按照单站出现连阴雨统计分析。5月下旬到6月中旬是山西省冬小麦收获期,因此5月下旬到6月中旬时期的连阴雨简称为麦收连阴雨。

3.7.2　连阴雨的空间分布

山西省年连阴雨出现次数由北至南递增,北部的大同市、朔州市和忻州市东部出现次数在0.5次以下,南部的临汾市南部、晋城市西部和运城市出现次数在1次以上,平陆最多,达1.5次(图3.32a)。春季连阴雨和麦收连阴雨出现次数由西北向东南递减,各地出现次数均在0.1~0.4次,中、南部盆地以东一带,部分地区出现次数达0.4次(图3.32b)。秋季连阴雨北中部少于南部,北、中部大部分地区在 0.5 次以下,南部大部在 0.5 次以上,其中运城市大部分地区在 1 次以上(图 3.32c)。

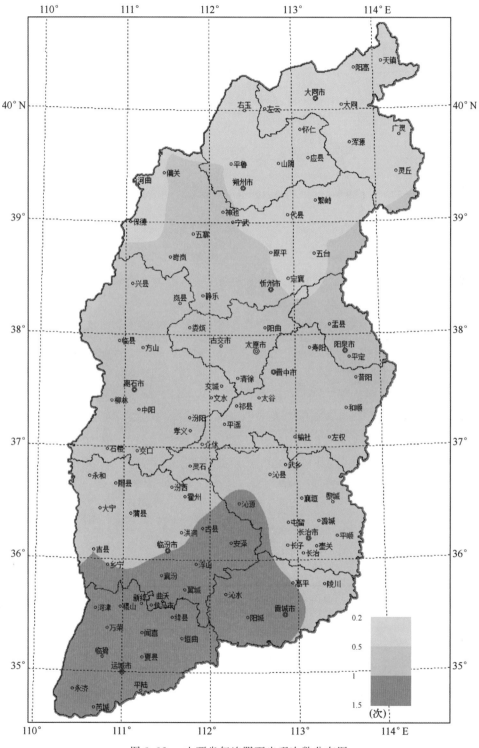

0.2
0.5
1
1.5
(次)

图 3.32a　山西省年连阴雨出现次数分布图

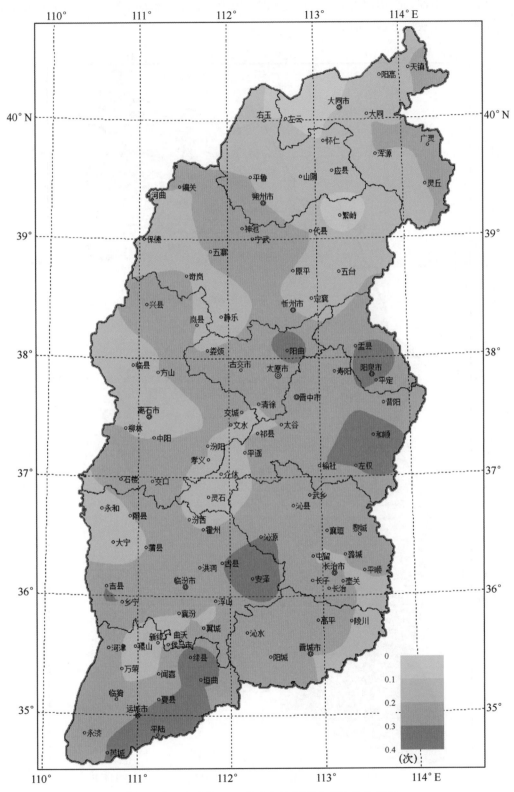

图 3.32b　山西省 4—6 月中旬连阴雨出现次数分布图

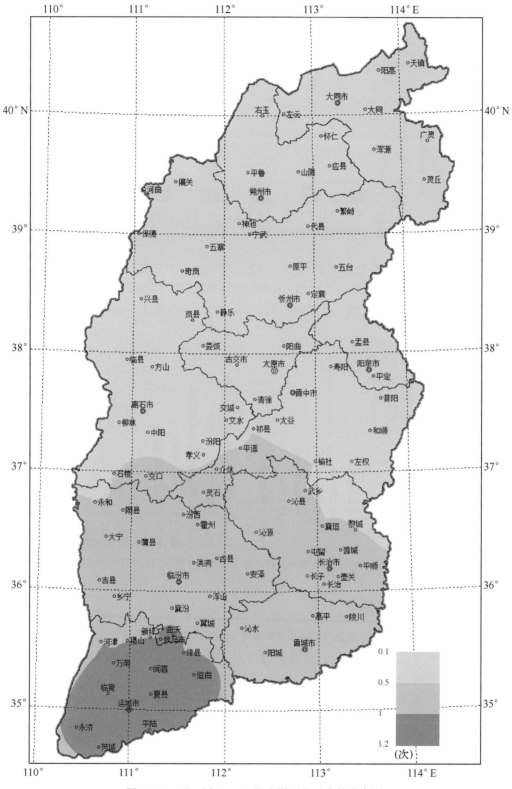

图 3.32c　山西省 9—11 月连阴雨出现次数分布图

3.7.3 连阴雨的时间分布

山西省秋季连阴雨多于春季,连阴雨主要出现在 9 月份,占总次数的 48%,5 月、6 月和 10 月出现站次相近,各月均在 10%~20%,4 月和 11 月出现最少,在 10% 以下(图 3.33)。

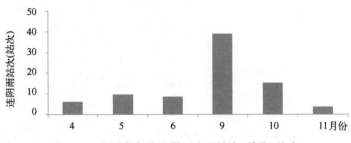

图 3.33 山西省各月连阴雨出现站次(单位:站次)

从逐旬变化来看,秋季连阴雨 9 月上、中、下三个旬出现次数较多,均占总次数的 10% 以上,其中 9 月上旬最多,占 18%;其次为 10 月上旬和中旬,均占 9%;其余月份均在 5% 以下。春季和麦收连阴雨 5 月上旬和 6 月中旬出现最多,分别占 5% 和 7%;其余月份均在 5% 以下(图 3.34)。

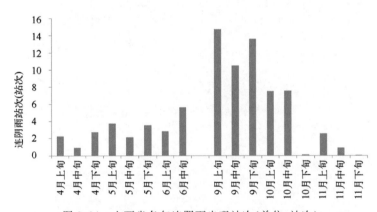

图 3.34 山西省各旬连阴雨出现站次(单位:站次)

3.7.4 连阴雨频次的变化

山西省平均年连阴雨出现次数为 0.7 次,年连阴雨次数呈弱减少的趋势,从波动变化来看,20 世纪 60 年代至 80 年代中后期呈明显减少的趋势,80 年代后期至今有弱上升趋势。1964 年连阴雨出现次数最多,达 2.1 次,自 20 世纪 80 年代后期以来,出现连阴雨过程较多的的年份,集中在 2000 年以后,2008 年最多(2.0 次),其次为 2003 年(1.9 次)(图 3.35)。

山西省平均春季和麦收连阴雨出现次数为 0.2 次,总的来看,春季和麦收连阴雨呈弱减少的趋势,从波动变化来看,在 20 世纪 60 年代呈明显减少趋势,20 世纪 70 年代至今,变化较为平缓(图 3.35)。

山西省平均秋季连阴雨出现次数为 0.5 次,变化趋势不明显,从波动变化来看,20 世纪 60 年代至 80 年代后期呈明显减少的趋势,80 年代后期至今有上升趋势。2000 年以来,大部分年份高于均值,仅有 3 年低于均值,且 2003 年出现 1961 年以来历史最大值(图 3.35)。

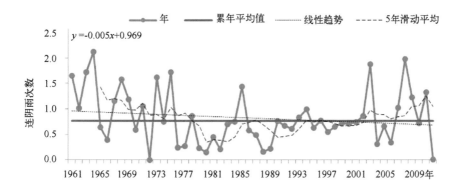

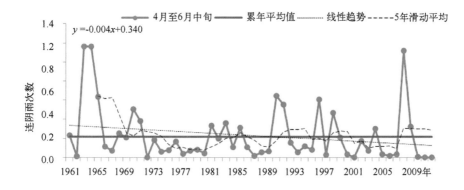

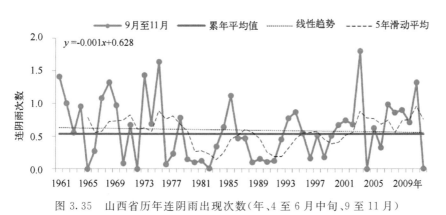

图 3.35　山西省历年连阴雨出现次数(年、4 至 6 月中旬、9 至 11 月)

从历年变化情况来看,大部分年份秋季连阴雨出现次数多于春季和麦收连阴雨,山西省连阴雨主要以秋季连阴雨为主。近年来,秋季连阴雨有增多的趋势。

参考文献

［1］丁一汇等. 中国气候. 北京:科学出版社,2013.

［2］山西省气象局. 中国气象灾害大典·山西卷. 北京:气象出版社,2005.

［3］中国气象局. 气象干旱等级. 国家标准. 2006.

［4］李阳,白瑞芳,李强等. 山西冰雹的气候特征与灾害. 山西气象,1998,42(1).

［5］张红雨,周顺武,李新生等. 近 48 a 山西暴雨日数气候特征及其变化趋势. 气象与环境科学,2010,**33**(2).

［6］苗爱梅,贾利冬,武捷. 近 51 a 山西大风与沙尘日数的时空分布及变化趋势. 中国沙漠,2010,**30**(2).

［7］王遵娅,丁一汇. 近 53 年中国寒潮的变化特征及其可能原因. 大气科学,2006,**30**(6).

［8］黄德珍,任淑华,杜长林. 秋季连阴雨对农业生产的影响. 资源与环境科学,2010,(4).

第4章 农业气候

农业气候的形成是由该地区太阳辐射、大气环流、下垫面、主要的农业活动等因素共同作用的结果。农业气候资源是农业自然资源的重要组成部分,是农业生产基本的、必要的外界环境条件。而光、热、水是农业气候资源中三个最重要的因素,配合的好农作物生长发育就良好,而在作物生长期内出现不利的气候条件,则会引起减产甚至歉收。不同的农业气候资源类型在一定程度上决定了当地农业生产的结构和布局、种植制度、作物种类和品种,以及栽培方式管理措施等,并将最终影响产量的高低及品质和增产的潜力等。不同的农业气候类型是形成农业生产地域性差异的一个重要因素,农业气候学即是探索一个地区农业生产与气候条件关系,以做到合理利用农业气候资源、建立合理的生态系统、为高产稳产优质高效而低消耗的大农业体系提供科学依据。

山西省位于华北大平原西南黄土高原东部,地形较为复杂,谷岭交错,山地和丘陵面积很大。全省可分为东部山地、西部高原山地区、中部断陷盆地区。山地区的海拔多在1500 m以上,盆地底部海拔则从北部到南部由1000 m以上逐渐降低到350 m左右。

山西省气候为大陆性季风气候,按照中国气候区划,北部为中温带亚干旱大区,中南部地区为暖温带亚湿润大区[1]。山西省基本气候特征是四季分明:冬季寒冷干燥,夏季暖热多雨,春温高于秋温,秋雨多于春雨,各地温差悬殊;降水高度集中,地面风向紊乱,风速偏小。农业气候特点:光热资源丰富,多数地区水分资源不足,气象灾害多。既有农业气候资源丰富的一面,也有许多不利的农业气候条件。

4.1 光能资源

表征光能资源特征的主要有太阳年总辐射量、光合有效辐射和日照时数或者日照百分率。太阳辐射是光和热的源泉,是生物因素的生命起源和非生物运动发展的主要能源。

气温是限制光合作用的主要因子之一,各种作物对温度的要求不同,所以生长期间的光合有效辐射量也有一定的差异。通常将日平均气温≥0℃期间的光合有效辐射作为喜凉作物的光合有效辐射;日平均气温≥10℃期间的光合有效辐射作为喜温作物的光合有效辐射。所以作物可以利用的生理有效辐射要比年总有效辐射总量要少,具体则依据生长季长短而不同[2,3]。

年总辐射量基本状况已在前面章节中做了分析,这里只就有关涉及农业方面的进行分析。

山西省年光合有效辐射为2400～2900 MJ/m²,其他地理分布基本上与总辐射一致,但径向分布较其明显;日平均气温≥0℃期间的光合有效辐射量在1800～2200 MJ/m²之间;日平均气温≥10℃期间的光合有效辐射在1300～1800 MJ/m²之间[4]。

4.1.1 总辐射量分布及利用

山西省一年中以5—7月的总辐射量为最大,12月—次年1月份最小;从3月份开始因空气干燥,日照充足,太阳辐射逐渐增强,到5、6月份时总辐射量达到最大值,此期间冬小麦正处于生长旺盛期,其光合利用率较高;而春播大秋作物处于苗期生长期,叶面积较小,光合利用率低。进入7、8月份后,山西省进入雨季高峰期,同时也进入盛夏时段。山西省夏季的总辐射量最大,高温多雨,正是大秋作物旺盛的生长阶段;此期间日照偏少,太阳辐射量相对减少,使得光合作用有所减弱,对秋粮生产有一定的影响,但是利大于弊。从9月份开始,大秋作物和秋小杂粮进入成熟收获期,太阳辐射也逐渐减弱,秋作物在此期间的光合利用率较小;到12月太阳辐射降为最低值,进入12月以后,因山西省冬季低温寒冷,越冬作物和树木林草等都处于休眠期,光合作用基本停止,光能资源基本不能利用。

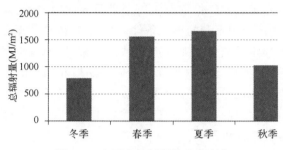

图4.1　山西省总辐射量季节变化

4.1.2　日照分布及利用

日照的时空分布在第2章中已进行了分析,由于光照时间与植物的光合作用和光周期有着密切的关系,本章从农业气候的角度也做了一些分析。日照时数是太阳实际照射地面的时间,山西省各地全年日照时数分布大约在2000～3000 h(参见图2.49)。其分布特点为由南到北、盆地到山区逐渐增加。

一年中以5、6月期间的日照时数最多,2月份最少,不足200 h(图4.2);7、8月份处于雨季期间,相对的日照时数也减少,对秋粮的生长有一定的影响,这一点和年总辐射量的影响一致。植物的光合作用是将太阳辐射能的一小部分转化为植物的化学潜能。在一定的生长季节或者生长期内,单位面积上形成的植物干物质全部换算为化学潜能,与其同时达到该面积上的太阳辐射能之比,即为太阳光能的利用率。

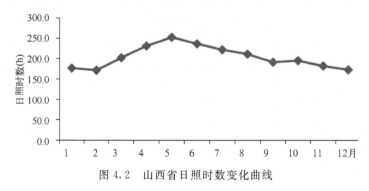

图4.2　山西省日照时数变化曲线

山西省各地的光能资源较为丰富,山西省的太阳光能利用率在产量较低的地区利用率非常低,不足0.5%;据国内外研究指出,光能利用率最高能达到6%,中国高产地块达到2.0%以上[5],所以山西省的光合生产潜力上升空间非常大。可以通过创造植物生长的最优环境条件,改良土壤,改善田间小气候;可以改善种植制度,尽可能提高复种指数,使植物的生长旺盛时期与其光热高峰期一致;合理搭配植物耕作结构等方式,充分利用有效用光群体结构;种植高光效品种和叶绿素高的品种;寒冷季节或高寒地区,加强设施农业的建设以提高塑料大棚等温室生产措施提高光能利用率。

4.2 热量资源

热量资源指标有年平均温度、最热月平均温度、最冷月平均温度、年绝对最低温度和农业界限温度的通过日期和持续日数,还有活动积温和霜冻特征等。热量是植物生长发育过程中最主要的依赖条件,常以温度高低和积温多少为标志。当水肥条件基本满足时,只要热量得到满足,温度适宜,作物就能正常生长发育,并能取得较好收成。各地生长季节的长短、积温多少,夏季高温强度、冬季寒冷程度及变化规律,往往是决定植物种类、作物布局、品种类型、种植制度和产量水平的前提条件。因此,确切地掌握各地的热量资源及其变化特征,对于合理部署农业生产,因地制宜地安排作物布局和熟制,提高科学种田水平,充分发挥热量资源的生产潜力是非常必要的。

年平均气温、最热月平均气温、最冷月平均气温、极端气温和日较差等在前面章节中已进行了分析,本节中主要对农业指标温度进行分析。

4.2.1 农业界限温度

现以稳定通过各农业指标温度的初、终日期,持续日数和积温,对山西省农业气候热量资源进行分析,揭示其热量分布特征和变化规律。针对农业生产的特点,热量资源的表示形式要有时间和空间、数量的概念。作物需要在一定的起始温度(生物学下限温度)以上才能生长,每个生育阶段或全生育期需要达到一定数量的积温才能完成。不同类型的作物其农业指标温度常常是不同的,所需的积温数量也往往是不相等的。常用的农业指标温度,以日平均气温稳定通过各级界限温度的初终日期、持续期及活动积温来表示。稳定通过 0℃、5℃、10℃、15℃等界限温度的初终日期、持续期和积温是常用的、具有普遍农业意义的指标系统,对农业生产可起到指导作用,是鉴定热量资源的基本依据。

4.2.2 温度及其分布

4.2.2.1 农耕期

当日平均气温≥0℃以上时,越冬作物开始返青生产,所以≥0℃初期与冬小麦返青扎根、土壤解冻、草木萌发、春小麦播种、春耕开始等农事活动相吻合;当日平均气温<0℃以下时,越冬作物停止生长,大地封冻,一般不宜耕作,我们以≥0℃终期与冬小麦停止生长、土壤冻结、草木休眠、秋耕结束等农事活动期接近。所以≥0℃的持续期可以作为农耕期或广义上的生长季,以≥0℃期间的积温多少来反映当地农事季节中的热量资源的多少。

山西省各地稳定通过 0℃的初日由南向北逐渐推迟,永济最早,为 2 月 3 日,右玉最晚为 3 月 29 日,南北相差 54 d(图 4.3)。日温稳定通过 0℃的终日,右玉最早,为 10 月 30 日,永济最晚,为 12 月 12 日,相差 43 d(如图 4.4)。

由图 4.3 和 4.4 中可以看出:运城盆地、临汾盆地南部的℃初日在 2 月上、中旬,终日在 12 月上、中旬;临汾盆地北部和东西山区、太原市、忻定盆地南部、晋城和长治市以及吕梁和

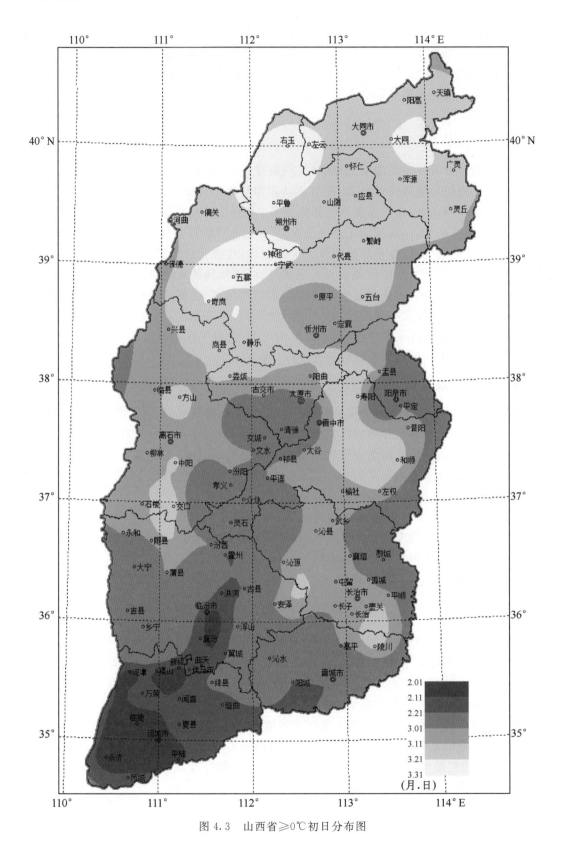

图 4.3 山西省≥0℃初日分布图

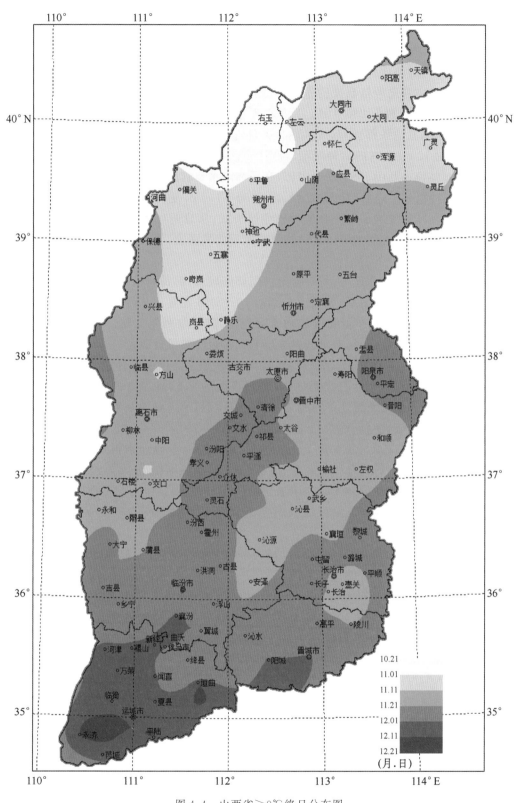

图 4.4　山西省≥0℃终日分布图

阳泉市等地,初日在2月下旬到3月上旬,终日在11月中、下旬;忻定盆地北部、大同盆地、方山、中阳及寿阳和陵川等地,初日在3月中旬,终日在11月中、上旬;晋西北右玉、平鲁、神池、五寨一带,初日在3月下旬,终日在10月下旬到11月上旬。

各地日平均气温稳定≥0℃期间的持续期为衡量作物可能生长期和农事活动季节长短的指标,也是确定各地种植制度的重要参考指标(如图4.5所示)。临汾、运城盆地、晋城市西南部≥0℃持续天数为280～315 d,冬小麦完成全生育期如需180 d左右,约有100～135 d余留生长期,其他条件适宜,该区热量条件能满足一年两熟制生产;麦收后复种玉米,种植全生育期约120 d左右的品种即可,否则影响小麦适时下种。

太原盆地、临汾东西山、长治盆地中部、高平和沁水及昔阳、阳泉等地,≥0℃生长期约在260～280 d,在种植冬小麦后,约余留生长期有80～100 d,复种玉米和谷子等作物,需90 d左右的早熟品种,才能发展一年两熟的种植生产方式,从目前生产条件和作物品种看,以实行两年三熟则更为稳妥。但如采用套种的方式实行两种两收,目前的生长期是完全许可的,并能取得较好的收成。

长治盆地的东南和西北地区、晋中盆地的东部区域、西部黄河沿岸、忻定盆地≥0℃的生长期240～260 d,种植冬小麦后,余留生长期约70～80 d左右。从目前的种植结果看,生育期为不足80 d的粮食作物,产量和收成均不太稳定,若采取两年三熟制,热量条件尚有余,但是对接茬作物的要求较高,须合理安排才能利用多余的热量资源。

大同盆地≥0℃的生长期为220～240 d,为无冬麦区。开春后种植春小麦,生育期需115 d左右,秋霜冻出现日期至稳定通过0℃终日以前约有51 d左右的休闲期,麦收后仅留生长期仅60余天,种植接茬粮食作物较为紧张,该区域目前一般为一年一熟制。

晋西北高原的左云、平鲁、神池,五寨、苛岚等县≥0℃的生长期为220～240 d,右玉不足200 d;但由于夏季气温较低,基本介于18.4～19.6℃之间,秋霜冻来得早,种植玉米等喜温作物都难以保证成熟,一般适宜种植葫麻、山药、莜麦及糜谷等作物,实际是喜凉作物的一年一熟种植区,但种植一熟制作物实际利用生长期只有100多天,对热量资源利用显然是很不充分的,该区域发展牧草生产能更好地利用生长季节,因为牧草对温度的适应性强,气温稳定高于0℃,牧草就恢复生长。

山西省其他一些寒冷的中高山区,由于气温低,无霜冻期短,多数地区不宜发展农作物种植,但具有发展林牧业生产的良好条件。

日平均气温稳定在0℃以上持续期内的积温可作为评定最大可能利用的热量资源标准。山西省各地热量资源的多少差异较大(如图4.6所示)。运城盆地南部、河津等地热量资源最为丰富,≥0℃期间的平均总积温为5000～5300℃·d;其次为运城盆地北中部、临汾盆地、阳城等地,总积温4500～5000℃·d;太原盆地、晋城市大部、临汾东西山区、黎城、阳泉等地4000～4500℃·d;忻定盆地、大同盆地中部及广灵、灵丘、长治盆地大部分地区及陵川、西部黄河沿岸总积温为3500～4000℃·d;大同盆地的东西部及五台山、和顺、左权、方山、交口、平鲁、五寨、苛岚、岚县、静乐等县,总积温3000～3500℃·d;晋西北的右玉、神池、五寨一带,热量资源不足,总积温不足2900℃·d。各主要山区热量资源都比周围丘陵、盆地差,随着拔海高度升高,总积温减少,每上升100 m,总积温减少130～150℃,生长期缩短5～7 d,五台山恒山,吕梁山的中高山区,热量资源最少,总积温一般在2500℃·d以下,五台山顶只有900℃·d,可能生长期只有130 d左右。热量资源的地区分布总特点:由北向南递增,由盆地向高山递减。

表4.1　山西省农业界限温度初日（月/日）、终日（月/日）、初终间隔天数（d）及积温（℃·d）

项目 站名	≥0℃				≥5℃				≥10℃				≥15℃			
	初日	终日	天数	积温	初日	终日	天数	积温	初日	终日	天数	积温	初日	终日	天数	积温
阳高	3/19	11/09	236.3	3467.4	4/06	10/24	201.2	3328.7	4/27	10/02	158.9	2940.3	5/20	9/09	112.9	2283.6
大同	3/20	11/09	235.2	3540.3	4/06	10/22	199.9	3393.8	4/27	10/03	160.6	3034.8	5/21	9/11	114.3	2366.1
大同县	3/21	11/06	230.7	3455.7	4/08	10/21	196.7	3322.7	4/27	10/01	158.1	2972.1	5/21	9/10	113.1	2328.1
天镇	3/20	11/09	235.3	3445.8	4/07	10/23	199.6	3305.9	4/28	10/02	158.6	2932.2	5/22	9/10	111.4	2258.7
浑源	3/20	11/07	232.1	3430.6	4/08	10/22	197.7	3290.2	4/29	10/01	156.2	2901.5	5/22	9/08	110.3	2240.1
左云	3/24	11/04	225.2	3125.4	4/14	10/17	186.9	2967.9	5/04	9/27	147.4	2604.2	5/31	9/03	96.2	1880.8
广灵	3/20	11/09	235.0	3504.7	4/05	10/23	201.5	3367.1	4/24	10/02	161.7	3005.4	5/18	9/10	115.7	2351.3
灵邱	3/16	11/11	240.8	3549.0	4/03	10/26	207.3	3430.7	4/22	10/06	167.7	3088.4	5/18	9/12	118.1	2402.5
右玉	3/29	10/30	215.3	2856.5	4/17	10/10	176.8	2702.5	5/08	9/21	136.8	2331.9	6/03	8/28	86.3	1627.8
朔州	3/18	11/09	236.7	3518.8	4/06	10/23	201.0	3363.8	4/26	10/03	160.8	2990.7	5/19	9/09	113.3	2306.4
平鲁	3/24	11/04	226.4	3137.1	4/14	10/19	188.6	2978.4	5/05	9/28	147.3	2593.6	5/30	9/02	95.4	1854.2
怀仁	3/16	11/11	241.3	3737.6	4/04	10/26	205.1	3576.2	4/23	10/07	167.9	3229.6	5/16	9/15	123.2	2585.5
山阴	3/17	11/10	239.7	3656.5	4/04	10/25	204.9	3508.6	4/22	10/04	166.1	3153.7	5/17	9/13	120.3	2492.0
应县	3/16	11/11	240.4	3678.8	4/05	10/24	203.0	3514.2	4/23	10/03	164.4	3156.3	5/17	9/14	120.8	2524.4
河曲	3/12	11/10	244.9	3810.9	3/30	10/24	208.6	3672.6	4/17	10/04	170.9	3341.4	5/11	9/13	126.5	2707.2
偏关	3/16	11/09	238.8	3673.9	4/04	10/23	202.5	3522.9	4/23	10/04	164.1	3164.6	5/15	9/13	122.0	2566.2
神池	3/27	11/03	222.3	2937.0	4/16	10/14	182.3	2767.6	5/07	9/24	140.2	2376.9	6/04	8/29	86.2	1612.0
宁武	3/22	11/07	230.9	3203.0	4/11	10/21	193.5	3034.1	5/03	9/30	150	2628.9	5/30	8/31	94.0	1817.5
代县	3/11	11/14	248.1	3775.5	3/29	10/28	214.5	3657.0	4/16	10/05	173.2	3296.7	5/10	9/14	127.6	2657.1
繁峙	3/14	11/12	243.6	3680.6	4/01	10/27	210.2	3555.9	4/19	10/04	168.5	3182.2	5/15	9/13	121.6	2518.0
保德	3/07	11/16	255.4	4147.7	3/25	10/31	220.4	4011.9	4/15	10/10	179.3	3634.9	5/09	9/21	135.8	3002.3
岢岚	3/22	11/05	228.8	3193.3	4/11	10/18	191	3030.7	5/03	9/28	149.2	2647.1	5/28	9/04	99.3	1940.6
五寨	3/25	11/01	222.3	3028.0	4/14	101/3	183.2	2858.9	5/04	9/27	146.7	2526.6	5/31	8/30	92.2	1757.3
静乐	3/16	11/10	240.2	3374.8	4/06	10/22	200.8	3221.0	4/30	10/01	155.0	2805.1	5/23	9/08	108.6	2151.2
原平	3/07	11/15	254.1	3979.3	3/27	11/01	219.8	3854.6	4/5	10/11	179.5	3496.7	5/07	9/19	135.7	2885.1
忻州	3/09	11/13	249.5	3831.7	3/28	10/28	215.6	3714.0	4/15	10/05	174.2	3346.6	5/06	9/14	132.4	2761.8

项目 站名	≥0℃				≥5℃				≥10℃				≥15℃			
	初日	终日	天数	积温	初日	终日	天数	积温	初日	终日	天数	积温	初日	终日	天数	积温
定襄	3/07	11/13	252.1	3838.0	3/28	10/29	216.6	3715.5	4/15	10/06	174.7	3346.7	5/07	9/14	131.0	2735.6
豆村	3/18	11/11	238.8	3318.9	4/06	10/23	201.4	3181.8	4/25	10/01	160.1	2827.0	5/23	9/07	107.8	2105.6
兴县	3/09	11/14	250.2	3928.7	3/29	10/28	213.5	3767.9	4/18	10/06	172.2	3385.9	5/13	9/16	127.1	2729.2
岚县	3/17	11/10	239.2	3315.7	4/07	10/22	199.0	3160.5	4/28	9/30	155.9	2779.1	5/22	9/06	108.6	2130.8
临县	3/09	11/16	252.9	3880.7	3/30	10/30	214.9	3716.9	4/19	10/07	172.0	3313.1	5/16	9/15	123.2	2600.4
柳林	3/02	11/20	263.9	4328.8	3/21	11/02	227.5	4187.9	4/10	10/15	188.8	3833.4	5/05	9/22	141.4	3158.2
石楼	3/06	11/18	258.2	4025.4	3/27	10/31	219.4	3852.0	4/19	10/10	174.6	3414.8	5/13	9/19	129.8	2758.5
方山	3/14	11/10	241.6	3469.7	4/04	10/23	203.0	3306.2	4/26	10/02	159.9	2914.6	5/20	9/08	112.2	2245.9
离石	3/06	11/17	257.0	3966.1	3/26	10/30	218.6	3817.6	4/17	10/07	173.7	3403.6	5/10	9/17	130.7	2787.4
中阳	3/14	11/14	246.1	3591.9	4/02	10/26	207.5	3418.1	4/24	10/02	161.9	2995.9	5/19	9/10	115.1	2327.5
孝义	2/27	11/26	272.4	4265.0	3/20	11/08	233.9	4139.3	4/11	10/18	190.9	3757.1	5/07	9/22	139.5	3033.7
汾阳	3/03	11/22	264.9	4161.5	3/22	11/03	226.9	4022.5	4/10	10/15	189.0	3690.2	5/06	9/21	138.9	3000.2
交城	2/28	11/22	268.2	4191.8	3/21	11/06	231.0	4072.7	4/11	10/17	190.1	3715.3	5/06	9/21	139.9	3016.4
文水	3/01	11/23	268.0	4147.3	3/21	11/04	228.7	4012.0	4/12	10/16	188.8	3656.4	5/09	9/20	135.2	2904.8
交口	3/17	11/12	241.7	3170.7	4/09	10/23	197.3	2977.9	5/02	9/28	150.2	2553.8	5/31	8/31	92.8	1754.9
太原	3/02	11/21	264.9	4123.3	3/23	11/04	227.3	3991.3	4/12	10/15	186.4	3631.6	5/06	9/20	138.0	2958.2
清徐	2/28	11/23	269.5	4269.8	3/20	11/07	233.5	4154.9	4/10	10/17	191.3	3786.1	5/05	9/24	143.4	3118.5
娄烦	3/13	11/13	245.9	3561.0	4/02	10/26	208.7	3420.2	4/23	10/03	163.8	3022.2	5/17	9/10	117.5	2373.4
北郊	3/03	11/19	261.1	4082.5	3/25	11/02	222.9	3934.4	4/14	10/14	184.0	3588.5	5/07	9/19	135.1	2899.2
阳曲	3/08	11/15	253.6	3932.8	3/29	10/31	216.9	3790.8	4/16	10/08	176.1	3421.4	5/10	9/16	130.4	2771.3
南郊	2/28	11/23	269.6	4273.3	3/20	11/07	233.5	4152.2	4/10	10/16	189.6	3761.8	5/06	9/25	142.3	3097.6
古交	3/06	11/19	258.4	3915.8	3/28	11/01	219.2	3767.7	4/17	10/09	176.6	3383.7	5/11	9/17	129.3	2713.5
阳泉	2/27	11/29	276.0	4384.7	3/21	11/10	234.8	4222.6	4/09	10/22	197.4	3891	5/04	9/25	144.4	3141.4
盂县	3/11	11/19	253.7	3781.9	3/30	11/03	219.6	3660.8	4/17	10/11	177.4	3287.5	5/16	9/15	123.3	2528.8
平定	3/02	11/25	269.3	4235.1	3/23	11/09	231.6	4094.7	4/11	10/19	192.2	3747.6	5/06	9/23	141.1	3026.7
祁县	3/01	11/23	267.7	4198.1	3/22	11/06	229.1	4059.7	4/12	10/18	189.4	3706.4	5/07	9/22	139.6	3010.6
太谷	3/02	11/21	265.0	4134.7	3/22	11/04	228.0	4003.4	4/12	10/15	186.5	3638.4	5/09	9/21	136.0	2927.7
榆次市	3/03	11/20	262.3	4151.7	3/26	11/03	223.5	3996.3	4/13	10/16	187.0	3672.8	5/08	9/22	137.8	2978.3

项目 站名	≥0℃ 初日	终日	天数	积温	≥5℃ 初日	终日	天数	积温	≥10℃ 初日	终日	天数	积温	≥15℃ 初日	终日	天数	积温
平遥	3/01	11/22	266.9	4234.2	3/20	11/05	230.4	4108.7	4/11	10/18	190.5	3759.6	5/07	9/22	139.8	3053.9
寿阳	3/15	11/12	243.4	3477.2	4/02	10/26	207.7	3347.9	4/23	10/02	162.8	2957.3	5/19	9/10	114.6	2288
昔阳	3/07	11/22	261.2	3953.5	3/27	11/04	222.8	3820.3	4/14	10/15	184.4	3486.5	5/10	9/17	130.7	2739.8
左权	3/11	11/14	249.2	3485.0	4/01	10/26	209.4	3342.9	4/21	10/03	165.5	2962.5	5/22	9/09	111.3	2207.9
榆社	3/08	11/17	254.9	3719.1	3/29	10/29	215.0	3570.4	4/19	10/06	170.7	3173.6	5/14	9/15	124.6	2526.8
和顺	3/17	11/12	241.4	3192.4	4/08	10/23	199.3	3026.3	5/02	9/29	150.9	2588.0	5/29	8/31	95.1	1805.2
灵石	2/27	11/25	272.0	4271.0	3/21	11/06	231.1	4125.0	4/12	10/18	190.2	3754.2	5/07	9/24	140.8	3059.2
介休	2/26	11/27	274.8	4250.6	3/20	11/07	233.6	4110.6	4/11	10/19	192.3	3745.3	5/08	9/23	138.8	2993.4
武乡	3/06	11/18	258.4	3851.3	3/27	11/01	220.1	3712.1	4/17	10/09	175.7	3316.7	5/11	9/17	129.7	2675.4
沁县	3/06	11/19	259.1	3844.2	3/27	11/01	220.7	3705.6	4/17	10/08	175.5	3303.4	5/11	9/16	129.5	2660.8
长子	3/04	11/23	265.2	3958.5	3/26	11/04	224.5	3809.7	4/16	10/14	181.6	3423.4	5/10	9/16	130.1	2696.7
沁源	3/07	11/18	257.2	3693.4	3/28	10/30	216.8	3544.3	4/19	10/06	170.6	3134.6	5/16	9/14	122.5	2462.9
潞城	3/06	11/22	261.9	3911.7	3/26	11/03	222.4	3769.9	4/16	10/14	181.6	3408.8	5/11	9/16	128.7	2669.9
长治县	3/06	11/21	261.4	3906.2	3/26	11/04	223.4	3756.5	4/16	10/13	180.8	3369.6	5/13	9/15	125.9	2587.8
襄垣	3/05	11/20	261.1	3921.7	3/26	11/02	221.7	3780.5	4/15	10/12	180.4	3419.5	5/11	9/17	130.4	2721.8
壶关	3/09	11/19	256.7	3798.4	3/28	11/02	220.2	3662.3	4/17	10/08	175.0	3258.4	5/14	9/15	124.9	2551.7
平顺	3/09	11/21	257.7	3736.5	3/28	11/01	218.9	3582.2	4/19	10/07	172.0	3145.8	5/17	9/12	119.2	2398.8
黎城	2/27	11/28	275.7	4206.2	3/23	11/09	231.9	4043.1	4/11	10/18	190.6	3674.7	5/08	9/23	139.5	2963.4
屯留	3/05	11/24	265.6	3974.5	3/26	11/06	226.1	3836.9	4/16	10/15	183.3	3459.3	5/10	9/18	131.7	2738.3
高平	3/01	11/27	272.3	4077.8	3/25	11/08	228.1	3922.2	4/14	10/17	186.7	3556.9	5/09	9/20	135.6	2846.2
阳城	2/21	12/05	288.2	4510.4	3/18	11/13	241.5	4338.8	4/07	10/24	201.6	3985.7	5/02	9/29	150.7	3284.8
晋城	2/22	12/06	287.5	4444.4	3/20	11/13	239.2	4259.1	4/10	10/24	198.4	3894.8	5/06	9/28	145.9	3160.2
陵川	3/15	11/19	249.9	3500.6	4/04	10/30	210.7	3335.3	4/29	10/05	160.1	2855.5	5/24	9/08	108.0	2114.8
沁水	3/01	11/30	275.3	4061.1	3/24	11/08	229.4	3895.3	4/14	10/16	186.1	3512.8	5/11	9/20	133.2	2781.2
永和	3/05	11/17	257.2	3980.0	3/26	10/28	217.3	3817.5	4/15	10/06	175.2	3426.8	5/10	9/17	131.1	2799.5
隰县	3/05	11/19	259.4	3916.6	3/27	10/30	218.6	3751.3	4/19	10/07	171.3	3302.5	5/13	9/17	127.6	2674.3
大宁	2/26	11/24	271.2	4346.0	3/18	11/05	232.5	4208.0	4/11	10/17	190.1	3819.0	5/06	9/24	142.2	3141
吉县	2/28	11/24	270	4106.5	3/22	11/04	228.6	3960.6	4/15	10/13	182.3	3538.1	5/10	9/22	135.3	2876.3

项目 站名	≥0℃ 初日	终日	天数	积温	≥5℃ 初日	终日	天数	积温	≥10℃ 初日	终日	天数	积温	≥15℃ 初日	终日	天数	积温
襄汾	2/13	12/02	292.6	4802.8	3/14	11/11	243.6	4619.0	4/01	10/23	206.3	4288.7	4/26	9/30	158.3	3626.0
蒲县	3/07	11/17	255.8	3767.8	3/29	10/28	214.0	3592.4	4/20	10/05	169.2	3180.3	5/16	9/15	123.0	2524.0
汾西	3/03	11/24	267.1	4095.0	3/24	11/05	227.4	3941.4	4/16	10/12	179.9	3490.1	5/11	9/18	131.1	2786.1
洪洞	2/15	12/01	290.8	4786.0	3/14	11/11	243.7	4609.9	4/03	10/24	204.5	4255.6	4/28	10/01	157.0	3595.7
临汾	2/10	12/04	297.9	4897.1	3/13	11/13	245.6	4702.2	4/01	10/25	207.6	4360.4	4/25	10/01	160.4	3705.4
霍县	2/18	11/30	286.5	4692.9	3/16	11/11	241.2	4528.2	4/04	10/22	202.6	4186.0	4/27	9/29	156.2	3549.1
古县	2/22	11/29	281.2	4508.5	3/16	11/09	238.3	4352.5	4/08	10/20	196.4	3966.0	5/04	9/27	147.5	3278.4
安泽	3/05	11/19	259.9	3836.9	3/26	11/01	220.4	3690.9	4/17	10/08	174.4	3282.2	5/13	9/17	128.1	2636.6
乡宁	3/01	11/23	268.1	4085.1	3/22	11/04	227.2	3927.0	4/15	10/13	182.1	3516.7	5/10	9/21	134.6	2845.7
曲沃	2/15	12/02	291.2	4818.6	3/14	11/12	244.4	4642.2	4/03	10/25	206.0	4297.1	4/26	10/02	159.7	3656.0
翼城	2/16	12/03	290.4	4804.7	3/14	11/12	244.3	4624.8	4/05	10/23	202.8	4235.7	4/30	10/02	155.1	3559.5
侯马	2/12	12/04	295.8	4851.7	3/13	11/12	245.2	4662.3	4/01	10/25	207.9	4329.8	4/26	10/01	159.4	3658.6
浮山	2/25	11/28	276.3	4454.7	3/20	11/09	234.6	4280.3	4/10	10/19	192.6	3878.3	5/06	9/27	144.6	3190.9
稷山	2/10	12/07	301.4	5011.5	3/11	11/13	248.3	4807.5	3/29	10/26	212.0	4485.7	4/23	10/03	164	3824.4
万荣	2/18	12/02	288.0	4670.0	3/16	11/11	240.7	4499.8	4/07	10/22	198.3	4109.3	5/01	9/29	152.0	3457.6
河津	2/07	12/12	308.7	5145.3	3/10	11/18	254.2	4923.0	3/28	10/29	216.3	4587.8	4/25	10/05	164.0	3839.2
临猗	2/07	12/09	305.6	5068.9	3/11	11/15	249.8	4849.7	3/30	10/26	210.7	4495.9	4/25	10/05	163.5	3824.9
运城	2/05	12/10	309.1	5245.6	3/09	11/15	252.3	5016.1	3/27	10/28	215.9	4688.7	4/24	10/07	166.6	3977.7
新绛	2/09	12/06	301.0	4983.4	3/13	11/14	246.9	4778.1	3/30	10/26	210.9	4457.3	4/26	10/03	161.6	3767.8
绛县	2/25	11/29	278.2	4501.1	3/20	11/10	235.7	4324.0	4/12	10/19	191.1	3891.0	5/06	9/27	145.2	3225.0
闻喜	2/13	12/03	294.2	4804.0	3/13	11/12	244.1	4610.0	4/06	10/23	201.1	4208.7	4/29	10/02	157.0	3589.3
垣曲	2/14	12/12	302.4	4875.1	3/14	11/20	252.6	4674.3	4/04	10/31	210.8	4306.5	4/30	10/03	157.8	3559.2
永济	2/03	12/12	313.5	5208.2	3/06	11/19	259.2	5004.6	3/27	10/30	218.4	4655.4	4/23	10/07	167.9	3945.3
芮城	2/13	12/06	297.5	4831.1	3/12	11/14	247.3	4639.4	4/04	10/24	204.9	4246.4	4/30	10/01	155.1	3538.3
夏县	2/14	12/03	293.5	4931.5	3/12	11/12	245.5	4742.3	3/31	10/24	208.4	4412.4	4/27	10/02	158.9	3706.9
平陆	2/08	12/12	307.7	5109.5	3/11	11/18	253.5	4882.6	3/29	10/30	215.5	4542.3	4/25	10/04	163.4	3798.4

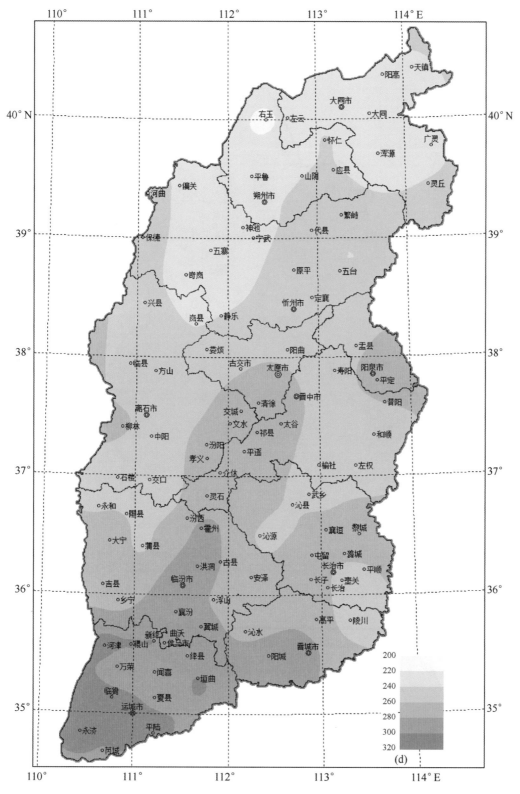

图 4.5 山西省≥0℃持续天数分布图

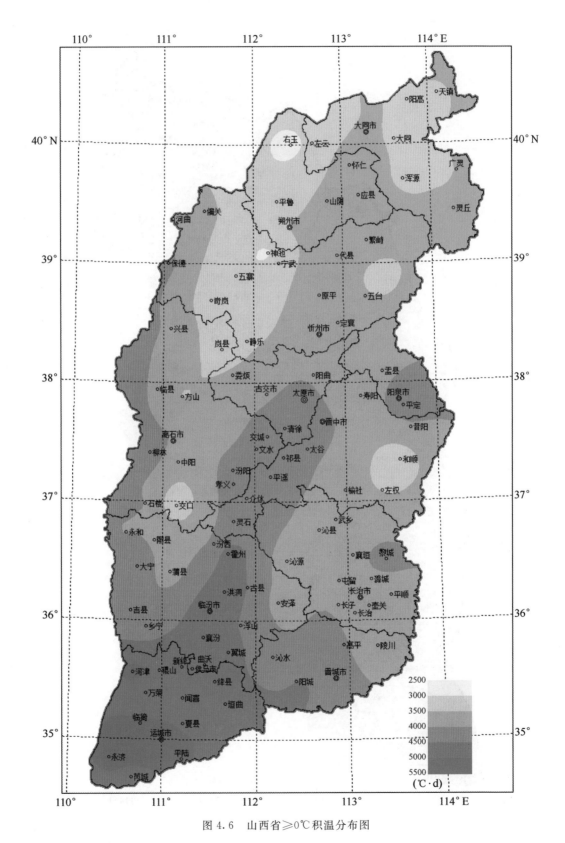

图 4.6　山西省≥0℃积温分布图

4.2.2.2 生长期

日平均气温≥0℃,只保证在常年情况下土壤不冻结,可从事田间活动,但是农作物的生长,则要求温度上升到生长期所需的指标温度以上。一般认为≥5℃可作为作物的生长期,稳定≥5℃的初日为冬小麦活跃生长和马铃薯、莜麦等喜凉作物播种期,≥5℃终日以后,冬小麦生长发育缓慢。≥5℃以上持续期可作为衡量喜凉作物生长期长短的指标。

山西省各地≥5℃的初、终日及其持续期差异较大。运城、临汾盆地、晋中盆地、太原盆地南部、晋城中部从 3 月上旬开始,终止于 11 月上旬,持续期长达 220~260 d,积温为 4500~5100℃·d,太原盆地大部、长治盆地、晋城东西部、临汾东西山区、吕梁市大部、忻定盆地及阳泉市等地初日在 3 月下旬,终日在 10 月下旬到 11 月上旬,持续期大约 200~240 d,积温为 4000~4500℃·d;大同盆地灵邱、广灵、岚县、娄烦等地初日在 4 月上旬,终日约在 10 月中旬,持续期大约在 200 d 左右,积温约 3500℃·d 左右;晋西北高原的左云、右玉、神池、五寨一带,始于 4 月中旬,终于 10 月上旬(10 月 10 日),持续期为 180 d 左右,积温在 3000℃·d 左右,个别不足 2800℃·d(见图 4.7—图 4.10)。

4.2.2.3 活跃生长期

在日平均气温≥10℃期间,作物生长呈现出活跃景象,如水稻、棉花、高粱等喜温作物在温度为 10~12℃时开始生长,≥15℃开始积极生长,成熟期的最低温度指标为 15~17℃。因此,有必要分析≥10℃和≥10℃的积温。

(1) ≥10℃的积温

≥10℃初日通常作为喜温作物开始播种和生长的开始日期。从此期开始,喜凉作物生长活跃、冬小麦开始拔节、冬油菜开始抽苔开花,树木、牧草积极生长。我们把≥10℃的持续日数作为喜温作物开始播种的始期,其持续天数则为生长期或作物活跃生长期长短的依据。而 10℃以上的积温,可借以掌握一地热量资源对喜温作物的满足程度。

≥10℃终日山西省南部运城市和临汾盆地的终日较秋霜冻提早大约一周左右,中部盆地地区则与秋霜冻初日比较接近,因此秋霜冻危害不大,太原以北等地区和北中部的山区,秋霜冻初日一般出现在 10℃终日之前一旬左右,该区域秋霜冻对大秋作物的危害会较大,因此,必须选择在霜冻前成熟的品种作物,以保证作物的安全生产。

≥10℃期间的积温及其持续期,与≥0℃期间积温及其持续期的地区分布和变化特征基本一致。各地≥10℃积温比≥0℃积温减少 500℃·d 左右,山区减少 500℃·d 以上。≥10℃的活跃生长期比≥0℃的可能生长期短 80~100 d(见图 4.13—图 4.16)。

运城盆地南部、河津等地热量资源最为丰富,≥10℃期间的平均总积温为 4500~4700℃·d;其次为运城盆地北中部、临汾盆地等地,总积温 4000~4500℃·d;太原盆地、晋城市中西部、临汾东西山区、黎城、阳泉等地 3500~4000℃·d;忻定盆地、大同盆地中部及广灵、灵丘、长治盆地大部分地区及陵川、西部黄河沿岸总积温为 3000~3500℃·d;大同盆地的东西部及五台山、和顺、左权、方山、交口、平鲁、五寨、岢岚、岚县、静乐等县,总积温 2500~3000℃·d;晋西北的右玉、神池一带,热量资源不足,总积温不足 2400℃·d。

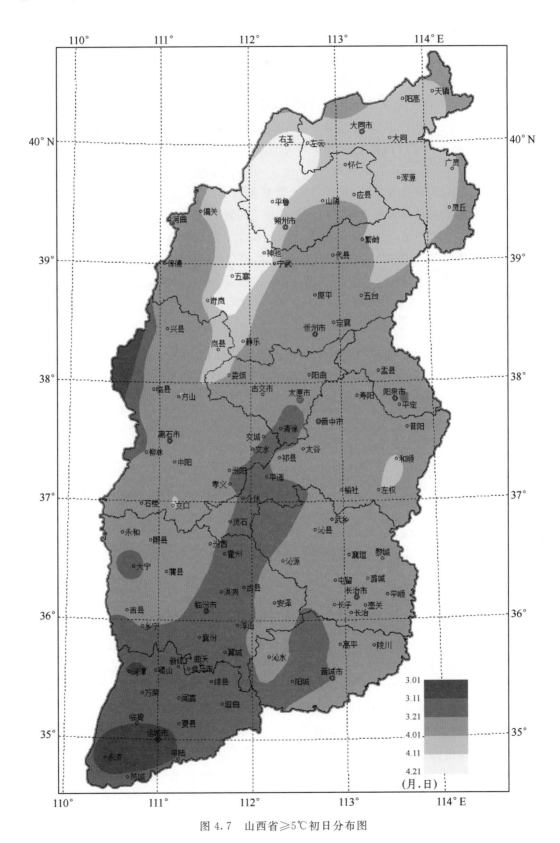

图 4.7　山西省≥5℃初日分布图

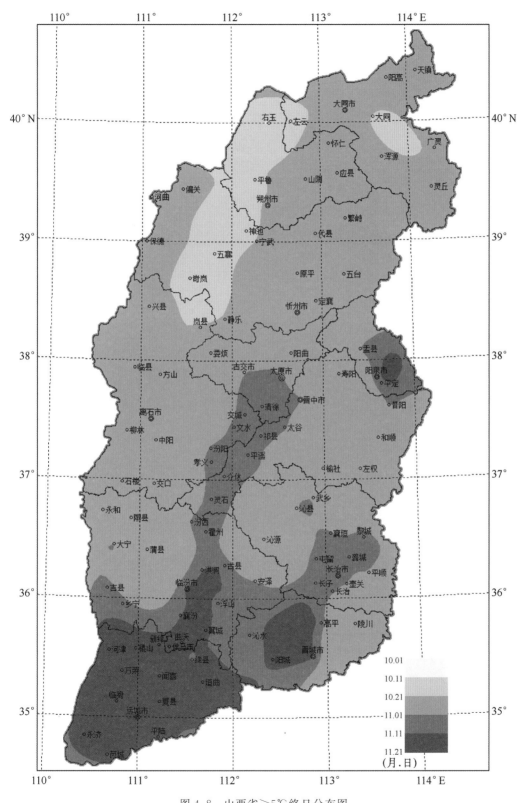

图 4.8　山西省≥5℃终日分布图

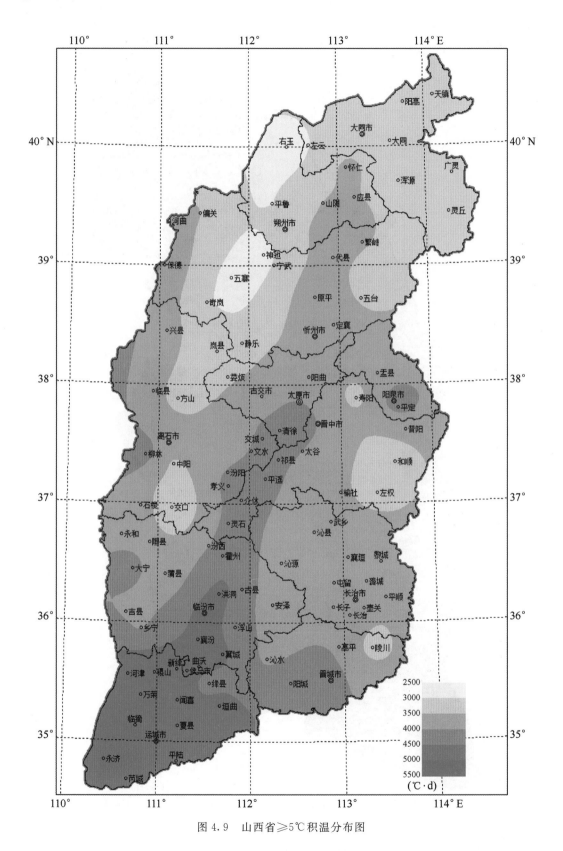

图 4.9 山西省≥5℃积温分布图

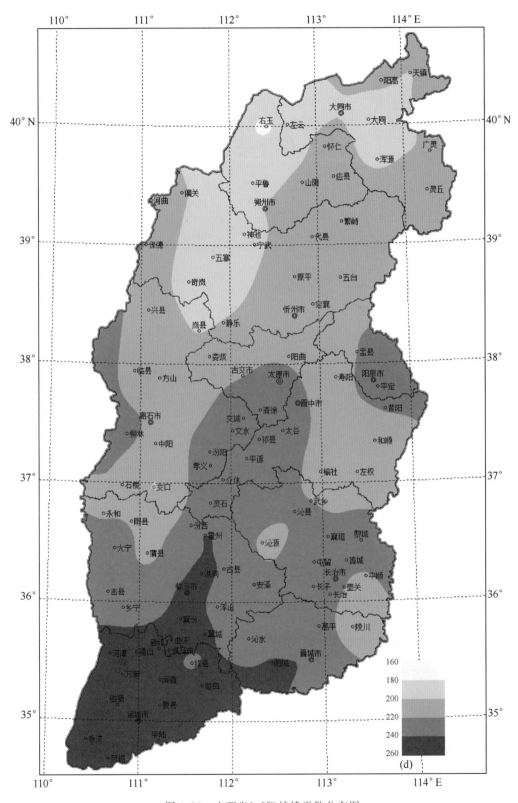

图 4.10 山西省≥5℃持续天数分布图

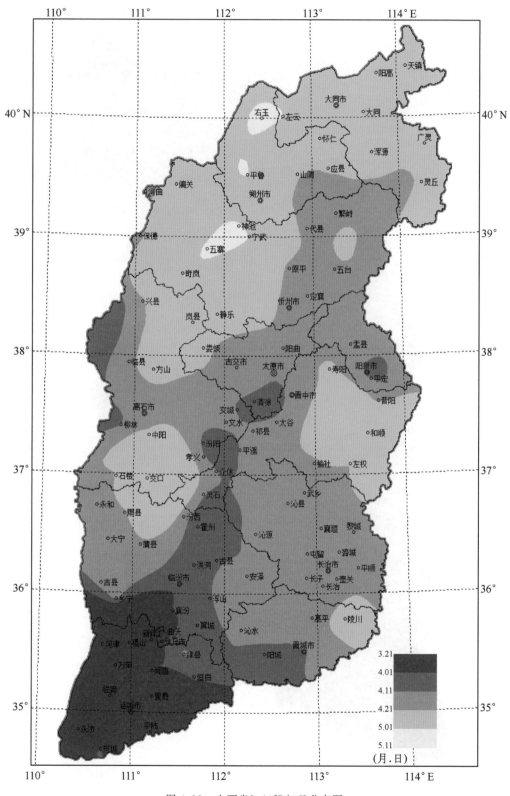

图 4.11　山西省≥10℃初日分布图

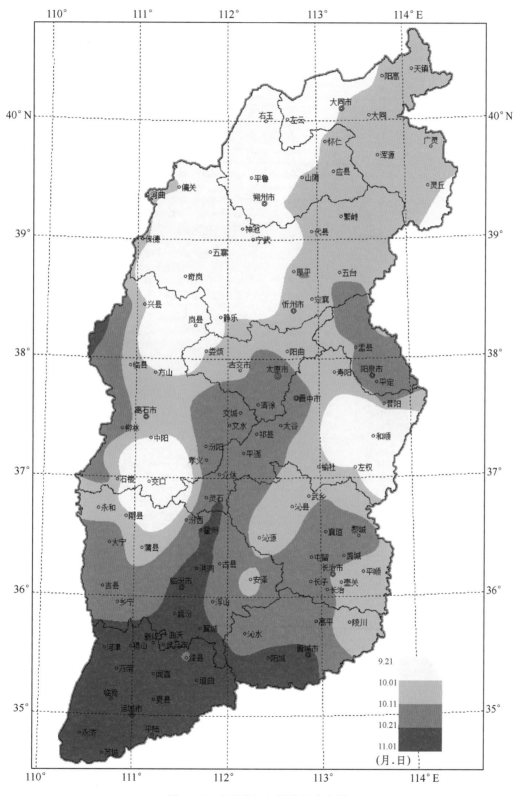

图 4.12 山西省≥10℃终日分布图

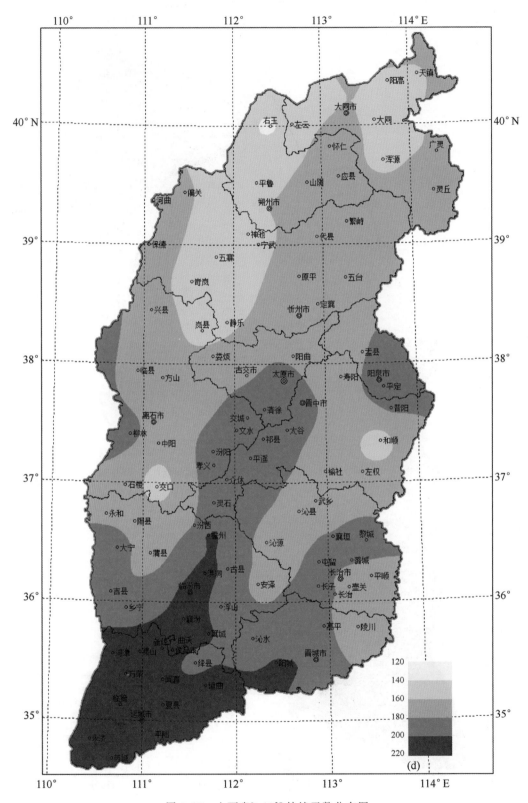

图 4.13 山西省≥10℃持续天数分布图

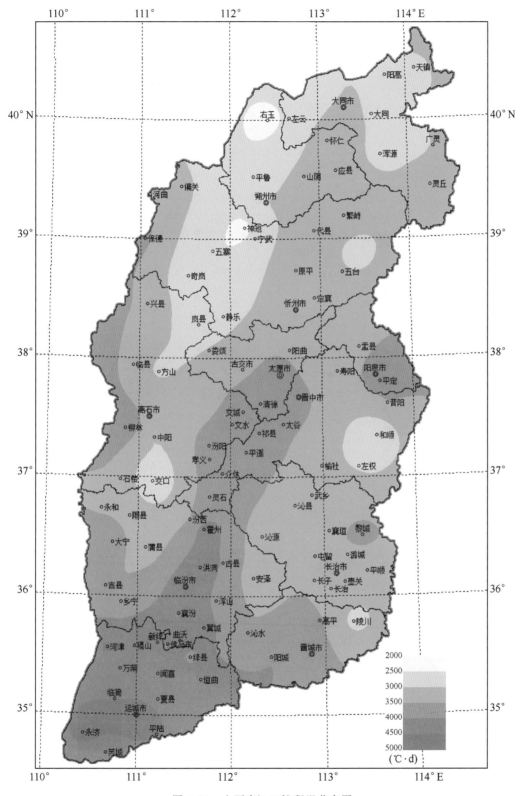

图 4.14　山西省≥10℃积温分布图

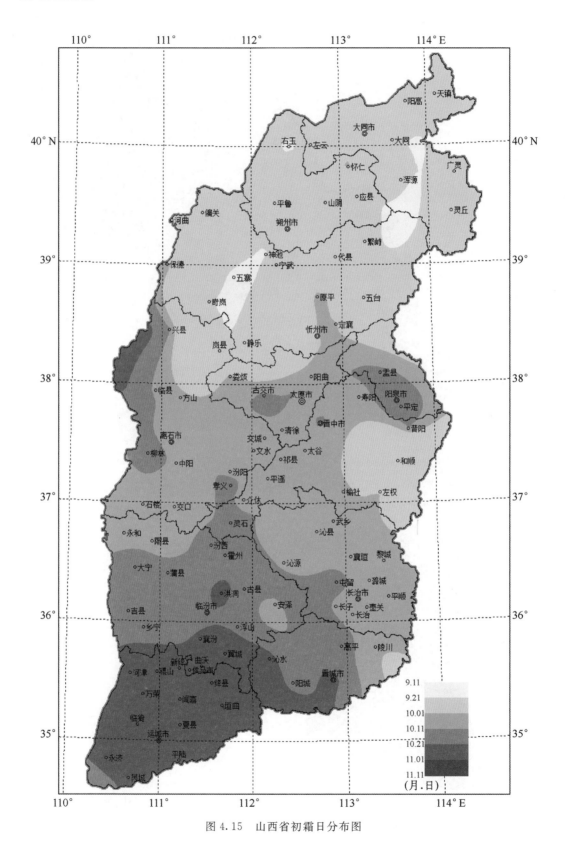

图 4.15 山西省初霜日分布图

运城和临汾盆地≥10℃初日在 3 月下旬到 4 月上旬(图 4.11),终日在 10 月中、下旬(图 4.12),活跃生长期 200～219 d,10℃以上积温 80%保证值 4000～4500℃•d;晋中盆地、太原盆地南部、临汾东西山区、晋城大部、长治盆地及阳泉等地,初日在 4 月中旬,终日在 10 月上、中旬,活跃生长期 180～200 d,积温 80%保证值 3500～3900℃•d;忻定盆地、大同盆地及西部黄河沿岸,初日在 4 月中、下旬,终日在 9 月下旬、10 月上旬,活跃生长期 180 d 左右,积温 80%保证值 3000～3300℃•d;大同盆地及广灵、灵邱等地,初日在 4 月底,终日在 9 月底或 10 月初,活跃生长期 155 d 左右,积温 80%保证值约 2800～3000℃•d,晋西北右玉、五寨一带,初日在 5 月上旬,终日在 9 月 20 日前后,活跃生长期 137 d 左右,10℃以上积温 80%保证值只有 2200～2400℃•d,中北部一些高寒山区的热量资源不足,活跃生长期一般都在 120 d 以内,≥10℃积温 80%保证值少于 2000℃•d,一般来讲,山西省≥10℃积温 80%保证值较≥10℃平均积温值少 100～170℃•d。

(2)≥15℃积温

≥15℃初日以后,水稻可以移栽,喜热作物组织分化开始,≥15℃终期与冬小麦播种期趋于一致,一年中稳定≥15℃持续期,是喜温作物活跃生长期。

山西省≥15℃初日(图 4.17),运城市、临汾盆地、晋城西部、晋中盆地、太原盆地南部在 4 月下旬到 5 月上旬,东、西山区及长治和忻定盆地、大同盆地等在 5 月上中旬,其余地区在 5 月下旬到 6 月初。终日的分布状况与初日基本相似(图 4.18),运城市、临汾盆地、晋城西部、晋中盆地、太原盆地南部在 9 月下旬到 10 月上旬,东、西山区及长治和忻定盆地、大同盆地等在 9 月上、中旬,其余地区在 8 月下旬。

≥15℃持续日数呈由北向南、山区到盆地递增趋势(图 4.19)。其中,运城市、临汾盆地、晋城西南部、太原盆地南部为 140～170 d,积温在 3000～4000℃•d;其余大部分地区为 100～140 d,积温为 2000～3000℃•d;中、高山区在 90 d 左右;积温不足 1700℃•d(如图 4.20 所示)。

4.2.3 热量资源利用

在前面章节中给出了全省各地的各级农业界限指标温度的初、终日期、积温和无霜冻期特征及其分布,如何合理地利用热量资源,在农业生产中充分发挥作用,以达到高产稳产是最终的目的。根据热量条件正确的确定作物的合理播种期、布局以及种植制度等是提高热量资源利用率的根本措施。

山西省在≥0℃积温,≥5℃积温、≥10℃积温、≥15℃等级分布中,≥0℃积温与≥5℃积温、≥10℃积温和≥15℃积温的分布趋势基本一致。其中:中条山以南河谷地带、运城盆地和临汾盆地≥0℃、≥5℃积温在 4500℃•d 以上,≥10℃积温在 4000℃•d 以上、局部在 4500℃•d 以上,≥15℃积温在 3500℃•d 以上;临汾东山、太原盆地、晋城南部、阳泉市区≥0℃、≥5℃积温在 4000℃•d 以上,≥10℃积温在 3500℃•d 以上,≥15℃积温在 3000℃•d 以上;临汾东西山、吕梁山西部、长治盆地、忻定盆地、大同盆地南部≥0℃、≥5℃积温在 3500℃•d 以上,≥10℃积温在 3000℃•d 以上,≥15℃积温大于 3000℃•d 以上较少;西北高寒地区、北部的恒山、五台山区以及中南部的吕梁及太行山的各等级积温<2000℃•d;山西省各等级积温分布均较为丰富。

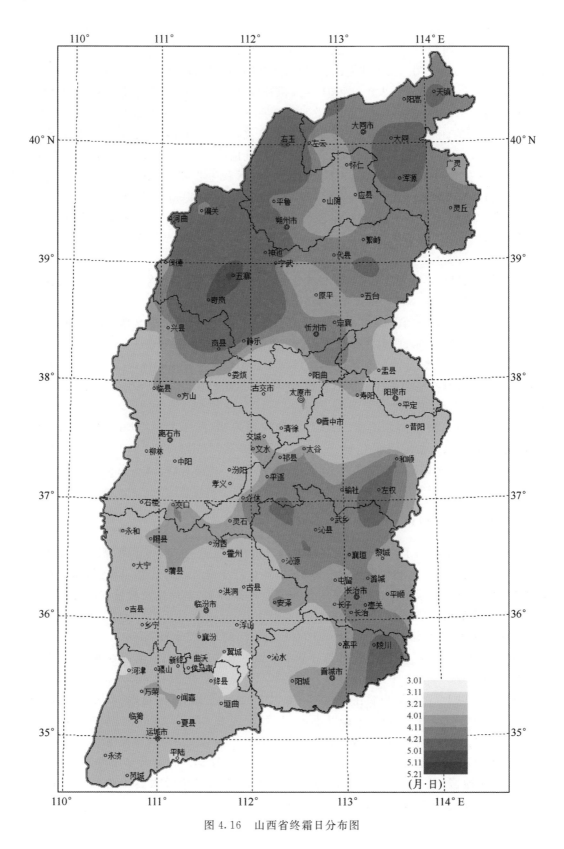

图 4.16　山西省终霜日分布图

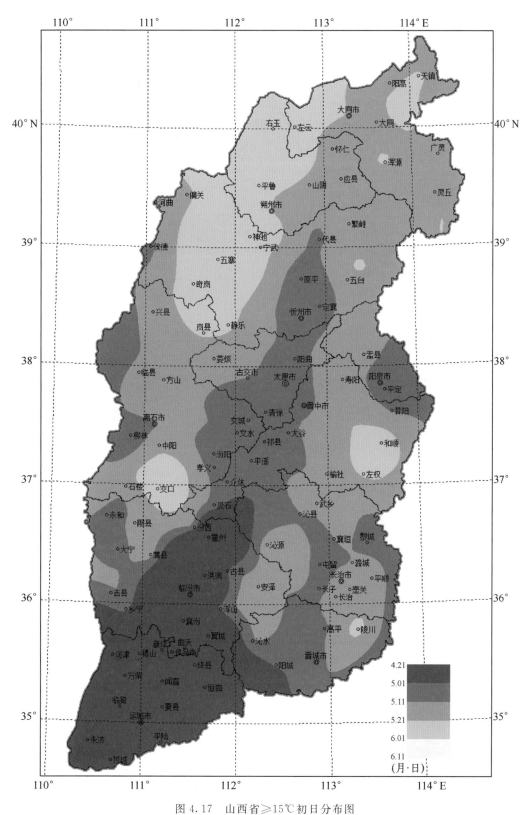

图 4.17　山西省≥15℃初日分布图

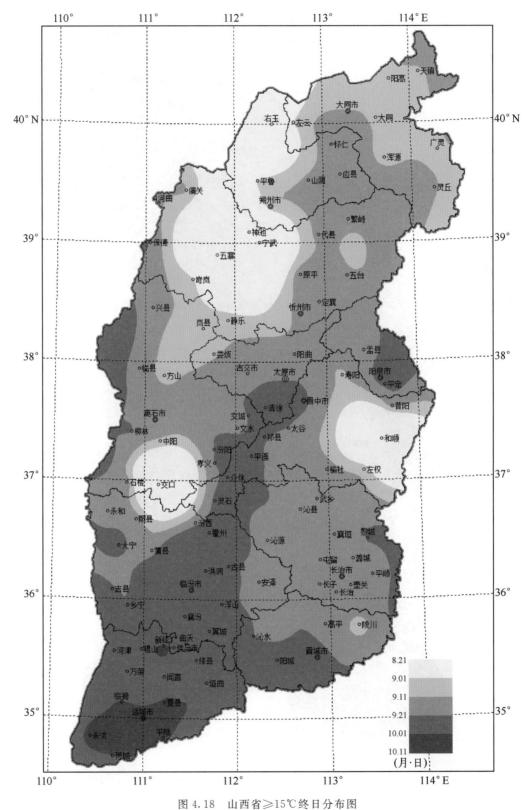

图 4.18　山西省≥15℃终日分布图

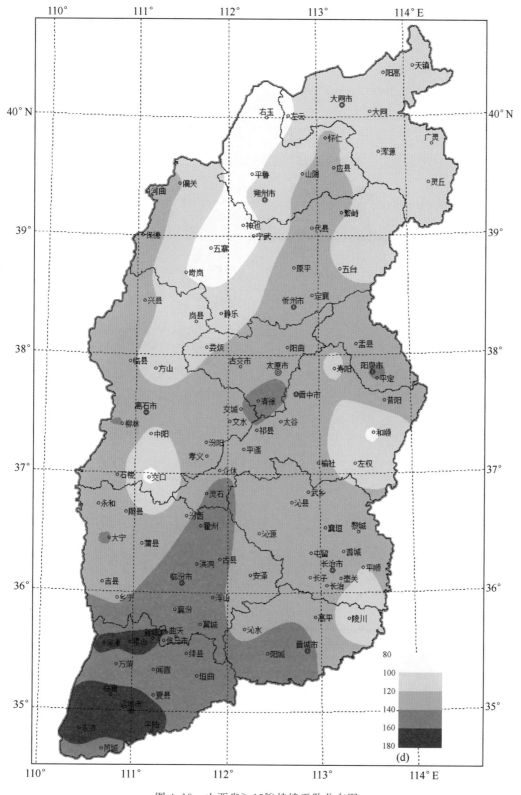

图 4.19　山西省≥15℃持续天数分布图

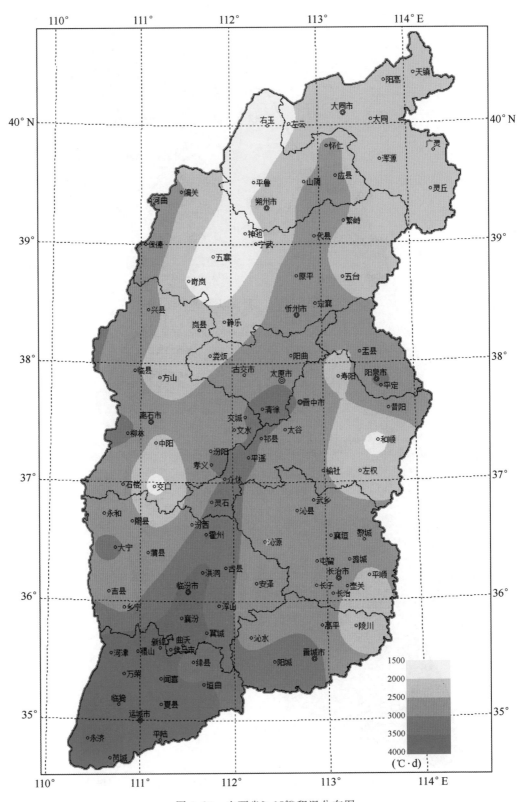

图 4.20　山西省≥15℃积温分布图

≥0℃、≥5℃、≥10℃和≥15℃的初日、终日均有提前、推后以及积温和持续天数均有增加的趋势。虽然目前没有太大的影响,但随着时间的推移这种变化可能会对各种作物以及经济和林果木等产生一定的影响。利用丰富的热量资源,可以合理安排当地农作物及经济和果林等的种植布局和适时的播种时间,提高产量和品质保证。

4.2.3.1　根据热量资源可以合理安排作物适时播种

农作物的适宜播种是增产和保证质量的有效措施之一。山西省秋播作物主要为冬小麦,早播易出现冬前旺长,降低越冬能力;晚播则冬前不能达到分蘗要求,不易形成壮苗,影响安全越冬,所以早、晚播种都不利冬小麦增产。播种时需要根据温度条件的要求和当地的实际调查资料,来确定合理的播种期。

下面我们给出几种主要作物的适宜播种日期,也给出几种未列出的作物适宜播种指标(表4.2)。

表 4.2　山西省主要作物适宜播种期

作物	冬小麦	春小麦	玉米	马铃薯
站名	日平均气温 16~15℃(月/日)	≥0℃初日(月/日)	≥10℃初日(月/日)	≥5℃初日(月/日)
阳高	9/05—9/09	3/19	4/27	4/06
大同	9/06—9/11	3/20	4/27	4/06
大同县	9/04—9/10	3/21	4/27	4/08
天镇	9/04—9/10	3/20	4/28	4/07
浑源	9/04—9/08	3/20	4/29	4/08
左云	8/29—9/03	3/24	5/4	4/14
广灵	9/04—9/10	3/20	4/24	4/05
灵邱	9/07—9/12	3/16	4/22	4/03
右玉	8/21—8/28	3/29	5/08	4/17
朔州	9/04—9/09	3/18	4/26	4/06
平鲁	8/28—9/02	3/24	5/05	4/14
怀仁	9/09—9/15	3/16	4/23	4/04
山阴	9/06—9/13	3/17	4/22	4/04
应县	9/09—9/14	3/16	4/23	4/05
河曲	9/10—9/13	3/12	4/17	3/30
偏关	9/09—9/13	3/16	4/23	4/04
神池	8/20—8/29	3/27	5/07	4/16
宁武	8/28—8/31	3/22	5/03	4/11
代县	9/11—9/14	3/11	4/16	3/29
繁峙	9/09—9/13	3/14	4/19	4/01
保德	9/15—9/21	3/07	4/15	3/25
岢岚	8/29—9/04	3/22	5/03	4/11
五寨	8/22—8/30	3/25	5/04	4/14

作物	冬小麦	春小麦	玉米	马铃薯
站名	日平均气温 16～15℃（月/日）	≥0℃初日（月/日）	≥10℃初日（月/日）	≥5℃初日（月/日）
静乐	9/02—9/08	3/16	4/30	4/06
原平	9/14—9/19	3/07	4/15	3/27
忻州	9/9—9/14	3/09	4/15	3/28
定襄	9/10—9/14	3/07	4/15	3/28
豆村	8/30—9/07	3/18	4/25	4/06
兴县	9/10—9/16	3/09	4/18	3/29
岚县	8/29—9/06	3/17	4/28	4/07
临县	9/10—9/15	3/09	4/19	3/30
柳林	9/19—9/22	3/02	4/10	3/21
石楼	9/12—9/19	3/06	4/19	3/27
方山	9/03—9/08	3/14	4/26	4/04
离石	9/13—9/17	3/06	4/17	3/26
中阳	9/05—9/10	3/14	4/24	4/02
孝义	9/17—9/22	2/27	4/11	3/20
汾阳	9/16—9/21	3/03	4/10	3/22
交城	9/15—9/21	2/28	4/11	3/21
文水	9/15—9/20	3/01	4/12	3/21
交口	8/24—8/31	3/17	5/02	4/09
太原	9/15—9/20	3/02	4/12	3/23
清徐	9/17—9/24	2/28	4/10	3/20
娄烦	9/06—9/10	3/13	4/23	4/02
北郊	9/14—9/19	3/03	4/14	3/25
阳曲	9/14—9/16	3/08	4/16	3/29
南郊	9/18—9/25	2/28	4/10	3/20
古交	9/13—9/17	3/06	4/17	3/28
阳泉	9/21—9/25	2/27	4/09	3/21
盂县	9/09—9/15	3/11	4/17	3/30
平定	9/18—9/23	3/02	4/11	3/23
祁县	9/17—9/22	3/01	4/12	3/22
太谷	9/15—9/21	3/02	4/12	3/22
榆次市	9/16—9/22	3/03	4/13	3/26
平遥	9/17—9/22	3/01	4/11	3/20
寿阳	9/02—9/10	3/15	4/23	4/02
昔阳	9/12—9/17	3/07	4/14	3/27
左权	9/05—9/09	3/11	4/21	4/01
榆社	9/09—9/15	3/08	4/19	3/29
和顺	8/26—8/31	3/17	5/02	4/08
灵石	9/17—9/24	2/27	4/12	3/21
介休	9/17—9/23	2/26	4/11	3/20
武乡	9/11—9/17	3/06	4/17	3/27

续表

作物	冬小麦	春小麦	玉米	马铃薯
站名	日平均气温 16～15℃（月/日）	≥0℃初日（月/日）	≥10℃初日（月/日）	≥5℃初日（月/日）
沁县	9/11—9/16	3/06	4/17	3/27
长子	9/12—9/16	3/04	4/16	3/26
沁源	9/09—9/14	3/07	4/19	3/28
潞城	9/12—9/16	3/06	4/16	3/26
长治县	9/08—9/15	3/06	4/16	3/26
襄垣	9/13—9/17	3/05	4/15	3/26
壶关	9/10—9/15	3/09	4/17	3/28
平顺	9/05—9/12	3/09	4/19	3/28
黎城	9/16—9/23	2/27	4/11	3/23
屯留	9/12—9/18	3/05	4/16	3/26
高平	9/15—9/20	3/01	4/14	3/25
阳城	9/26—9/29	2/21	4/07	3/18
晋城	9/25—9/28	2/22	4/10	3/20
陵川	9/01—9/08	3/15	4/29	4/04
沁水	9/15—9/20	3/01	4/14	3/24
永和	9/14—9/17	3/05	4/15	3/26
隰县	9/11—9/17	3/05	4/19	3/27
大宁	9/20—9/24	2/26	4/11	3/18
吉县	9/15—9/22	2/28	4/15	3/22
襄汾	9/27—9/30	2/13	4/01	3/14
蒲县	9/09—9/15	3/07	4/20	3/29
汾西	9/13—9/18	3/03	4/16	3/24
洪洞	9/28—10/01	2/15	4/03	3/14
临汾	9/29—10/01	2/10	4/01	3/13
霍县	9/26—9/29	2/18	4/04	3/16
古县	9/23—9/27	2/22	4/08	3/16
安泽	9/13—9/17	3/05	4/17	3/26
乡宁	9/15—9/21	3/01	4/15	3/22
曲沃	9/29—10/02	2/15	4/03	3/14
翼城	9/28—10/02	2/16	4/05	3/14
侯马	9/28—10/01	2/12	4/01	3/13
浮山	9/21—9/27	2/25	4/10	3/20
稷山	9/29—10/03	2/10	3/29	3/11
万荣	9/25—9/29	2/18	4/07	3/16
河津	9/30—10/05	2/07	3/28	3/10
临猗	9/30—10/05	2/07	3/30	3/11
运城	10/02—10/07	2/05	3/27	3/09
新绛	9/28—10/03	2/09	3/30	3/13
绛县	9/22—9/27	2/25	4/12	3/20
闻喜	9/26—10/02	2/13	4/06	3/13

续表

作物	冬小麦	春小麦	玉米	马铃薯
站名	日平均气温 16～15℃（月/日）	≥0℃初日（月/日）	≥10℃初日（月/日）	≥5℃初日（月/日）
垣曲	9/29—10/03	2/14	4/04	3/14
永济	10/01—10/07	2/03	3/27	3/06
芮城	9/27—10/01	2/13	4/04	3/12
夏县	9/28—10/02	2/14	3/31	3/12
平陆	9/30—10/04	2/08	3/29	3/11

小麦：是山西省主要粮食作物之一，其种植面积和产量占到全省粮食作物种植面积和产量的四分之一。冬小麦播种和出苗要求日平均气温 16～15℃或越冬前≥0℃积温达到480～550℃·d，所以以此来确定冬小麦适宜播种期。运城和临汾盆地适宜播种期一般在 9 月底到 10 月上旬；东西山区和晋城等地在 9 月下旬；长治盆地和中部地区多在 9 月中旬末到下旬。

春小麦耐寒能力较强，农谚有"地解冻即可种"，春小麦种植区域主要在山西省北部地区。当日平均温度稳定通过 0℃时，地表 0～5 cm 土层化冻，因此以≥0℃初日作为春小麦适宜播种期。广灵、浑源河大同市一线以北地区播种期在 3 月 20 日开始，左云、右玉、五寨和神池等高寒地区 3 月 24 日可开始播种，岚县、静乐、五台和繁峙等地 3 月 14 日左右即可播种。

玉米：玉米是我国主要的粮食作物，是山西省的主要粮食作物之一，也是良好的牲畜饲料和工业原料。除晋西北的高寒地区、北部的恒山五台山、吕梁山以及中部东山一带因热量不足不能种植外，全省绝大部分农耕田均可种植。其中，运城和临汾盆地可复种夏玉米。春播玉米需要日平均气温达到 10℃，苗期地面最低气温降到 0℃时气温回升后仍能安全生长。遭遇−2℃左右的低温后，还能恢复生长。各种试验资料表明：适期早播是玉米增产的一个重要途径，因早春土壤墒情好可避免出现的春旱，有利苗齐苗壮，充分利用有利温度条件，延长了营养生长期，充分利用 5～6 月份丰富的光能资源等，但适时早播也要注意土壤湿度等问题，所以在湿地、早春多雨年份以及晚霜冻严重的地区，则要控制在适期范围内下种。以日平均气温稳定通过≥10℃初日前 10 d 作为春玉米适宜播种期。大同盆地在 4 月下旬左右，高寒山区一般在 4 月下旬末，忻定盆地在 4 月中旬左右，太原及晋中盆地以及晋城长治等地在 4 月上、中旬，运城和临汾等地在 3 月下旬末到 4 月上旬。

马铃薯：马铃薯生长发育需要较凉的气候条件，对温度的要求不是很严格，但是过高、过低的温度都不利于马铃薯的生长。播种早的马铃薯出苗后常遇晚霜，气温降至−0.8℃时，幼苗受冷害，降至−2℃时幼苗受冻害，部分茎叶枯死。但气温回升后，从节部仍能发出新的茎叶。山西省东、西部区域适宜和较适宜种植马铃薯，该区温度适宜，水资源丰富，适合马铃薯的生长和产量的形成。一般认为温度在 5～7℃左右为适宜播种期。所以采用日平均气温稳定≥5℃初日作为马铃薯的适宜播种期指标。播种需要注意，因为高温对薯块形成不利，可利用调整播种期和品种，使得形成薯块阶段避开 7 月高温天气，有关资料表明，7 月平均气温大于 20℃地区，产量不高。

谷子：谷子是我国北方人民重要的粮食作物，在我国已经具有四五千年的栽培历史，同时谷子的营养价值高,养分易于消化,是产妇、老人和幼儿的滋补食品。谷子种子发芽最低温度 7~8℃,苗期不能忍耐 1~2℃ 低温。谷子是比较耐旱的作物,苗期耐旱性极强,能忍受暂时的严重干旱,是一种适应性很强的喜温作物。除大同盆地、恒山五台山、芦芽山、云中山、吕梁山北段、太岳山以及运城盆地南部的永济等地外,山西大部地区都可种植。一般以 10 cm 低温稳定通过 12℃ 初日作物谷子适宜播种指标。适宜播种期一般宜晚不宜早,即"春谷宜晚,夏谷宜早"。但也有试验资料指出,在温度适宜的范围内,提前播种,是增产的一条有效途径。

棉花:全生育期内都要求较高的温度,是一种喜热喜光的作物。山西南部地区气温高,适合种植中早熟品种,晋中地区可种植特早熟品种。因棉花幼苗期地面最低温度下降到 0℃ 左右就受冻,结合试验认为,土壤 5 cm 处低温稳定通过 12℃ 进行播种,做到"霜前下种、霜后出苗"。在此基础上,适时早播,充分利用有效光热条件,提高棉花产量和质量。

葫麻:为喜凉作物,幼苗耐低温能力较强,一般认为日平均气温稳定通过 3~5℃ 为葫麻的适宜播种期,即可以在≥5℃ 初日之前播种。

4.2.3.2　合理安排种植制度

根据热量资源我们可以确定合理的种植制度。种植制度的确定主要根据各地≥0℃、≥10℃ 的 80% 积温保证率以及秋霜冻日期的 80% 保证率。并以现行的作物种类、品种及其全生育期所需要多少农业积温来进行合理地安排。如果某地热量非常丰富,完全可以实行两年三熟制,但是为了稳产要求,如只安排一年一熟制,这样在产量上容易达到稳产要求,但积温没有充分利用,反而不能达到高产要求;如安排一年两熟,若遇到高温年份,热量条件利用率高,产量也会高,但若遭遇温度正常或者偏低年份,则产量会非常不稳定且会大幅度减产,从而达不到稳产的要求。因此,必须根据热量条件和现行的作物品种对热量的要求,以确定适宜的种植制度来达到稳产高产。利用 80% 的积温保证率来确定种植制度,保证 80% 以上的年份,积温能满足作物对热量的要求,其余 20% 的年份,积温与种植制度要求的热量也比较接近,加上科学管理,有效措施,以争取做到产量持平或略减。

4.2.3.3　合理安排作物布局

根据热量资源可以确定合理的作物布局。一地的热量条件往往能满足多种作物的生育要求,但我们不仅选择能最大可能利用热量资源的作物品种来作为主要品种,同时要兼顾到产量、质量以及经济价值等。通常,同一类作物,生育长需要的积温就多,产量高且质量好,因此热量条件能满足晚熟品种的地方,一般不种植早熟品种。如若一地的自然条件适宜生长某种经济价值较高的作物,对热量条件利用又比较充分,则应加以生产,如大同地区,盆地种植和高寒区种植作物品种就不同,高寒区种植胡麻、莜麦、马铃薯等而盆地则可种植玉米甜菜等;中南部地区的盆地种植小麦、玉米而山区就可以种植谷子、豆类和玉米等。

4.3　水资源

在光热资源满足的情况下,水分是决定农业发展和产量水平的主要因素,尤其是气候较为干旱的山西省,降水已成为农牧业发展的限制因素。即使一个地区的光热资源很充足,如若没有足够的水分保证来维持其作物生理活动对蒸腾的消耗,是不能发挥其增产潜力的。

水资源广义上指水圈内水量的总体。包括经人类控制并直接可供灌溉、发电、给水、航运、养殖等用途的地表水和地下水,以及江河、湖泊、井、泉、潮汐、港湾和养殖水域等。水资源是发展国民经济不可缺少的重要自然资源。随着科学技术的发展,被人类所利用的水增多,例如海水淡化,人工催化降水,南极大陆冰的利用等。由于气候条件变化,各种水资源的时空分布不均,天然水资源量不等于可利用水量,往往采用修筑水库和地下水库来调蓄水源,或采用回收和处理的办法利用工业和生活污水,扩大水资源的利用。与其他自然资源不同,水资源是可再生的资源,可以重复多次使用;并出现年内和年际量的变化,具有一定的周期和规律;储存形式和运动过程受自然地理因素和人类活动所影响。

年降水资源则指某一区域内平均年降水量与面积的乘积,其单位为立方米。

4.3.1 降水资源分布

山西省年降水资源累年均值(1981—2010 年)为 733.3 亿 m^3,其中 1964 年最多,为 1109.7 亿 m^3,1965 年最少为 471.6 亿 m^3(图 4.21)。

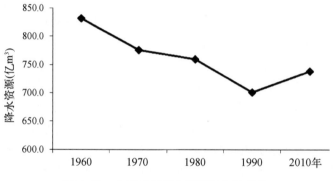

图 4.21 山西省年降水资源年代际变化

山西省一年中降水资源以 7 月最多,为 176.6 亿 m^3;1 月最少,5.6 亿 m^3;其次是 12 月,为 6.0 亿 m^3(如图 4.22 所示)。

四季降水资源中:夏季水资源最多 433.6 亿 m^3,占到全年的 57.6%;其次是秋季,水资源为 176.6 亿 m^3,占全年降水量的 23.4%;冬季降水量仅 21.1 亿 m^3,占全年降水量的 2.8%左右(如图 4.23 所示)。

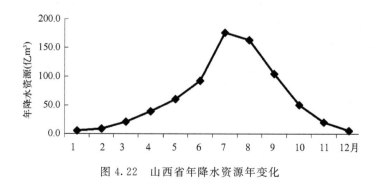

图 4.22 山西省年降水资源年变化

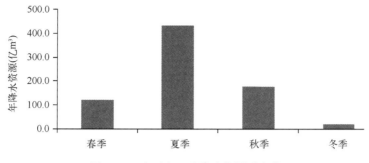

图 4.23　山西省四季降水资源季变化

各地区资源以南部临汾市、东南部部的长治市、中部地区的晋中和吕梁市、北部的大同市等地市水资源减少最为明显;中部地区的太原和阳泉两个地市减缓较慢。其中,冬季水资源呈缓慢增加趋势,其余三个季节均为减少趋势。

山西省各地年降水资源分布总体上东西部大于中部地区。其中:晋城大部、长治西北部、临汾东西山、晋中东部山区、阳泉北部、吕梁北部和五台山区等地水资源大于 11 亿 m³ 以上,少数县市达 15 亿 m³ 以上;运城盆地、临汾盆地、长治盆地、太原盆地和大同盆地水资源较少,在 7 亿 m³ 以下,运城北部的河津—侯马一带、长治市周边、太原市郊清徐县等 7 个县市不足 3 亿 m³;其余地区在 7 亿~11 亿 m³ 之间。

山西省春季年降水资源,晋城大部长治西北部、临汾东西山、晋中东部山区、阳泉北部、吕梁北部和五台山区等地水资源 1.7 亿 m³ 以上,少数县市达 2.3 亿 m³ 以上;运城盆地、临汾盆地、长治盆地、太原盆地和大同盆地水资源较少,在 1.4 亿 m³ 以下,南部侯马、曲沃和霍州、长治市周边、太原市郊清徐县等 6 个县市不足 0.5 亿 m³;其余地区在 1.4 亿~1.7 亿 m³ 之间。

夏季年降水资源晋城西部、长治西北和东南部、临汾东西山、晋中东部山区、阳泉西北和东南部、吕梁北部和五台山区、忻定盆地等地水资源大于 4.5 亿 m³ 以上,少数县市达 8.5 亿 m³ 以上;南部河津—侯马—曲沃一带和霍州、长治市周边、太原市郊清徐县、晋中介休和祁县、阳泉市区和忻州市的定襄等 12 个县市不足 2.5 亿 m³;其余地区在 2.5 亿~4.5 亿 m³ 之间。

秋季年降水资源晋城大部、长治西北部、临汾东西山、晋中东部山区、阳泉西北部、吕梁北部和五台山区、忻定盆地等地水资源在 2.5 亿 m³ 以上,少数县市达 3.5 亿 m³ 以上;南部河津—侯马—曲沃一带和霍州、长治市周边、太原市郊清徐县、晋中介休和祁县、阳泉市区和忻州市的定襄等 12 个县市不足 1.0 亿 m³;其余地区在 1.0 亿~2.5 亿 m³ 之间。

冬季年降水资源晋城大部、长治西北部、临汾东西山、阳泉西北部、吕梁北部和五台山区等地水资源在 0.32 亿 m³ 以上,个别县市达 0.48 亿 m³ 以上;运城南部、长治盆地、太原盆地、大同盆地等地不足 0.16 亿 m³;其余地区在 0.32 亿~0.16 亿 m³ 之间。

4.3.2　年降水资源评估

从山西省 1956—2000 年的第二次水资源评价成果与第一次水资源评价成果(1956—1979 年系列)比较来看,降水量减少了 25.2 mm、减幅为 4.7%,水资源总量减少了 18.2 亿 m³、减幅为 12.8%。其中河川径流量减幅为 23.9%,地下水资源减幅为 9.7%。山西人

均水资源占有量仅 456 m³，只占到全国平均水平的 1/5，远低于人均 1000 m³ 的严重缺水界限，每公顷耕地平均占有水量 3255 m³，仅为全国平均水平的 1/9。根据中国科学院 2000 年可持续发展研究报告，山西在全国 31 个省（市、自治区）水资源指数（依据人均、单位面积平均水资源量）排序中列第 29 位，是严重的缺水省份。随着国民经济和社会发展，人口增加和城镇化进程加快，特别是工业用水、城市用水和生态建设用水将会有大幅度增加，山西水资源短缺的矛盾将进一步加剧[6]。

山西省年降水资源计算步骤及评估标准[7]如下：

山西省全省年平均降水量：

$$R = \frac{1}{n}\sum_{i=1}^{n} R_i$$

式中，n 为区域内的气象观测站站数；R_i 为区域内地 i 站（$i=1,2,\cdots,n$）的年降水量（mm）；R 为区域的平均年降水量（mm）。

年降水资源总量：

$$P = S \times R/1000$$

式中，P 为年降水资源量（m³）；S 为区域面积（m²）；R 为区域内的平均年降水量（mm）

年降水资源系数：

$$X_p = (P - \overline{P}) \left/ \sqrt{\frac{1}{30}\sum_{i=1}^{30}(P_i - \overline{P})^2} \right.$$

式中：P 为评估年年降水资源总量；$\overline{P}$ 为 1981—2010 年某一区域年降水资源量的平均值；P_i 为 1981—2010 年某一区域第 i 年降水资源量；X_p 为评估年年降水资源系数。

根据年降水资源系数，按照下表来确定年降水资源的评估等级。

表 4.3　山西省年降水资源评估等级表

等级	丰歉程度	判别式
一级	异常歉缺	$-1.5 > X_p$
二级	比较歉缺	$-0.7 \geqslant X_p \geqslant -1.5$
三级	正常	$0.7 > X_p > -0.7$
四级	比较丰富	$1.5 \geqslant X_p \geqslant 0.7$
五级	异常丰富	$X_p > 1.5$

4.3.3　水分条件与农业生产

水是植物生长发育的基本条件之一，在温度条件适宜的情况下，要使作物正常生长发育，高产稳产，则必须根据植物需水与供水关系采取合理的措施，充分发挥水利作用，避免水分不足或多余对植物生长的不利影响。

降水量以及季节分配、年际间的变化，都对作物种类和品种布局、种植制度和产量具有明显的影响。通常，相同热量条件的地区由于降水条件的差异而作物的种类品种种植方式以及栽培的方式都有明显的不同。山西省各地降水量的多少除了冬夏季风来、去迟早以及强、弱的变化外，还要受到地形、地势和降水天气系统的影响[2]。

　　山西气候对农业最为有利的是雨热同季。绝大部分绝大地区年降水量的 90% 都出现在生长季内。缺水干旱是山西省农业生产的主要灾害之一,不仅直接影响农业产量,而且造成部分地区人畜吃水困难。随着国民经济的发展,工业和城市用水增长很快,水的供需矛盾将愈来愈突出,亟需对全省天然水资源有一个正确的评价,以利合理开发利用。

4.3.3.1　作物耗水规律

　　掌握作物的耗水规律,对无灌溉条件的地区可以根据当地的降水量季节分配特征,选择适宜的种植制度和作物的种类进行合理的搭配,使得作物的需水期与多雨时段相吻合,达到充分利用其自然降水来提高作物的产量和质量;对水源不足的地区,除选择适宜的作物种植,可以根据作物的耗水特征,使有限的水资源用于作物的需水关键期;有充分水源的地区,则按照植物所需水指标进行合理的灌溉,以保证作物获得高产稳产的关键措施。

　　在作物的耗水过程中,主要是植株蒸腾和株间蒸发,即我们所说的腾发,其所消耗的水量为腾发量,也即植物的需水量。

　　一般来讲,株间蒸发对作物增产作用不大,因此应采取措施使其减少,避免无偿消耗水分,采取中耕、松土、合理密植及其他抑制蒸发措施,减少株间蒸发,以提高土壤水分的有效性。

　　作物的需水量多少以及变化规律,均受到蒸发力的强弱、作物的机体组织、土壤性质以及生育阶段和农业技术措施等因素的相互影响和制约,蒸发力强的地区比蒸发力弱的地区其需水量要多,干旱年份较湿润年份多,全生育期长的比全生育期短的需水量多,砂壤土比黏土等需水量多,采取保墒耕作措施需水量少,反之则较多;生长快、叶面积大、根系发达的植物需水量多,反之则少;马铃薯等薯类作物较粮油植物的需水量要少,一般的作物在生育旺盛期较其初期或后期需水量多;麦类作物对水分反映较为迟钝,而棉花、玉米等对水分的反映较为敏感。

　　农业资料研究指出,作物全生育期都需要有适量的水分供应才能保证高产和稳产。但不同作物或不同的生育时段需水多少则是不同的。作物需水量最多的时期,称为需水临界期或者敏感期,此期作物的耐旱力是最弱的,水分不足就可以造成作物产量大幅度下降,但如若此期雨量多,水分匹配好,则产量收获会最高。一般来讲,多数作物的需水临界期基本在生殖生长期或花期。比如小麦在孕穗到抽穗扬花阶段和幼苗分蘖期;玉米则是在抽雄前后十天左右,棉花在开花盛期和幼龄形成期,谷子则在拔节盛期、抽穗期和灌浆期。

4.3.3.2　年降水量与农业

　　山西省地处中纬度大陆性季风气候区域,属暖温带、温带(部分高山区具有寒温带气候条件)气候带。一年中仅夏季几个月受海洋性暖湿气流影响,一年一个雨季,且雨季时间较短,大部分时间在干燥大陆性气团控制之下。干燥期长而雨雪稀少。

　　降水量在第 2 章中已进行了分析,本章只从农业气候角度进行分析。从全省年降水量(参见图 2.19)看,比西部黄土高原优越,在整个西北来说,降水条件是比较好的,但因省内地形复杂、高低不平、沟壑众多、全省植被覆盖较差、水土肥流失严重,导致自然降水利用率较低。各地降雨量与植物生长期间需水量比较,即使雨量正常年份,也不能满足植物生长的需要,加之雨量逐年变化大(多雨年与少雨年相差 2~3 倍),平均年变率可达 15%~26%,降雨

量的季节分配与植物生育期间所需水分相适应较差,因此发生干旱的机会很多。山西省各季节降水量分配不均,全年降水量主要集中在 7、8、9 三个月,尤其是 7、8 月份降水量较多。夏季(6—8 月)降水量平均约占全年总雨量的 57%,愈往北部比重愈大,冬季(12 月—次年 2 月)雨雪量较少,不足全年的 3%,春季占年总量的 17%,秋季 23%,秋雨多于春雨。季降水量地区分布差异也较大,在同一季节各地干旱程度很不一致。

从各季节降水量的区域分布看:全省春季(3—5 月)降水量(参见图 2.21)介于 57～117 mm,南部的运城大部、临汾南部、晋城市和长治大部、阳泉市、及北部一些高山区降水量在 80 mm 以上,其中运城市东部、晋城市大部地区达 100 mm 以上,尽管这些地区降水量不够该时期作物生长需要,但相对来说,对春播和冬小麦返青后生长还是比较有利的。中部地区春季雨量 60～80 mm,北部地区 50～60 mm,中、北部地区春播时期常感缺水,不利于中部地区冬小麦返青后生长和北部地区春小麦生长。

夏季(6—8 月)降水量(参见图 2.22),东部太行丘陵山区及吕梁山区都在 290 mm 以上,局部地区可达 350 mm 以上,与玉米、谷子等大秋作物需水高峰期配合较好,对玉米、谷子等水肥作物生长比较有利,大多数年份基本能满足该区作物生长对水分的需要。运城盆地西部、晋中盆地和大同盆地是全省夏季降水量最少的地方,只有 230～250 mm,其中由于运城盆地气温高,降水少,常常造成夏旱(伏旱),对玉米、谷子等大秋作物生长非常不利。其余各盆地及其丘陵山区降水量虽少于太行山区等,但总体上对大秋作物的生长还是比较有利的。

秋季(9—11 月)降水量(参见图 2.23)介于 72～153 mm 之间,中、南部地区秋雨较多,在 100 mm 以上,南部部分地区在 120 mm 以上。其中,中南部地区秋季降水条件还是比较好的,尤其是南部的运城、临汾和晋城等地,多数年份有利于冬小麦播种,对冬小麦苗期生长及第二年的返青生长和产量形成等都有很好的作用。

冬季(12 月—次年 1 月)降水量(参见图 2.20)极少,由南部到北部、由东南到西北递减;晋城市和长治的多雨区降水量在 15～27 mm,太原、忻定、大同盆地不足 10 mm,其他地区 10～15 mm 之间。因冬季大多数农田休闲,各种越冬植物都处于休眠状态,温度低、需水量也很少,所以冬雨(雪)少,对农业一般影响不大,但若遭遇冬季无雨雪天气,春季又连续干旱不雨,则对农业影响较大。

4.3.3.3 旬降水量与农业

旬降水量的多少及其变化特征,更能反映干旱演变规律,对具体安排农事活动具有直接意义。

南部地区:5 月中、下旬为春季的旬降水量较多的两个旬,旬平均降水量在 15～18 mm;其次是 5 月上旬、4 月下旬,旬降水量平均在 10～14 mm;3 月上旬降水量较少,不足 5 mm;其余各旬在 6～10 mm。该区春季降水量从 3 月上旬开始到 5 月下旬,降水量基本在逐旬增加。春季晋南地区的冬小麦处于返青到灌浆成长期,是冬小麦产量形成的重要时期。进入 6 月,上、中旬降水量仍然较少,不足 20 mm,一般在 16～19 mm,对复种玉米有一定的影响。从 6 月下旬开始,旬降水量开始增加,从 6 月下旬到 8 月中旬,降水为高峰期,旬降水量在 24～36 mm,但其中的 6 月下旬和 8 月上旬降水量相对为降水较少的两个旬,不足 30 mm,易造成伏旱,其余各旬降水量在 32～36 mm 之间,如果大秋作物的需水临界期与降水高峰期相吻合,多数年份都能获得较好的收成,之后降水量开始减少。9 月中、下旬降水量在 24～27 mm,10 月上、中旬降水量在 15～20 mm,对冬小麦的播种大多数年份还是比较有利的,从 10 月下旬开始,降水量减少较为明显,旬降水量不足 10 mm,开始出现"秋高气爽"的天气。深秋及整个冬季各旬降水一般不足 5 mm。

东南部地区:晋城和长治两个市区为山西省降水量较多的区域。两个市区的春季降水量较多的时段在 5 月中旬,其次在上、下旬,降水量在 15～20 mm;其余各旬基本在 5～10 mm,该时段的降水对冬小麦比较有利。6 月上旬到 8 月下旬降水量为该区域的最多时段,尤其是 7 月上旬到 8 月下旬,旬降水量平均在 40～46 mm;如若此时段与大秋作物和秋小杂粮的需水临界期相匹配,则多数年份都能获得好收成。9 月各旬降水量在 20～30 mm,从 10 月中旬后降水量开始减少,天气较为晴朗,至第二年 2 月下旬,降水量基本在 5 mm以下。

中部地区:和南部地区一样,中部地区的 5 月中、下旬为春季的旬降水量较多的两个旬,旬平均降水量在 13～15 mm;其次是 5 月上旬、4 月中旬,旬降水量平均在 10 mm 左右;3 月上旬降水量仍较少,不足 3 mm;其余各旬在 5～7 mm。春季也是中部地区的冬小麦处于返青到灌浆成长期,降水量较少对其产量形成也有一定的影响。6 月上、中旬降水量不足 20 mm,一般在 18 mm 左右,对大秋作物春玉米、谷子等有一定的影响。从 6 月下旬开始,旬降水量开始增加,6 月下旬到 8 月下旬,为该区降水为高峰期,旬降水量在 24～38 mm,但 6 月下旬降水量相对较少不足 25 mm,其余各旬降水量在 31～36 mm 之间,如若大秋作物的需水临界期与降水高峰期相吻合,多数年份都能获得较好的收成;之后降水量开始减少。9 月上、中旬降水量仍在 20 mm 以上,下旬开始降水量不足 20 mm,对于该区冬小麦播种多数年份基本能满足。10 月上、中旬降水在 10 mm 以上,之后明显减少,旬降水量不足 5 mm。该区开始出现"秋高气爽"的天气。深秋及整个冬季各旬降水一般不足 3 mm。

北部地区:整个春季基本处于干旱中,仅 5 月中、下旬降水量在 10 mm 以上,尤其初春基本无有效降水。进入 6 月份各旬降水量逐渐增加,7 月份进入雨季,该区全年的降水量高峰期在 7 月下旬到 8 月中旬,旬平均降水量一般在 30～40 mm 之间,9 月上旬雨量已明显减少。9 月各旬雨量一般在 15～25 mm 之间,到 10 月上旬则减少到 10 mm 以内。其后多晴朗天气,从 11 月中旬到次年 3 月下旬,各旬雨量都在 3 mm 以下。

4.3.3.4　土壤墒情与农业

土壤墒情,主要随降水量多少而变化。山西省变化特点如下。

(1)山西省境内的东部山区降水最多,土壤湿度最大,西部山区降水量少于东部山区,土壤墒情次之,中部各盆地降水最少,土壤湿度也最小。

(2)初春土壤解冻初期,大多数地区土壤墒情比较好,随着气温回升,春季多风,空气干燥,蒸发力加强,从 3 月上旬到 6 月中旬,各地降水量虽以缓慢速度增加,但远不能满足土壤的蒸发需要,土壤湿度基本处于失墒时段。从 6 月下旬开始到 8 月份,大部分地区(晋南盆地及周围丘陵区除外)降水量丰沛,土壤墒情迅速增加,此期间全省大部气温高、雨水多、墒情好,与大秋作物的旺盛生长是一个有利的配合。之后降水减少,随着入秋气温降低,土壤蒸发力减弱,土壤墒情基本维持在一个较高水平上,多数年份利于大秋作物收获和冬小麦播种以及冬前生长需要。入冬以后,土壤封冻,降水稀少,土壤墒情处在一个缓慢的失墒过程,如不遭遇特殊的旱情,冬季的墒情基本对越冬作物不会造成太大的影响。

（3）晋南盆地和南部的丘陵山区，如运城、隰县、芮城等地，除春季易干旱外，6月下旬和8月上旬也有一个明显干旱时段，该时段土壤干旱程度也不亚于初夏干旱。

4.3.4　水分平衡

4.3.4.1　水分平衡公式

一地的旱涝形成与其降水量有着直接的关系，在同样的气候条件下，其下垫面状况对旱涝程度也有很大影响。

根据水分平衡原理，计算水分盈亏，是评价水分条件和旱涝特征的一种有效方法，无论在理论上和应用上都具有重要的现实意义。按照水分平衡观点，整个地球上（水圈，岩石图和大气层）的水量是一个常数。因此可以推断，一个闭合区域支出的水量必须与收入的水量相平衡，如果在某区域或某时段水份失调，就会出现不同程度的旱涝灾害。

水分平衡的一般表达式为：$R+Q=E_t+E'_t+r+D+\Delta W$

式中，R 为降水量，Q 为来自周围地区的径流量，E_t 为植物蒸腾量，E'_t 为地面植株间蒸发量，r 为地表水径流量，D 为地下渗漏水，ΔW 为土壤蓄水量变化项。

当周围没有水流入该地区时，$Q=0$，在土层深厚的条件下，地下渗漏极少，可忽略不计，$D=0$，并将 $E_t+E'_t=E$ 视为蒸散量，则水分平衡公式简化为：

$$\Delta W=(R-r)-E$$

用此式鉴定某一时段土壤水份的盈亏，可作为确定旱涝等级的一种方法。

对于时间序列较长的资料，ΔW 项是很小的，可略而不计，因此上式可简化为：

$$R-r=E$$

用此式鉴定大范围内长期的水分平衡效果较好。

为了确定水分平衡，必须将水分供应项，即有效降水量（$R-r$）与需水量项进行比较，需水量并非实际蒸散量（E_0），而是潜在蒸散量或可能蒸散量（E）。

可能蒸散量指土壤经常保持湿润状态或接近湿润状态的条件下，湿润地面蒸发和植被蒸腾的总水量即为潜在蒸散量。应用水分平衡方程，计算水分盈亏，应结合各地的自然条件和生产实际。

山西省境内自由水体面积很小，气温稳定大于0℃期间的暖季为植物生长期，降水量也主要集中在暖热季节，冬冷季节降水稀少，土地休闲，越冬植物休眠，植物需水量极少，因此，在日平均气温大于0℃的生长期的水分平衡能较客观地反映山西省旱涝情况。

按照如下规定计算山西省各地水分余亏量。可能蒸散量（E）：在气温大于0℃期间，土壤湿润的条件下，植物蒸腾和土壤蒸发总量可近似代表农田需水量。精确确定 E 值是比较困难的，一般采用间接计算方法取值。从发生学的观点看，决定蒸散量的主要因素是水分和热量供应条件，在保证供给土壤水分的前提下，则蒸散量代表在一定气象条件下可能满足蒸散所需的热能潜力。因此，潜在蒸散量应是热能潜力的函数。所以利用积温法间接推算蒸散量在理论上是成立的，在实用中资料易取，方法简便。

利用山西省的作物耗水试验资料和大型蒸发器测得的蒸发量资料推导得到可能蒸散量[2,5]（E）的经验公式：

$$E=0.17\sum T_{\geqslant 0℃}$$

式中，$\sum T_{\geqslant 0℃}$ 为日平均气温≥0℃期间的积温。

取≥0℃期间的累积降水量 R(mm);径流量取同期的径流深 r(mm)。根据山西省降水特点,由于冬季降水较少,可忽略径流。所以≥0℃期间的径流量可用全年值来代替。根据山西省环境保护地图集[8],利用各水文站多年径流深资料,按照水系流域分析全省径流深分布图,对各地的径流深利用内插值法进行取值($\sum r$)。

利用"间接水分平衡法",推出计算农田水分余亏的气候学经验公式(m³/hm²):

$$I = 1.7 \sum T_{\geq 0℃} - 10(\sum R - \sum r)$$

式中,$\sum T_{\geq 0℃}$:≥0℃期间的积温;$1.7 \sum T_{\geq 0℃}$:相当于在农田充分湿润情况下的自然蒸散量或蒸发力;$\sum R$ 为同期(≥0℃期间)的累积降水量;$\sum r$:为同期总径流深;I:水分余亏量($I > 0$ 水分亏缺,$I < $ 水分盈余,$I = 0$ 水分不缺不盈余)。

利用以上的农田水分余亏经验公式,计算了全省各地≥0℃期间的水分余亏量(图4.24)。从平均水分余亏状况看,全省境内绝大多数的农耕区在生长季内水分亏缺,各农耕区内水分亏缺差异较大。

运城全市,临汾南部以及临汾盆地大部,晋中盆地北部和太原盆地的南部地区为重旱区 E(严重缺水);亏缺量>3300 m³/hm² 以上。

临汾东山和西山地区,晋城市西部的沁水、阳城等县,晋中盆地大部,吕梁中部及晋北地区的河曲、保德、偏关等地,太原市大部,忻定盆地,大同盆地等地区为干旱区 D(缺水较多);亏缺量在 2400~3300 m³/hm² 之间。

晋西北的五寨、右玉和五台山高山区,晋中东部和顺和吕梁南部及上党盆地东南部等地区为微旱区 B(缺水较少);亏缺量在 600~1500 m³/hm² 之间。

吕梁南部交口等地区为不旱区 A(一般不缺水);亏缺量<600 m³/hm²。

其余地区为轻旱区 C(中等缺水);亏缺量在 1500~2400 m³/hm² 之间。

4.3.4.2 农田水分平衡

农田土壤水分的变化从 $\Delta W = (R - r) - E$ 中可以看出,土壤含水量的变化主要取决于有效降水量 $R - r$ 和 E。

山西省春季和初夏雨水比较稀少,农业气候特征上表现为"十年九春旱";盛夏至初秋雨水集中,缺水机会比较少,少数年份雨水过量,个别年份暴雨成灾。如果把这两个时期合起来评价一地水分余亏,显然不能反映各时期干旱缺水的实际情况。同时,前期(4—6月)为小麦返青—成熟期和大秋作物苗期—营养生长期,后期(7—9月)为大秋作物生殖生长期—成熟期,又是对小麦播种的水分条件有决定性影响的时期。因此,按 4—6月和 7—9月分别计算两个时期水分盈亏,不仅能揭示出农事季节不同阶段水分亏缺的确切情况,且能显示不同季节干旱缺水的地区特征和差异,从而为水利工程布局、灌溉制度,有限水源的合理使用、采取合理防旱抗旱措施等提供比较客观的依据。有效降水和可能蒸散量的大小可以揭示出干旱或涝湿程度,根据 $I = 1.7 \sum T_{\geq 0℃} - 10(\sum R - \sum r)$,分别计算山西省各地 4—6月、7—9月的水分平均盈亏程度。其中,取值办法为:$\sum T_{\geq 0℃}$ 和降水量均取自格点同期资料,径流量的取值根据本省季节特点,按照不同的区域分别取不同的数值。长治、临汾、运城和晋中等地 4—6月取全年总量的 15%,7—9月取 65%;其余地区,4—6月取 10%,7—9月取 70%。计算结果见图 4.25。

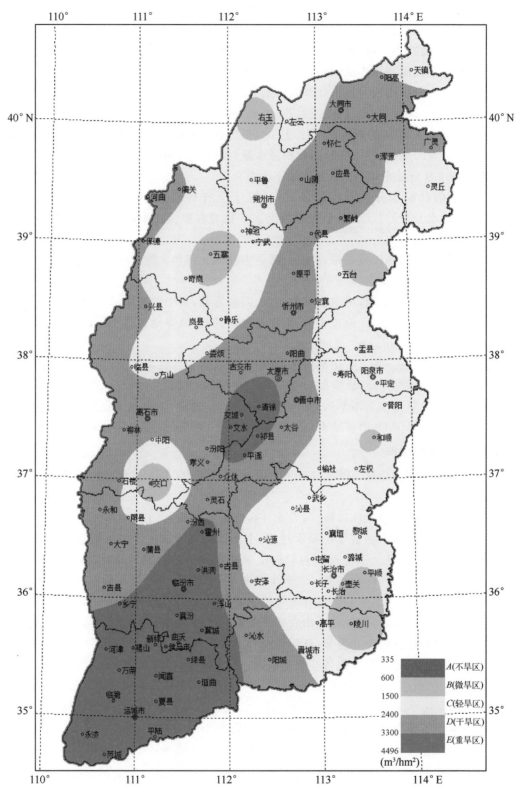

图 4.24　山西省各地水分余亏分布区

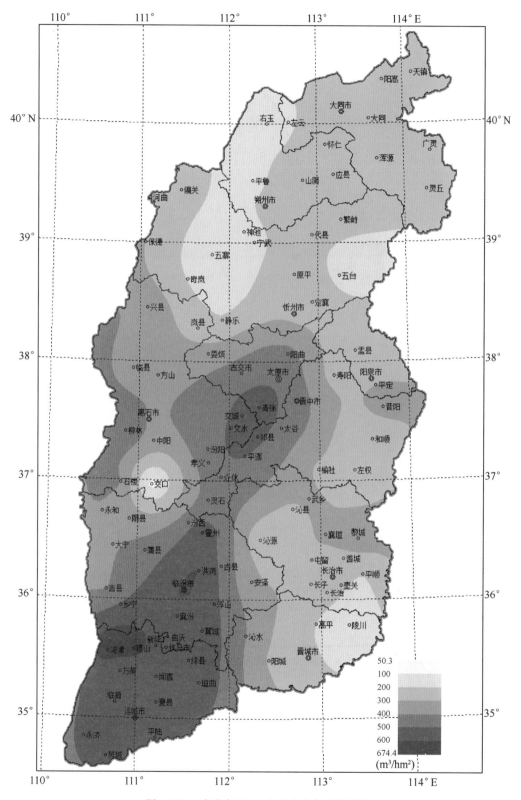

图 4.25a　全省各地 4—6 月水分余亏分区图

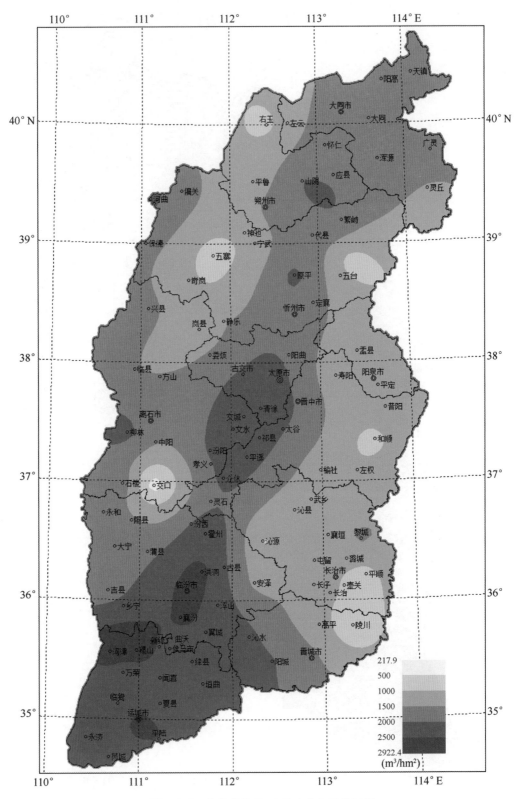

图 4.25b　全省各地 7—9 月水分余亏分区图

由图可知,4—6 月运城盆地,临汾盆地及周边丘陵等地缺水较多,>500 m^3/hm^2(局部 >600 m^3/hm^2)以上。晋中盆地,太原盆地缺水在 400~500 m^3/hm^2 之间。晋西黄河沿岸中南段,上党盆地北端等地缺水在 300~400 m^3/hm^2 之间。上党盆地中部,山西东部丘陵山区,晋西北河曲、偏关、保德等地缺水在 200~300 m^3/hm^2 之间。岢岚、五寨、神池至平鲁、右玉一带,五台山山区、上党盆地南端等地缺水较少在 100~200 m^3/hm^2 之间。吕梁南部交口等地缺水<100 m^3/hm^2。

7—9 月运城全市,临汾南部以及临汾盆地大部,晋中盆地北部和太原盆地的南部地区缺水量>2000 m^3/hm^2(局部地区>2500 m^3/hm^2)以上。临汾东山和西山地区,晋城市西部的沁水、阳城等县,晋中盆地大部,吕梁中部及晋北地区的河曲、保德、偏关等地,太原市大部,忻定盆地,大同盆地等地区缺水量在 1500~2000 m^3/hm^2 之间。晋西北的五寨、右玉和五台山高山区,省境东部的和顺、吕梁南部及上党盆地东南部等地缺水量在 500~1000 m^3/hm^2 之间。吕梁南部交口等地区缺水<500 m^3/hm^2。其余地区平均缺水量在 1000~1500 m^3/hm^2 之间。

4.4 种植制度

在以气候变暖为主要特征的全球气候变化背景下,中国的气候也发生了显著的变化,近 100 a 来我国平均气温上升了 0.5~0.8℃,降水模式发生变化,西 d 部降水近 20 a 明显增多,极端天气气候事件频发[9]。农业生产对气候变化最为敏感,易于受到气候变化潜在的影响。农业是国民经济的基础,气候变化的不利影响会造成农业生产的不稳定性增加、危及粮食安全。

4.4.1 气候变暖对种植制度的影响

4.4.1.1 对作物种植界限可能的影响

气候变化会使种植制度和农业布局等发生变化;气候变暖将使我国长江以北地区的农作物生长季开始的日期提早、终止日期延后,生长期延长。作物的种植北界向北推移,据估计,在品种和生产水平不变的前提下,到 2050 年,气候变暖将使目前中国大部分两熟制地区有可能成为三熟制适宜种植区;两熟制北界将北移至目前一熟制地区的中部,一熟制地区的南界将北移 250~500 km,一熟制地区的面积将减少 23%[10]。中国华北的试验表明:在夜间,冠层增温 2.5℃,冬小麦生育期提前、生长期缩短,产量下降 26.6%[11]。由我国过去 30 a 的统计数据可以看出,大部分地区在升温的年份都发生了粮食产量下降。近 5 a 来,我国每年因自然灾害造成的粮食损失达到了粮食总产量的 10%。研究估计,如果不采取气候变化适应对策,到 2030 年全国粮食综合生产能力可能下降 5%~10%。气候变化同时也会对农作物品质产生影响。在 CO_2 浓度加倍的条件下,大豆、冬小麦和玉米的氨基酸和粗蛋白质含量均呈下降趋势[11~13]。温度升高还会对昆虫的生长发育、生存繁殖及迁移扩散等产生影响,从而使作物虫害的分布区域发生变化,影响农作物生长。

目前,山西省年平均气温变化呈上升、降水量呈下降趋势;山西省≥0℃和≥10℃期间的积温大部地区均呈增加、降水和日照减少及初日提前终日推迟的趋势;其中东南部地区比较特殊,≥10℃积温、日照呈减少,降水量基本为正常趋势。最冷月平均气温及年极端气温均

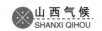

呈增温趋势,最冷月最低气温和极端最低气温在吕梁和忻州中部地区增温较迅速。山西省从 20 世纪 90 年代开始的气候暖干旱化趋势明显;年平均气温升高 1℃,无霜期延长大约 9~10 d,≥0℃ 积温增加约 234.0℃·d 左右;冬月平均气温升高 1 度,无霜期延长 6~7 d,≥0℃ 积温增加约 152.5℃·d 左右。

山西省冬小麦的种植品种也随气温的变暖而调整,大部地区主要以晋麦系列种植为主。冬小麦播种、越冬期均呈推后趋势,从返青开始,各发育期相继提前趋势明显;21 世纪的 5 年间生育期较 20 世纪 80、90 年代缩短 5 d 左右。由于山西受季风影响显著,十年九旱已成为对粮食安全生产的最大威胁;粮食生产近年来波动性较大,由于气象要素的影响明显,对其增(减)产效应非常显著;同时气候变化也使得山西省冬小麦播种和越冬期推迟,从返青开始各发育期均有提前,冬小麦种植北界较 1960 年代北移约 15 km 左右[14,15]。

山西省玉米敏感指数分布为南低北高、小麦为西低东高;在划分的敏感、较敏感、正常、较不敏感和不敏感这 5 个等级区域中,小麦和玉米对气候不敏感、较不敏感和敏感这 3 个区域分布的县市较少,主要反应为正常和较敏感 2 个等级;目前山西省玉米生产量为其生产潜力的 50% 左右,中部地区好于北部和南部地区,小麦生产量不足其生产潜力的 30%[14],南部好于中部地区。山西省年平均气温、年降水量与气候生产力的关系正相关显著,年平均气温升高 1℃,气候生产力约增 335 kg/hm²;年降水量增加 100 mm,气候生产力增加 1 290 kg/hm²。所以年平均气温升高和年降水量增加会使气候生产力增加,即"暖湿性"气候对其气候生产潜力增加有利。

在气候变暖背景下,部分地区农业生产或有一定有利因素,比如山西中北部地区热量资源有所改善,作物生育期延长,喜温作物界限北移等;但热量条件的提高以及无霜期的延长仅为一个方面;同时由于年降水量在减少,在灌溉条件尚不能满足作物生长发育要求的地方,尤其是灌溉条件较差地区,作物生长发育仍依靠自然降水,由于气候变暖导致土壤水分的蒸散量加大,一些作物可利用水资源量将减少,这种热量资源增加的有利因素可能会由于水资源的匮乏而无法得到充分利用。所以虽然单从热量条件看目前已较为优越但耕作制度的改变在中北部地区可能暂时还不能实现,会受到一定的限制。总体上气温的升高及降水量的减少可能会使得山西省的农作物种植界限以及布局在未来发生一定的变化。

4.4.1.2 对农作物产量可能的影响

经对山西省冬小麦观测资料进行详细的分析[16],冬小麦返青期以 1.3 d /10 a 的速度在提前,返青—成熟期的生育天数以每 10 a 约 0.6 d 的速度在缩短。生育期的缩短对冬小麦产量提高非常不利。据统计:建国 50 多年来,山西的耕地和农作物的总播种面积在减少,其中:小麦种植比例年际间的变化比较大,1949—1986 年种植面积和单产都呈增长趋势,而 1986—2002 年种植面积持续减少,产量的波动幅度很大,由最高的 2925 kg/hm² 下降到 2415 kg/hm²。

目前增温明显,其中尤以冬季增温显著。升温对农业生产有利有弊,气温升高使得比如春玉米的播种期提前,成熟期推迟,生育期延长,有利于春玉米产量的提高。但气温升高则使得越冬作物如冬小麦播种期推迟,越冬缩短,返青期提前,成熟期提前,整个生育期的缩短对冬小麦产量提高非常不利,由于气候变暖,降水减少,冬、春旱的加剧,气候条件逐渐变得不利于冬小麦的生产。同时气温升高有利于农业病虫害的安全越冬,越冬虫源、菌源基数增加,在一定程度上解除了低温对某些病虫害分布范围的限制,将扩大害虫的适宜生长期和严重发生区。此外,气候变暖后极端天气事件的发生频率将加大,各种气象灾害呈上升趋势,也会对农作物生产产生重要的影响。自 20 世纪 90 年代开始增温明显,初霜冻出现日期明显推迟,终霜冻出现日期提前,无霜期日数延长,低温冻害发生的频次减少但同时对农作物的危害则加重。山西省是全国水资源短缺最严重的省份之一,全省水资源总量约占全国的 0.5%;加上地下水超采严重,使得山西省水资源的供需矛盾日益尖锐,旱区农业和灌溉农业的发展前景受到威胁,农业生产的整体投资和成本大幅度增加,农业用水供需矛盾可能进一步加剧。因此,全年温度升高总体上对作物是有利的,然而也可能对某些作物产生不利影响,鉴于此可通过调整作物和品种的布局来解决。

4.4.2 现行种植制度的调整

气候变化可能使原来适应某地区的作物变得不再适应或使某种生物的适应范围改变。因此,为有效利用新的气候资源和规避胁迫,需要调整作物种植结构和优化区域布局。

农业种植结构就是针对未来气候变化对农业的可能影响,分析光、温、水资源重新分配和农业气象灾害的新格局,改进作物、品种布局,有计划地培育和选用抗旱、抗涝、抗高温和低温等抗逆性强及光合生产率高的新品种,采用防灾抗灾、稳产增产的技术措施及预防可能加重的农业病虫害。

大气中 CO_2 浓度增加,气候变暖,生育期延长,对农业生产可能有利,因此科学地调整种植结构、改变耕作熟制可以充分利用生育期内的农业气候资源,另外,变所种植作物的用途,如增加饲用玉米、饲用稻和大麦的生产,有利于降低农业生产对气候条件的严格要求,降低农业对气候的敏感性。

随着农业生产水平和复种指数的提高,作物对适宜气象条件的要求更加严格,对不利气象条件的反应更加敏感。研究表明,在高产水平下,产量基本上随气象条件波动而波动。为此,在改革种植制度时要深刻了解作物生长发育、产量形成和气象条件的关系,开展合理利用农业气候资源,防御农业气象灾害的研究,提供农业气象灾害的预报服务。

山西年、季平均气温处于增温趋势,生长季节也在延长;例如冬季的气候变暖,对区域内冬小麦农业生产影响日益明显,如使得冬小麦播种和越冬期推迟、返青后各发育期提前、冬小麦种植北界北移等。气温的升高和生长季的延长将会使得山西省现行的农作物种植面积逐步向东、西山区以及向北推移成为可能;耕作制度的一年一熟、两年三熟的界限都可能将发生变化,复种面积可能扩大,复种指数也会提高。

山西农业作为弱势产业,受气候变化的影响较为严重。一是气候变化导致暴雨、冰雹等农业气象灾害、作物病虫害增多,造成的损失日趋严重,严重制约着农业生产健康、持续、稳定地发展;二是 20 世纪 80 年代以后,气温升高、初霜冻出现日期明显推迟,终霜冻出现日期提前,无霜期日数延长,低温冻害发生的频次虽然减少,但是强度加强,对农作物的危害加重;三是气候变暖、干旱频发,农业水分供需矛盾加剧,旱区农业和灌溉农业的发展前景受到威胁,农业生产的整体投资和成本大幅度增加,农业用水供需矛盾可能进一步加剧。

山西大部(除晋西北与汾河谷地)种植制度[17] 以一年一熟为主,作物以喜温的玉米、谷子、高粱与喜凉的春小麦、冬小麦为主。

山西省中南部种植以一年两熟为主,粮食作物以冬小麦、玉米和大豆为主。山西省的阳泉种植模式从一年一熟冬小麦变化为一年两熟冬小麦一夏玉米。

由于热量和降水的综合影响,山西省北部种植界限变动较为明显,中东部种植模式从小麦变化为冬小麦—夏玉米,作物生产力增加明显。

气候变化对山西省冬小麦种植带来机遇,在兴县、娄烦、阳曲、宁武、代县、定襄一带以南地区种植小麦在气候上能保证冬小麦安全越冬,在经济上考虑种植冬小麦比较可行;此线较1960年代北移大约在15km左右;气候变暖为冬小麦扩种提供了可能的条件,但山西省北部大部地区的热量条件目前还仍不能完全满足冬小麦生长发育,北部地区目前仍需采取一年一熟制,其余地区种植方式基本保持不变。

因此,随着气候的变化,首先,育种目标要进行相应改变。20世纪80年代以来,山西省冬小麦育种对冬性和抗寒性要求的同时对丰产和抗病的要求更高。其次,要加强抗逆锻炼:在全球变暖的气候背景下,要求作物选育过程中加强耐热、耐旱性和抗病虫能力的锻炼。第三,调整生育期:随着气候变暖,通常需要将春季的播期或移栽期提早,将秋季的收获期或播期延迟,或为躲避干旱、高温等不利时期而调整播期。第四,调整轮作或间套作方式:气候变暖使作物生育进程和土壤养分循环加快,从而需要调整轮作或间套作方式。如原来实行套种两熟制的有可能实行平作两茬,原来只能一年一熟的,有可能通过套种充分利用增加的热量等。第五,改善农业设施:如畜舍夏季的遮阴和降温及农田实行节水灌溉等。

参考文献

[1] 丁一汇等. 中国气候. 北京:科学出版社,2013.

[2] 钱林清,郑炎谋等. 山西气候. 北京:气象出版社,1991.

[3] 程纯枢,冯秀藻,高亮之,沈国权. 中国的气候与农业. 北京:气象出版社,1991.

[4] 郭慕萍,刘九林,窦永哲等. 山西气候资源图集. 北京:气象出版社,1997.

[5] 山西省气象局. 简明农业气候区划. 1980.

[6] 薛进杰. 山西水资源开发利用现状与农业节水对策探讨. 山西水利科技,2006,(159):51-50.

[7] 郭慕萍,刘月丽,安炜等. 年降水资源评估. 山西省地方标准 DB14. 山西省质量技术监督局,2013.

[8] 山西省地图集编纂委员会. 山西省环境保护地图集. 2007.

[9] 《气候变化国家评估报告》编写委员会. 气候变化国家评估报告. 北京:科学出版社,2007.

[10] 肖风劲,张海东,王春乙等. 气候变化对我国农业的可能影响及适应性对策. 自然灾害学报,2006,**15**(6):327-331.

[11] 林而达,张厚瑄,王京华等. 全球气候变化对中国农业影响的模拟[M]. 北京:中国农业科技出版社,1997.

[12] 王馥棠. 近十年来我国气候变暖影响研究的若干进展. 应用气象学报,2002,**13**(6):754-766.

[13] 高素华,王春乙. CO_2 浓度升高对冬小麦、大豆籽粒成分的影响. 环境科学,1994,**15**(5):65-66.

[14] 刘文平,安炜,王志伟等. 山西省粮食作物对气候敏感性的分析. 干旱区资源与环境,2009,**25**(8):17-20.

[15] 刘文平,郭慕萍,安炜等. 气候变化对山西省冬小麦种植的影响. 干旱区资源与环境,2009,**23**(11):88-93.

[16] 杜顺义,王志伟,郭慕萍等. 气候变暖对山西农业生产及粮食安全的影响. 中国农业气象,2009,**30**(增1):29-32.

[17] 李克南,杨晓光,刘志娟等. 全球气候变化对中国种植制度可能影响分析Ⅲ. 中国北方地区气候资源变化特征及其对种植制度界限的可能影响,中国农业科学,2010,**43**(10):2088-2097.

第 5 章 区 划

5.1 气候区划

所谓区划,实质上是把某一地域气候环境各组成要素综合的结果,按照客观存在的差异性或相似的程度,进行逐级划分或合并为若干彼此不同,而其内部又具有相对一致的部分,这样的研究工作即为气候区划。

气候是自然环境因素中最重要的因素之一,它既是决定其他自然地理环境要素的主要因子,又受其他自然地理环境要素的影响。认识气候规律是认识自然的重要环节,气候区划既是深入揭示气候区域分异规律的基础,又是综合自然地理区划的基础与重要组成部分,因而具有重要的意义。气候区划的目的是为了比较深刻地揭示一定区域范围内的气候规律,做到因地制宜,合理利用气候资源,提高自然资源利用率。

山西地处中纬度地区,位于华北平原西侧,黄土高原东缘。境内地形复杂,地势北高南低,南北跨度约七个纬度,四周山水环绕、山脉起伏连绵,沟壑纵横。水平气候带与垂直气候带交织在一起,各地气候差异甚大。为了从总体上掌握区域气候状况与差异,就非常需要对本省气候进行区划。

5.1.1 中国气候区划简介

中国的区划历史,可以追溯到一千多年前。但较为完善系统的气候区划是直到 1929 年由竺可桢借鉴柯本等学者论述的基础上,根据中国的气候特征进行创新,并明确提出了划分中国气候应当注意的三个关键之点:一是,分类必须简单明确;二是,分区界限必须与天然区域和冬夏季风范围相符合;三是温度、雨量及其全年的分配为区分气候的重要因子。

中国气候区划工作历程大致可概括为三个阶段。

第一阶段:1930 年代—1940 年代。这一时期中国气象观测站点有限,且缺测较多,气象资料很不完整,但仍有不少学者关注气候区划。

第二阶段:1950 年代—1980 年代中期。这一时期资料有了一定的积累,又恰逢当时国家特别是农业生产急需气候区划,因而划分思路和方法也多借鉴谢梁尼诺夫的分区方法。卢鋈、张宝堃等科学家在 1946 年、1959 年先后进行了中国气候区划,为后来的大量区划工作奠定了基础。1966 年,中央气象局为编制《中国气候图集》在中国科学院自然区划委员会的气候区划基础上,采用 1951—1960 年气候资料,对区划方案进行了充实和修订,确定了划分三级气候区的界线,填补了过去在划分三级气候区时没有定量标准的缺憾。1979 年又对资料进行了更新,对原有气候区划进行了修订。

第三阶段:自 20 世纪 80 年代初开始。这一阶段,气候系统概念正式确立,给气候区划带来了新的思考。1984 年在编写《中国自然地理·气候》一书时,根据野外考察结果,相应调整了高原干湿区的具体划分标准,使区划结果与高原地理景观更为相符,使整个区划结果

得到了补充完善,并将其编入《中国气候资源地图集》。2013 年出版的《中国气候》(丁一汇等,2013),在充分吸纳上述工作形成的气候区划基本理论依据与区划原则的基础上,以全国 616 个气象站 1971—2000 年日观测数据为基础资料,参照 1984 年《中国自然地理·气候》一书中相关气候区划方法与指标体系,对中国气候进行了区划[1]。

5.1.2 山西气候区划介绍

1949 年前,山西省气象站点极少,资料贫乏,区划不可能进行。

1949 后,直至 1950 年代末和 1960 年代初,虽然气象站迅速增加,但建站时间甚短,资料序列不长,也不具备进行气候区划的条件。直到 1970 年代末和 1980 年代初,山西才首次进行了规模较大的气候区划工作,该区划分为三级。区划的第一级——气候带的划分,主要考虑热量条件本区划对中温带与暖温带的划分,以活动积温 3200℃·d 和≥10℃持续期 165 d 为主要指标,适当参考最热月平均气温及极端最低气温等辅助指标。区划第二级——气候地区,以干燥度为划分指标。干燥度为最大可能蒸发与同期降水量之比,其中最大可能蒸发采用彭曼(H. L. Penman)计算而得。区划第三级以热指数(全年各月中高于 5℃的月平均气温各减去 5℃后的差值之和)作为主要指标。其成果编入了《山西省自然地图集》(1984)。尔后,会同黄土高原其他省区一并作了四省区的气候区划,资料较前者更为详尽。为了正确评价山西省的农业自然条件和自然资源,规划和指导农业生产,1980 年代初又进行了山西省农业气候区划,并编入山西省农业区划成果资料《简明农业气候区划》(1980)。

20 世纪 90 年代初,场分析广泛应用于气象科学,气象工作者把气候看成是由各种气象要素组成的气候场,应用场分析法——主成分分析法,对气候场进行展开,从而提取反映某地气候特征的主成分,进而达到气候分类的目的。

其分析结果为:

第一主成分:反映了山西的热量分布。方差贡献率为 46%;第二主成分:反映了山西的水分条件分布,方差贡献率为 27%;第三主成分:反映山西的气温日较差分布,方差贡献率 12%;第四主成分:反映山西的植被分布,方差贡献率为 7%。

由于山西省植被(包括森林、草原以及各种农作物)人为影响较大,故第四主成分在分区中仅供参考。第一、二、三主成分累积贡献率为 85%,因此可用前三个主成分代表山西的气候场[2]。

根据上述第一、二、三主成分,将区划单位定为:气候带、气候地区、气候区,区划结果与全国气候区划保持一致。此区划成果于 1996 年编入了《山西气候资源图集》,并由气象出版社出版发行。

本章在充分吸纳上述工作所形成的气候区划基本理论依据与区划原则的基础上,以全省 109 个气象站 1981—2010 年日气象观测数据为基础资料,参照 20 世纪 80 年代初《山西省自然地图集》一书及《山西气候资源图集》一书中相关气候区划方法与指标体系,对山西气候进行了区划。

5.1.3 气候区划的基本原则

自然界地域分异规律是气候区划的理论基础,为使地表分异规律贯彻到区划中,就要遵循一定的区划原则。

5.1.3.1　发生统一性原则

发生的统一性是每个区域单位所具有的特性,任何区域单位都是地域分异要素作用下的产物,具有它自己的发展过程。普遍认为,不同等级的区域单位,其发展史的长短不同,等级越高,历史越长,等级越低则相对越短。区域单位发生的统一性,不应理解其组成成分和部分特点形成的同时性,而应以形成该区域单位的整体特性为依据[3]。

5.1.3.2　相对一致性原则

相对一致性要求划分区域单位时,必须注意其内部特征的一致性。对不同等级的区域单位而言,其一致性也是相对的、各有其一致性的标准。例如:气候带的划分,体现在热量大致相同;气候地区的的划分,显示出干湿情况大体一致。其一致性,应在同样条件下来比较,条件不同,不能直接比较。对不同等级的区域单位而言,等级越高,其一致性的程度越小,等级低的则其一致性的程度较大。

5.1.3.3　区域共轭性原则

区域单位永远是个体的,不存在着彼此分开的部分。例如山间盆地,尽管盆地内与周围山地在形态上存在很大差别,但根据区域共轭的原则,必须把两者合并为高一级的单位。这是由于在一个区域单位内的各部分是有机的结合体,没有周围山地,就没有中间盆地,山地气候要影响到盆地,盆地气候也会作用于山地。

5.1.3.4　综合性原则

综合性要求区划时,必须全面分析区划单位的所有成分和整体的特性,分析地带性特征的表现程度,而且应以这些特征来划分区域和确定界限。只有既揭示了区域单位的相似性和差异性,又找出它们与地域分异规律的关系,才能客观地反映地域分异的情况。

5.1.3.5　主导性原则

地域分异原因很多,但仍然可以分析出主导因素。主导因素是区划时首先应考虑的,它与综合性原则的运用并不矛盾,而且是相互补充的。例如。热量带的划分,主要考虑热量,以积温为主导标志,但又不能机械地用等温线来划分区域,而必须参照一些辅助标志,如能反映气候差异的植被、土壤等自然条件。

除上述原则外,区划指标的选择,还要求结合生产,参照农、林、牧业的实际情况,使之更富有实际意义。

5.1.4　气候区划的指标体系及划分

在气候要素中,能量、水分和光照与人类活动、动物生存、植物生长发育关系最为密切,它们在很大程度上决定生物生产量的多少及质量的高低。由于光照条件在本省各地相对比较充足,不成为限制因素,故在区划时,无需过多考虑。故热量和水分便成为区划时应着重考虑的两个因素。

根据上述气候的基本原则及相关分析,本区划按三级体系进行气候区划分。其中一级为温度带,二级为干湿区,三级为气候区。各级区划指标和划分标准如下。

5.1.4.1　温度带(气候带)的指标及划分——热量

日平均气温是否达到10℃对自然界的第一生产具有极为重要的意义。大量的农业生产

山西气候
SHANXI QIHOU

实践证明:作物在日平均气温高于10℃和低于10℃时的光合作用潜力对作物生长的作用具有很大的不同。日平均气温稳定在10℃以上是保证禾本科作物籽粒成熟所必须的基本条件之一,而形成作物产量的同化物也主要是在日平均气温稳定高于10℃的时段中积累的。

中国气候区划中山西省分别在中温带和暖温带两个气候亚带内。省内一些较高山地的热量达到寒温带的标准,但这是垂直地带性表现,在水平气候带的划分中不具备独立划带的意义。在中温带与暖温带的区域的划分上本区划与中国区划保持一致,但山西南部的晋南盆地,由于其热量条件在暖温带气候区域内与其他地区有显著的区别,故又将暖温带分为北暖温带和南暖温带。

山西省气候区划拟分为三级。区划的第一级为气候带的划分,主要考虑热量条件,它决定于大尺度的纬度地带性分异规律,是由太阳辐射分布的纬度分异形成的水平带状的地域分异,同时也受大尺度大气水平运动等因素的作用,但由于大、中尺度地形对热量分布影响作用突出,故热量带的实际界限并不与纬度完全一致。

本区划对中温带与北暖温带、南暖温带的划分,以日平均气温稳定≥10℃积温3200℃·d,4000℃·d和日平均气温稳定≥10℃持续日数170 d、200 d为主要指标,适当参考最热月平均气温及极端最低气温等辅助指标(指标见表5.1),这主要是考虑到山西省在春秋季受冷空气影响较大,其地形较为复杂的缘故。

表5.1 划分温度带的指标体系及其划分标准[1,3,5]

指标 温度带及编码	主要指标		辅助指标	
	日平均气温稳定 ≥10℃持续日数(d)	日平均气温稳定 ≥10℃积温(℃·d)	最热月平均 气温(℃)	极端最低气温 平均值(℃)
中温带(Ⅰ)	≤170	≤3200	≤22	≤−25
北暖温带(Ⅱ)	170～200	3200～4000	22～25	−25～−15
南暖温带(Ⅲ)	≥200	≥4000	≥25	≥−15

(1)中温带气候区域

该区域包括山西省河曲兴县、岚县、宁武、浑源一线以北的地区,日平均气温稳定≥10℃持续日数在136～170 d左右,日平均气温稳定≥10℃·d积温一般在2330～3200℃·d,最热月(7月)平均气温一般在19～23℃,极端最低气温多年平均值绝大部分地区在−31～−25℃。

地带性植被主要为温带干草原。作物一年一熟无冬小麦种植,部分地区可种春小麦。气温偏高的平川及阳坡可种植喜温的玉米、谷子、高粱和水稻等;气温偏低的丘陵山地只能种植喜凉的马铃薯、胡麻、莜麦等;海拔较高山区不能种植农作物,只能生长耐寒抗风的林木草灌。

(2)北暖温带气候区域

本省恒山以南、晋南盆地以北均属于北暖温带的范畴,其中一些较高山地,如五台山、芦芽山、关帝山等,因海拔较高呈有中温带甚至寒温带的热量特征,但这是垂直地带性的表现,这种中尺度的地域分异规律是在大尺度地域分异背景上发生的,就其基带而言,暖温带特征表现明显。

山西省北暖温带所属范围活动积温在3200～4000℃·d,存续期为170～200 d,最热月(7月)气温为22～25℃。极端最低气温多年平均值北、中部高山区在−25℃左右,南部在

－15℃左右。冬小麦能安全越冬,主要粮食作物为玉米、小麦、高粱、谷子、水稻等。

（3）南暖温带气候区域

临汾和运城盆地、峨眉台地、中条山以南黄河沿岸属南暖温带区域。该区域热量资源最为丰富,活动积温在 4000～4800℃·d,持续期在 200 d 以上,最热月平均气温在 26℃ 以上,极端最低气温多年平均值一般不低于－16℃,是省内重要的棉、麦产区。

5.1.4.2　气候地区的指标及划分——干湿区

由于干燥度有明确的物理基础及理论意义,且是一个能反映一地水分平衡状况的综合气候指标,因而本区划第二级(气候地区)以干燥度为划分指标,以年降水量为辅助指标。

干燥度计算公式为:

$$K = \frac{E}{R}$$

式中,K 为干燥度,E 为最大可能蒸发量,R 为同期降水量。

本区划在计算干燥度中最大可能(潜在)蒸发,采用修订后的 Penman-Monteith 公式计算而得。

表 5.2　划分气候地区的指标体系及其划分标准[1,3,5]

干湿状况及编码	主要指标	辅助指标
	年干燥度(K)	年降水量(mm)
半湿润(R)	1.00～1.50	450
轻半干旱(S)	1.50～1.89	400
重半干旱(T)	≥1.90	350

在《中国气候》的气候区划中干燥度分级为:湿润($K \leq 1.00$),半湿润($K = 1.00～1.49$),半干旱($K = 1.50～4.00$)。本省年干燥度大部分介于 1.2～2.3 之间,只有五台山站的干燥度小于 1,这也是垂直高度较高的缘故,是局部现象,故在区划中不考虑划出湿润地区。根据省内年干燥度情况,本区划水分分类指标见表 5.2

（1）半湿润地区(R)

年干燥度为 1.00～1.50,省内只有北、南暖温带气候区域可划分出半湿润地区。其地貌主要为山区,植被多为森林或森林草原。半湿润地区在空间上不相连接,主要分为三部分:

①北暖温带区域五台山——晋东南半湿润区,本区包括五台山、太岳山以及其间的一些盆地。

②北暖温带区域吕梁山高山区半湿润区,本区芦芽山、云中山、关帝山、管涔山、黑茶山等。

③南暖温带区域中条山东段半湿润区。

（2）轻半干旱地区(S)

年干燥度为 1.50～1.89,包括五部分:

①中温带气候区域西北部。

②中温带气候区域西南部。

③北暖温带气候区域东北部的恒山等地。

④北暖温带气候区域的黄河中部及吕梁山南部地区。

⑤南暖温带气候区域晋南盆地。

（3）重半干旱地区（T）

年干燥度≥1.90包括三部分：

①中温带重半干旱地区包括大同盆地以及平鲁、神池一带。

②北暖温带西北部重半干旱地区包括紫金山、临县以北河曲、保德沿黄河一带。

③北暖温带中北部重半干旱地区包括恒山以南、吕梁山以东、五台山、系舟山以西、灵石以北。

以上共划全省为十一个地区。

5.1.4.3 气候区的指标及划分

在气候地区内再划分气候区，是省级气候区划的第三级。在划分气候区时，除要求热量和水分类型相同外，还考虑到局地气候、地形和植被等条件。由于本省山地多，地势起伏高差大，气候的纬向地带性受到严重破坏，径向变化也很复杂，而垂直带性比较明显，故各气候区的界限往往既是热量带的界限，又是水分分类的界限，同时也常与地貌区相接近。

温度带和干湿区的划分主要体现了气候的地带性差异，然而气候还受到非地带性要素的影响，因而在同一温度带与干湿区内，气候和相应的自然景观也存在明显的差异，7月平均气温的地理分布能较为综合地表现出非地带性因素对气候的影响作用。气候区以最热月7月的平均气温作为主要指标。

表 5.3 气候区划分指标[1]

气候区代码	a	b	c	d	e
7月平均气温（℃）	≤20	20～22	22～24	24～26	≥26

5.1.5 分区结果

本区划将山西划分为三个温度带、11个干湿区（气候地区）、30个气候区。

文中各符号的意义：以"ⅠA₁右玉气候区（ⅠSt$_a$）"为例，"ⅠA₁"表示气候区编号；（ⅠSt$_a$）中Ⅰ表示一级区划的气候带为中温带，S表示二级区划干湿分区中的半湿润区域，下标$_a$表明三级区划的热量代码。详见图5.1。

Ⅰ中温带

　Ⅰ A 晋北轻半干旱地区（ⅠS）

　　Ⅰ A₁ 右玉气候区（ⅠSt$_a$）

　Ⅰ B 晋西北轻半干旱地区（ⅠS）

　　Ⅰ B₁ 岢岚、五寨气候区（ⅠS$_b$）

　Ⅰ C 晋西北重半干旱地区（ⅠT）

　　Ⅰ C₁ 天镇、阳高气候区（ⅠT$_b$）

　　Ⅰ C₂ 大同盆地气候区（ⅠT$_c$）

　　Ⅰ C₃ 平鲁偏关气候区（ⅠT$_{a-b-c}$）

Ⅱ北暖温带

 Ⅱ A 晋东—晋东南半湿润气候地区（Ⅱ R）

  Ⅱ A_1 五台山气候区（Ⅱ R_{a-b}）

  Ⅱ A_2 系舟山与昔阳盆地气候区（Ⅱ R_{b-c}）

  Ⅱ A_3 阳泉盆地气候区（Ⅱ R_{c-d}）

  Ⅱ A_4 和顺、左权气候区（Ⅱ R_{a-b-c}）

  Ⅱ A_5 太岳山气候区（Ⅱ R_{b-c}）

  Ⅱ A_6 长治盆地气候区（Ⅱ R_c）

  Ⅱ A_7 黎城、襄垣气候区（Ⅱ R_c）

  Ⅱ A_8 陵川气候区（Ⅱ R_b）

  Ⅱ A_9 沁源、沁水气候区（Ⅱ R_c）

  Ⅱ A_{10} 阳城、晋城气候区（Ⅱ R_{c-d}）

 Ⅱ B 吕梁山高山区半湿润气候地区（Ⅱ R）

  Ⅱ B_1 管涔山、芦芽山、关帝山气候区（Ⅱ R_a）

  Ⅱ B_2 静乐、娄烦气候区（Ⅱ R_b）

  Ⅱ C 晋东北轻半干旱气候地区（Ⅱ S）

  Ⅱ C_1 恒山气候区（Ⅱ S_{a-b}）

 Ⅱ D 吕梁山中南部轻半干旱地区（Ⅱ S）

  Ⅱ D_1 离石、隰县、吉县气候区（Ⅱ S_{b-c-d}）

  Ⅱ D_2 大宁气候区（Ⅱ S_{c-d}）

  Ⅱ D_3 乡宁、霍州气候区（Ⅱ S_{b-c}）

 Ⅱ E 晋北、晋中重半干旱地区（Ⅱ T）

  Ⅱ E_1 忻定盆地气候区（Ⅱ T_b）

  Ⅱ E_2 太原盆地气候区（Ⅱ T_c）

 Ⅱ F 晋西北重半干旱地区（Ⅱ T）

  Ⅱ F_1 保德、临县气候区（Ⅱ T_{b-c-d}）

Ⅲ南暖温带

 Ⅲ A 中条山东段半湿润地区（Ⅲ R）

  Ⅲ A_1 垣曲气候区（Ⅲ R_{c-d-e}）

 Ⅲ B 晋南轻半干旱地区（Ⅲ S_d）

  Ⅲ B_1 洪洞、翼城气候区（Ⅲ S_d）

  Ⅲ B_2 曲沃、河津气候区（Ⅲ S_{c-d}）

  Ⅲ B_3 峨眉台地气候区（Ⅲ S_d）

  Ⅲ B_4 运城盆地气候区（Ⅲ S_{d-e}）

  Ⅲ B_5 中条山西段气候区（Ⅲ S_c）

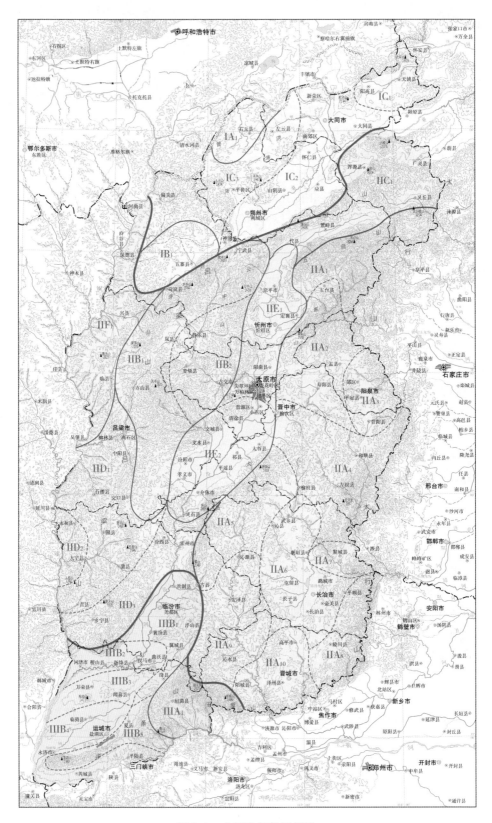

图 5.1 山西省气候区划图

5.2　农业气候区划

农业气候分析和区划是为农业生产服务的一项基础工作。为了正确地评价山西农业自然条件,合理利用农业自然资源,规划和指导农业生产,本区划在山西省气候区划的基础上,考虑农业生产和气候的关系,结合山西实际情况,以全省 109 个气象站 1981—2010 年气象观测数据为基础资料,主要采用《简明农业气候区划》的方法并参照《中华人民共和国气候图集》中农业气候区划的方法进行了区划。

5.2.1　农业气候区划的目的及意义

农业气候区划是为制定农业区划和农业规划服务的。农业气候区划着重从农业气候资源和农业气象灾害方面,分析鉴定各地农业气候条件及其对农业生产影响的利弊程度,阐明各区域农业气候相似性和分异性,为合理地利用山西农业气候资源,规避或克服不利的气候条件,进行农、林、牧合理布局,科学发展,改进耕作制度,选育作物种类和品种,制定高效的农业发展方向和建设措施提供技术支持。

5.2.2　区划的原则及指标

5.2.2.1　区划原则

区划原则本着:①当前与长远相结合;②必须具有较明确的意义;③主要指标与辅助指标相结合;④遵循农业气候相似理论;⑤适当参考能反映气候差异的植被、土壤、地形、地貌等;⑥以粮、林、牧和各种经济作物为主要考虑对象[4]。

5.2.2.2　区划指标

(1)热量指标

农业气候要素中,光、热、水与农作物、林木、牧草及其他植物生长发育关系密切。然而,决定植物地区分布、种植制度、生长状况、产量高低程度的最基本要素是温度高低或积温的多少。因此选择热量条件作为第一级指标。

≥0℃的总积温是一个地区总热量资源的标志,其农业意义明确,总积温是确定种植制度、植物种类和品种布局的主要依据。稳定通过 0℃的初日与冬小麦返青初期相当,一些耐寒作物即将下种,多数牧草和林木开始苏醒、萌动,土壤表层解冻,标志着春耕生产开始;稳定通过 0℃的终日,冬小麦停止生长并进入越冬期,多数牧草和林木也停止生长,土壤开始冻结,农耕期终止。≥0℃期间的总积温是植物(作物)生长发育最大可能利用的热量。

霜冻,是作物充分利用积温条件的限制因子。无霜冻期是常用的作物生长期长短的重要标志。在本省,无霜冻期一般都短于≥10℃的持续期,这种差异在省境北部和山区显得尤为突出,严重限制了≥10℃期间积温的有限利用。从实际情况看,本省严重春霜冻发生机会比较少,仅南部冬小麦种植区危害较大;秋霜冻比较严重,中、北部地区和山区,秋霜冻危害最大。

因此,本区划以≥0℃的总积温作为热量分带的主要指标,把无霜冻期作为辅助指标。

并根据本省各地农业生产特点和类型及各种作物对热量的要求,结合各地热量资源差异,以种植制度和作物布局为主要考虑对象,进行热量带划分。

（2）水分指标

水分是农业生产对象所依赖的另一个重要因子。在热量相同的地区,由于水分条件不同,使农作物的构成、某种熟制的适宜性、产量高低和稳定程度等,都具有一定的差别。

自然降水量是农业用水的最主要来源。自然降水量,在一定程度上可定性地评价各地水分供给好坏的状况,但不能比较确切地定量反映各地水分余亏情况。主要因为:①各地温、湿、风等气候状况不同,自然蒸发力差异很大;②种植制度不同,各地整个生长期需水量不同;③植物种类不同需水量也不同。所以同样降水量在不同地区表现各异,单纯用降水量作为水分分区指标,不能真正反映各地水分盈亏的实际情况。

在进行气候区划时,一般常用蒸发力与降水量之比的干燥度鉴定各地的水分条件。但实践中发现这一方法用于大范围地区的干湿分类,确实有很好的指示意义,但在小范围内难以分级分类。

农田水分余亏量是比较直观的水分指标,能明确给出整个生长期或阶段生长期内的水分亏、缺状况或量,从而给农业生产部门提供了数据支持。不但对大范围地区水分条件能做出定量分区,在较小范围内,也能做出定量分区。因此,本区划选用水分余亏量作为水分分区指标。

根据第一级（热量）指标,将山西分为六个热量带。

表5.4　热量分区指标及农业意义[4,5]

热量带	≥0℃期间积温 无霜冻期	农业意义
1　温热作物带	≥0℃期间积温:≥4500℃·d 无霜冻期:≥180 d	一年两熟,可复种玉米。适应中早熟棉花及早熟小麦。
2　温暖作物带	≥0℃期间积温:4000～4500℃·d 无霜冻期:160～180 d	稳定性两年三熟,可复种谷、黍等。可种植特早熟棉花,中熟小麦及玉米高粱等。
3　温和作物带	≥0℃期间积温:3600～4000℃·d 无霜冻期:140～160 d	不稳定型两年三熟,可复种糜子、葵花等。是棉花种植的北界,也可以种植晚熟小麦及中熟玉米、高粱等。
4　温凉作物带	≥0℃期间积温:3000～3600℃·d 无霜冻期:120～140 d	一年一熟,可种植玉米、谷子、甜菜、马铃薯、春小麦。一月平均气温高于10℃的地区可种植冬小麦。
5　温寒作物带	≥0℃期间积温:2500～3000℃·d 无霜冻期:100～120 d	一年一熟,以喜凉作物为主,适应种植莜麦、胡麻、马铃薯及糜、谷、豆类等。
6　高寒作物带	≥0℃期间积温:≤2500℃·d 无霜冻期:≤100 d	主要是树、灌木、草植物,局部向阳坡地、河谷地可种植喜凉作物。

第二级（水分）指标,将全省分为五种水分亏缺区,将两种结果图重叠将每一种水热组合类型成块面积较大的区域,都独立为某种农业气候区。区域边界的确定,结合生产实际作适当调整。

水分亏缺量的计算：

利用"间接水分平衡法"，推出计算农田水分余亏的气候学经验公式（m³/hm²）（详见第 4 章）：

$$I = 1.7 \sum T_{\geq 0℃} - 10 \left(\sum R - \sum r \right)$$

式中，$\sum T_{\geq 0℃}$：$\geq 0℃$ 期间的积温；$\sum R$：为同期（$\geq 0℃$ 期间）的累积降水量（mm）；$\sum r$：为同期总径流深（mm）；I：水分余亏量（m³/hm²）；$I > 0$ 水分亏缺，$I <$ 水分盈余，$I = 0$ 水分不缺不盈余

表 5.5　水分类型划分指标[4]

水分类型区	A　不旱	C　微旱	D　轻旱	E　干旱	E　重旱
生长期平均缺水（m³/hm²）	<600	600～1500	1500～2400	2400～3300	>3300
农业意义	春微旱 夏不旱	春轻旱 夏不旱	春干旱 夏微旱	春重旱 夏轻旱	春重旱 夏（伏）重旱

5.2.3　区划结果

根据上述六条基本原则，将一级、二级指标进行叠加，将每一种水热组合类型较集中的区，都独立为某种农业气候区。区划边界的确定，结合生产实际作适当调整。

分区结果：

全省被分为 14 种热量水分组合类型，分别分布在 24 块地域上。详见图 5.2 及表 5.6。

各区代表符号的意义：

每组字符的第一个阿拉伯数字（1～6）为热量带代码；字母 A、B、C、D、E 为干旱缺水的等级代码；组字符前带"▲"为气候垂直变化明显的山区；热量带属 1、2、3 带及 4 带区域中组字符有脚注"1"者可种冬小麦，第 4 带区域中组字符有脚注"2"者及第 5、6 带，为冬小麦不能越冬区。如：

"1E"表示热量条件好，为第一级热量带，但水分条件差，属第五级干旱缺水区，该区 $\geq 0℃$ 期间积温 $\geq 0℃$ 期间积温 $\geq 4500℃ \cdot d$，无霜冻期 ≥ 180 d，一年两熟，可复种玉米，适应中早熟棉花及早熟小麦等；从水分条件属重旱区，可能生长期内平均缺水 >3300 m³/hm²，春夏重旱，虽然热量条件很好，但复种秋作物风险较大。命名为：温热、春夏重旱区。

"▲4A₁"表示热量条件较差，为 4 级热量带，是山西省水分条件最好的地区之一，属春微旱、夏不旱区，可能生长期缺水 <600 m³/hm²。该区 $\geq 0℃$ 期间积温 3000～3600℃·d，无霜冻期 120～140 d，一年一熟，可种植玉米、谷子、甜菜、马铃薯、春小麦。一月平均气温高于 10℃ 的地区可种植冬小麦。从水分条件看，为不旱区，但因热量不足，产量并不高。山区地形相对高度较高，气温、降水垂直变化明显，区内不同海拔高度的地方农业生产差别较大，农、林、牧均有生存空间，命名为"温凉、春微旱、夏不旱区"。

表 5.6 山西省农业气候区划分区结果

类型	符号	农业区编号	农业气候区	备注
1 温热、春夏重旱区	1E	1	运城、临汾盆地区	能种冬小麦
2 温暖、春干旱、夏轻旱区	2D	2	太原盆地区	
	▲2D	3	中条山西段山区	
3 温暖、春干旱、夏微旱区	2C	4	阳泉区	
		5	阳城、晋城区	
4 温和、春干旱、夏轻旱区	3D	6	忻定盆地区	
5 温和、春干旱、夏轻旱区	3C	7	盂县、昔阳区	
	3B	8	黄河沿岸中南段区	
6 温和、春轻旱、夏不旱区	▲3B	9	上党盆地区	
		10	安泽、浮山山区	
7 温凉、春干旱、夏轻旱区	4D₁	11	黄河沿岸北段区	可种冬小麦
8 温凉、春轻旱、夏微旱区	4C₂	12	大同盆地区	一般不能种冬小麦
		13	广灵灵丘间山盆地区	
9 温凉、春轻旱、夏不旱区	4B₁	14	晋东丘陵区	可种冬小麦
	4B₂	15	汾河上游河谷区	一般不能种冬小麦
	▲4B₁	16	左权丘陵山区	可种冬小麦
		17	吕梁山南段高垣山区	
10 温凉、春微旱、夏不旱区	▲4A₁	18	陵川丘陵山区	
		19	中条山东段山区	
11 温寒、春轻旱、夏不旱区	5B	20	左云、右玉、平鲁区	不能种冬小麦
12 春微旱、夏不旱区	▲5A	21	太岳、太行山区	
13 高寒、春微旱、夏不旱区	▲6A	22	五台山区	
		23	吕梁山北段山区	
14 高寒、春轻旱、夏不旱区	▲6B	24	恒山区	

注:符号中带"▲"表示垂直变化大的山区。

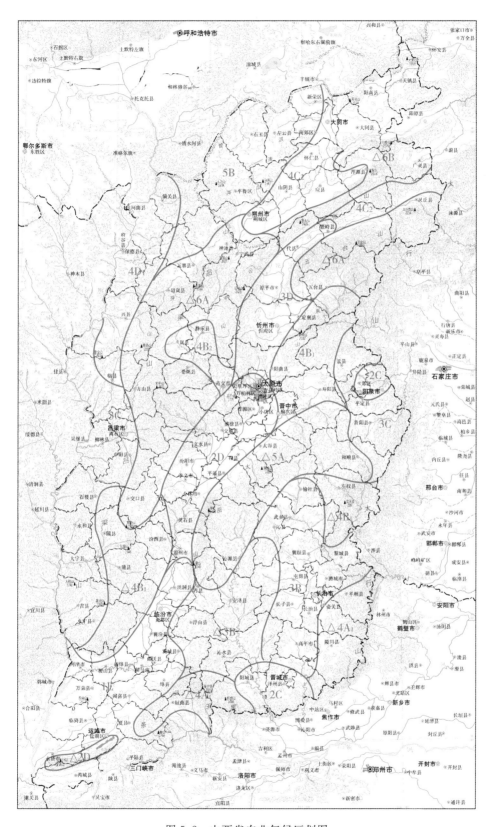

图 5.2　山西省农业气候区划图

参考文献

［1］丁一汇等. 中国气候.北京:科学出版社,2013.

［2］郭慕萍等. 山西省气候资源图集.北京:气象出版社,1996.

［3］山西省地图编纂委员会. 山西省自然地图集. 1984.

［4］山西省气象局. 简明农业气候区划. 1980.

［5］中央气象局. 中华人民共和国气候图集.北京:中国地图出版社,1994.

第6章 气候变化

气候变化是指长时期内气候状态的变化,即气候平均状态和离差(距平)两者中的一个或两个一起出现了统计意义上的显著变化。离差值越大,表明气候变化的幅度越大,气候状态越不稳定。

气候变化一词在政府间气候变化专门委员会(IPCC)的使用中,是指气候随时间的任何变化,无论其原因是自然变率,还是人类活动的结果。而在《联合国气候变化框架公约》(UNFCCC)中,气候变化是指"经过相当一段时间的观察,在自然气候变化之外由人类活动直接或间接地改变全球大气组成所导致的气候改变",它主要表现为三方面:全球气候变暖(Global Warming)、酸雨(Acid Deposition)、臭氧层破坏(Ozone Depletion)。其中全球气候变暖是人类目前最迫切的问题,关乎到人类的未来。

研究气候变化通常用不同时期的温度和降水等气候要素的统计量的差异来反映。按时间尺度的长短,气候变化可以分为地质时期的气候变化、历史时期的气候变化和现代气候变化三种类型。

地质时期的气候变化是一万年以前至几亿年以来各种时间尺度的气候变化。主要运用的是地质学资料(如生物化石、孢粉、同位素、沉积物等)。由于地质时期的气候变化幅度很大,常引起地球表面冰雪覆盖程度很大的变化,其变化轮廓可以用冰期和间冰期的交替来表现。

历史时期的气候变化是近几千年来的气候变化,它使用了树木年轮、历史气候记载、史书、方志等以定性来进行分析,丰富的历史资料文献,反映了历史各个不同时期的气候。历史时期的气候变化不仅是几千年自然史中的重要组成部分和人类发展史的重要环境条件之一,也是现代气候变化的直接背景,对了解现代气候变化也是十分重要的。

现代气候变化主要是近百年来或者是近50 a来的气候变化,尤其是近50 a来的气候变化可以依据众多观测站点布设的现代气象仪器观测资料来进行详细的分析。

各种时间尺度的气候变化,一般都以冷暖阶段的交替和干湿(旱涝)阶段的交替为其特点。

6.1 气候变化研究与评估概述

6.1.1 IPCC 与气候变化科学评估报告

为了科学地制定和实施应对全球气候变化的政策措施,有关国际组织和各主要发达国家都编制和发布了相关的气候变化评估报告。如政府间气候变化专门委员会(IPCC)自1988 年以来已经组织全球的科学家编制了四次气候变化科学评估报告。尽管气候变化在科学上还存在许多不确定性,但IPCC的评估报告作为国际科学界和各国政府在气候变化科学认识方面形成的共识性文件,已为联合国气候变化大会的召开和国际社会应对气候变化

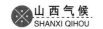

提供了重要决策依据。

6.1.2　中国的两次气候变化评估报告及主要结论

2006 年 12 月,科技部、中国气象局、中国科学院等 12 个部门正式发布了第一次《气候变化国家评估报告》。2008 年 12 月,由科技部、中国气象局和中国科学院联合牵头组织的《第二次气候变化国家评估报告》编写工作正式启动。2011 年 11 月《第二次气候变化国家评估报告》正式发布,该报告全面、系统地汇集我国应对气候变化有关科学、技术、经济和社会研究成果,客观地反映了我国科学界在气候变化领域的研究进展。

《第二次气候变化国家评估报告》的主要结论包括:百年尺度上,中国的升温趋势与全球基本一致。1951—2009 年,中国陆地表面平均温度上升 1.38℃,变暖速率为 0.23℃/10a。1880 年以来,中国降水无明显的趋势性变化,但是存在 20～30 a 尺度的年代际振荡。1951 年以来,中国的高温、低温、强降水、干旱、台风、雾、沙尘暴等极端天气气候事件的频率和强度存在变化趋势,并有区域差异。气候变化对中国农业的影响利弊共存,以弊为主。气候变化对中国水资源的时空分布产生了一定的影响;对中国的生态系统和生物多样性产生了可以辨识的影响;气候变化在中国所引起的高温热浪等极端天气事件频发不仅直接影响人体健康,同时也会使传染性疾病的患病风险增加。利用多个气候系统模式集合平均,预估到 21 世纪末,中国年平均温度在 B1、A1B 和 A2 情景下将比 1980—1999 年平均分别增加约 2.5℃、3.8℃ 和 4.6℃,比全球平均的温度增幅大。A1B 情景下,中国年平均降水有所增加,中心位于青藏高原南部及云贵高原,以及长江中下游地区。

6.1.3　华北区域气候变化评估报告及主要结论

华北区域作为典型的暖温带半湿润大陆性季风气候是我国典型的气候脆弱区。在全球气候变暖背景下,华北区域的气候特征也发生了显著变化,加上华北区域又是我国人口活动、能源产出、消耗和温室气体排放最集中的地区之一,因而华北区域成为 IPCC 和《气候变化国家评估报告》关注的重点地区。

《华北区域气候变化评估报告》在总结前人工作成果的基础上,采用华北区域均一化代表站点逐日气象资料,分析了华北区域(包括北京市、天津市、河北省、山西省和内蒙古自治区)近 100 a 和近 50 a 气候变化的基本事实与可能成因,同时对该区域 21 世纪的气候变化趋势做出预估,为气候变化影响、适应和减缓对策研究提供科学依据。

6.1.3.1　地表气温的变化

在全球变暖背景下,近 100 a 来(1910—2009 年)华北区域年平均气温呈显著增加趋势,增温速率约为 0.143℃/10a,高于全国近百年的平均增温速率。增温主要从 1980 年代开始,并且有加快趋势。四季温度均呈上升趋势,其中以冬季升温最为明显,其次是春季、秋季和夏季。近 50 a(1961—2009 年),华北区域年平均增温速率为 0.44℃/10a,各月的升温趋势中,2 月份变暖最明显,5 月份变暖趋势最弱。空间分布上,华北区域年平均气温均呈增温趋势,其中,内蒙古中部和东部、河北南部的部分地区升温最为明显,超过 0.6℃/10a。

6.1.3.2　降水量的变化

近 100 a(1910—2009 年)华北区域年降水量呈减少趋势,减少幅度为 2.18 mm/10a,其中夏季降水量以 3.98 mm/10a 的速率明显减少,而冬、春和秋季降雨量均呈增加趋势,增加速率分别为 0.05 mm/10a、1.39 mm/10a、0.39 mm/10a。近 50 a(1961—2009 年),华北区域年降水量以 9.3 mm/10a 的速率减少,降水量年际间波动明显。其中,夏季和秋季降水量呈减少趋势,且以夏季减少最为明显,春季和冬季降水量呈增加趋势。在空间分布上,华北区域南部年降水量明显减少,中西部和东北部部分地区呈略增加的趋势,但增加的绝对值不大,这种增加不足以改变这一地区气候干旱的基本状况。

6.1.3.3　其他气象要素的变化

近 50 a(1961—2009 年)华北区域年平均风速呈显著减小趋势,减少速率为 0.19 m/(s·10a),其中以冬季减小趋势最为明显,其次是春季,夏季风速减小趋势最弱。空间分布上,除内蒙古东北部、山西南部、北京市和河北东北部的部分地区年平均风速无明显变化趋势以外,其余大部分地区年平均风速呈明显的减小趋势。

近 50 a 华北区域年平均相对湿度呈略减小的趋势,以变干趋势为主,空间分布上,只有个别站点存在变湿的趋势,且这些站点大部分位于小城镇或乡村,其余大部分站点呈现变干的趋势。

近 50 a 华北区域日照时数呈明显减小的趋势,减小速率达到 59.35h/10a,除内蒙古西部和中部的巴雅尔图胡硕及锡林浩特等极少地区日照时数略微增加以外,其余大部分地区均呈减小趋势。

6.1.3.4　高影响天气气候事件(包括极端气候事件)变化

在气候变暖背景下,近 50 a 华北区域高影响天气气候事件的频率和强度出现了明显变化。极端降水量、日降雨极值、降水日数和降水强度均呈下降趋势。日最大降水量和连续 5 d 最大降水量均呈下降趋势;各级别降水发生频次均呈减小趋势,以小雨的发生频次减少最明显。在年降水量中,小雨和中雨的贡献率呈增加的趋势,大雨的贡献率变化趋势不明显,呈略减小趋势,暴雨和大暴雨的贡献率呈明显的减小趋势。在近 20 a 中,华北区域大部分地区干旱发生比前 20 a 更加频繁。近 50 a 极端最高气温和高温热浪日数呈增加的趋势,酷暑日数与高温日数之比值呈现微弱的增加趋势;平均冷夜指数呈下降趋势,暖夜指数呈上升趋势,寒潮频次呈现出明显减少的变化趋势;年平均雾日数变化总体呈减少的趋势;霾日数变化的区域差异较明显;华北区域大部分台站的沙尘日数呈减少趋势。

6.1.4　山西气候变化的研究概述

6.1.4.1　古气候的研究

张德二等[1]的研究,表明了 1743 年山西东南部出现了异常高温,并指出这是工业革命之前(CO$_2$ 较低排放水平时)出现的极端高温实例。易亮等[2]利用山西芦芽山地区采取了符合国际树轮库要求的油松样本,通过交叉定年和应用区域生长模型,建立长度为 328 a 的标准宽度年表. 根据 RCS 序列所揭示的气候低频变化特征,确定公元 1676 年以来夏季温度可划分为两个时段:1676—1865 年和 1866—2003 年。在 1676—1865 年时期,夏季温度变化主要表现为"冷强暖弱",其中 1710—1720 年代为最冷时段。1866—2003 年时期,夏季温度呈现出"总体持续变暖,冷暖交替频繁"的变化特征。

6.1.4.2 降水与气温变化的研究

李智才[3]对阳泉1955—2000年的平均气温、平均最低气温、平均最高气温、02时平均气温、14时平均气温的变化进行了研究,结果表明:夜间气温增温幅度高于白天增温幅度,冬季气温增温幅度高于夏季增温幅度,表现出明显的不对称性。

赵桂香等[4]对1957—2003年山西的气候变化特征进行了研究,表明1957—2003年山西省降水量总体呈减少趋势,而气温则呈上升趋势,减少和上升速度均显著高于全国水平,20世纪90年代以来这种趋势尤为明显。

李智才等[5]、宋燕等[6]利用山西64个测站1960—2003年的月降水量等资料,研究了山西夏季降水的变化特征,指出山西夏季降水呈减少趋势,其中中部地区最为明显。

张春林等[7]利用太原、大同、临汾、离石四个站自建站以来到2005年的资料,研究了山西黄土高原近50 a来的气候变化。研究表明:山西省近50 a来气候总体上具有向暖干化变化的特征。

刘秀红等[8]研究了山西65个测站1960—2009年春季降水的变化特征,指出:山西北部和中、南部的东部春季降水有增多的趋势,中、南部的西部地区春季降水为减少的趋势。

李智才等[9]利用NCEP资料及中国600站降水资料,研究了东亚夏季风的变化对山西夏季降水的影响,研究表明:近60 a来夏季风在山西省的建立日期推后,而撤退日期却有所提前,东亚夏季风的减弱影响了山西夏季降水。

李智才等[10]利用山西省1960—2005年逐日降水资料研究了山西省主汛期降水及主汛期暴雨日数的变化特征,结果表明:山西大部分地区主汛期降水量均呈下降趋势,多年的变化趋势在0.1～－30 mm/10a之间,其中,中部的东部部分地区为显著下降趋势,通过了$\alpha=0.05$的显著性检验。

周晋红等[11]应用山西省62个气象站1961—2008年降水资料,对山西的干旱气候变化进行了研究,研究发现,近48 a来,山西区域年干旱指数下降趋势显著,1977年后,年干旱指数发生突变,山西进入持续干期。

李晋昌等[12]利用山西省17个站点1957—2008年春季气候资料,对春季气温、降水及其极端事件进行了分析。结果表明:气温和降水量越高的地区,气候呈暖干趋势越明显,全省2/3的区域气候趋于暖干,呈北湿南旱趋势;春季极端高、低温年份频率分别呈增大和减小趋势,强度均呈增大趋势;极端高、低降水年份频率均呈减小趋势,强度均呈增大趋势;极端干旱年份频率和强度均呈增大趋势,极端湿润年份频率和强度均呈减小趋势;极端高、低温面积分别呈增加和减少趋势,极端高、低温区域几乎不会同时存在;极端高、低降水面积分别呈减少和增加趋势,同时存在极端高、低降水区域的年份频率有增加趋势,极端湿润、干燥区域面积的年际变化与其相同。

马京津等[13]对1961—2009年华北地区气候态类型变的化特征进行了研究,指出山西北部地区从"非干旱－干旱"气候类型变化到"干旱－半干旱"气候类型。

王咏梅等[14]利用1961—2006年山西省42个测站的气温资料,分析了山西冬季气温异常的时空特征,结果表明,山西冬季气温年代际变化特征明显,1960—1980年代中期为偏冷期;1987年以后持续偏暖,尤其是1990年代后期至2004年,为近46 a以来最暖时期。山西冬季气温变暖趋势显著。

高文华等[15]利用1954—2009年山西省晋南地区气候资料,研究了晋南地区气候变化特征,结果表明:1954—2009,山西晋南地区的气候有向干暖化转化的趋势,冬、春季升温最剧烈,夏季的降水减少最剧烈。

张丽花等[16]根据山西 18 个气象站自建站以来到 2010 年的气温和降水资料,分析了山西近 60 a 来的气候变化及旱涝趋势。结果表明:山西近 60a 来气候总体上具有暖干化特征,年平均气温呈波动上升趋势,其增长率为 0.29℃/10a。20 世纪 90 年代以来气温上升迅速,在 1992 年气温发生突变,1992 年以前为冷期,以后为暖期。降水量总体呈减少趋势,为 −12.77 mm/10a,夏秋季降水减少明显,说明降水减少主要是由夏秋降水减少所造成,涝的趋势大幅降低,旱的趋势有所增加。

赵永强[17]利用太原市 1961—2010 年逐日平均气温、最低气温及最高气温资料,分析了其变化规律,结果表明:近 50 a 太原年平均气温,年平均最高、最低气温以及年极端最高、最低气温都存在显著的增加趋势,年平均最高、年极端最高与年平均最低、年极端最低气温的非对称变化显著,且极端气温变化速率高于相应平均最高、最低气温的变化速率。

6.1.4.3　极端气候事件的研究

王咏梅等[18]利用山西 68 个气象站逐日最高气温、降水等资料,采用百分位值极端事件定义方法研究了山西 1961—2008 年极端高温和极端强降水事件的变化特征。结果表明:1961 年以来,山西极端高温日数呈显著增加趋势,趋势为 5.9 d/10a,20 世纪 90 年代中期以前变化趋势不明显,1997 年以来增多趋势显著。与此同时,极端强降水事件趋于减少。极端高温事件在 2001 年发生了突变,2001 年以后极端高温事件显著增多。极端高温日数有3～4 a,8～12 a 及 30 a 的周期,极端强降水日数有准 3 a,6～10 a 及准 16 a 的周期。王正旺等[19]应用 1971—2010 年山西东南部 11 个气象观测站资料,研究了气候变暖与某些灾害天气的演变特征,结果表明:气候变暖是灾害天气发生异变的主要原因。随着年代平均气温的升高,干旱事件次数增加,寒潮次数减少,高温日数明显增多。

李智才等[20]利用山西省 1960—2005 年逐日降水资料,分析了 46 a 来山西省主汛期极端降水的变化特征。研究表明:山西省大部分地区主汛期降水量均呈下降趋势,但日降水大于 30 mm 和 50 mm 降水量却有所增加,尤以中部地区增多为主;20 世纪 60 年代以来全山西省主汛期小雨日数明显减少;进入 21 世纪后,山西省主汛期降水虽然在减少,但极端强降水的次数有所增加,主要表现在中部地区大于 30 mm、大于 50 mm 降水的日数和强度均有增加或增强的趋势。

王冀等[21]对华北区地区极端气候事件进行了研究,指出山西大部是极端暖事件(年极端最高气温、暖日指数)变化趋势的大值区,山西东北部是极端冷事件(年极端最低气温、冷夜指数)上升趋势最显著的区域。山西的极端降水量呈减少趋势,而山西中部的极端降水次数呈现显著的上升趋势,山西北部的日最大降水量是上升的高值中心之一。王智娟等[22]对近 1961—2005 年山西区域极端气候事件的变化特征进行了研究,结果表明:1961—2005年,在全球变暖大的气候背景下,山西区域日最高气温年内极值的线性趋势不明显,日最低气温年内极值上升趋势明显,特别是其南部,升温幅度几乎达到同期全国的最高程度。山西南部的 35℃以上的高温多发区(临汾、运城一带)年内高温日数有明显的减少趋势,减少的天数分别为 4 d/45a 和 3.5 d/45a;年内最低气温低于 0℃的相对冷日数明显减少,45 a 由北向南减少 5 d 到 20 d 不等,年内平均气温高于 22℃相对暖日数则有一定程度的增多趋势。

张红雨等[23]利用山西省 68 个气象台站,1961—2008 年的逐日降水资料,分析了山西省

暴雨发生次数(日数)的时空分布特征及其变化规律。结果表明:1961—2008 年全省暴雨日数呈现出下降趋势,尤其是 7 月份下降趋势最为明显;20 世纪 70 年代末暴雨发生次数出现了较为明显的转折,全省大部分地区暴雨发生次数有所减少,特别是在山西东南部一带和吕梁山北部地区减幅最大。

6.1.4.4　气候变化对农业和生态影响研究

钱锦霞等[24]利用山西省 39 个气象站 1960—2005 年春季平均气温和降水量资料,研究了山西省春季气候变化的区域特征,暖干气候对冬小麦的产量会造成严重影响,但春季气温升高的趋势,为适当早播提供了可能。

武永利等[25]对气候生产潜力的时空变化特征以及对气候变化的响应进行了研究,结果表明:近 45 a 山西北部和东南部的气候生产潜力呈现增加趋势,晋中以及运城、临汾为递减趋势;境内各地热量条件充足,降水是作物产量的主要限制因素,降水增减 1 mm,气候生产潜力增减 0.4738~1.138 之间。

蔡霞等[26]对朔州 1957—2009 年的气象条件对农业生产的影响进行了分析研究,指出无霜期的延长、活动积温的增加使农作物生长季延长,对提高作物产量和作物种植结构调整提供了有利的生态环境,但降水的减少不利于农业生产。

武永利等[27]对利用 1982—2006 年 8 km 的 NSASA/GIMMS 半月合成的月植被指数(NDVI)和同期气候数据,根据山西地形地貌结合土地利用及植被调查资料,分析了NDVI 对降水、气温以及干旱指数 PDSI 等气候要素的响应特征。结果表明:近 25 a 来山西植被指数呈起伏上升趋势,不同生态区中林区>农业区>农牧区;林区春季植被指数显著上升,植被指数对气候年际变化响应有明显的滞后性,降水的年际变化对植被指数影响最大,尤其是降水的累积效应。

刘文平等[28]利用山西 18 个站点 1971—2008 年逐日平均气温、风速、相对湿度等资料,根据舒适度指数的特点,不同季节采用不同的评定指数,并确定了山西省四季舒适度指数范围。研究表明:山西省的人体舒适度日数在春季变化较为剧烈,目前处于"极热"等级,夏、秋季的人体舒适度环境接近"极热",冬季比较舒适,随着气温的不断升高,环境气候对人体的舒适度影响将会逐渐加大。

张高斌等[29]利用山西省万荣县 1957—2008 年气象资料,分析了气候变化特征及其与农田土壤湿度的关系。结果表明:麦田年平均土壤湿度呈下降趋势,特别是进入 21 世纪以来,土壤湿度在小麦生育期下降较为明显。麦田土壤湿度下降的主要原因是降水量的减少。

李燕等[30]选取运城、临汾、晋城和长治县农业气象试验站典型木本和草本植物 1982—2004 年物候观测资料及各地 1970—2004 年气温资料,分析了各地气温和植物物候期的变化特征,以及气温对植物物候期的影响。结果表明:春季物候期普遍呈提前趋势,生长季呈延长趋势;木本植物秋季物候期呈推迟趋势,大部分地区草本植物黄枯始期表现为略提前趋势,黄枯末期表现为推迟趋势。随着年平均气温的不断升高,植物春季物候期呈提前趋势;木本植物秋季物候期呈推迟趋势,草本植物黄枯末期大多呈提前趋势。气温每升高 1℃,植物展叶始期提前 1~18 d。

6.1.4.5　气候变化对天气现象等的影响研究

徐可文等[31]利用山西省观象台 1956—2003 年地面总辐射资料,研究了太原市太阳总辐射的变化特征,研究表明:太原地区的年日照时数减少,年总辐射量呈显著减少趋势。

苗爱梅等[32]对 1957—2007 年的山西的大风与沙尘天气的变化特征进行了研究,指出山西的沙尘暴、扬沙总日数在 20 世纪 90 年代初期以后比 50 年代到 70 年代初期分别减少了 84.9% 和 77.1%,而高纬冷空气向南爆发的频数减少、势力偏弱、路径偏北导致山西风力条件的减弱是 1957—2007 年沙尘暴、扬沙发生频数下降的主要原因。

李芬等[33,34]研究了山西终霜冻日 1961—2010 年的变化特征。结果表明:山西平均终霜冻日呈现提早结束的趋势,2001—2010 年是山西平均终霜冻日波动最为剧烈的时期。大部分站点的终霜冻日都发生了显著的气候突变,突变时间在 1975—1996 年之间;突变年份与海拔高度和纬度均为负相关,且与纬度的相关程度比海拔高度更为密切。终霜冻提前幅度较大的地区主要位于中西部和南部的广大地区,推后幅度较大的地区集中在西北部以及中东部。

6.1.4.6　气候变化对水资源的影响研究

郭清海等[35]以山西娘子关泉、辛安泉、郭庄泉、神头泉、晋祠泉、兰村泉、洪山泉等 7 个岩溶大泉为例,将岩溶泉的流量变化过程划分为天然波动阶段与人类活动影响叠加阶段,其流量衰减主要受气候因素与人类活动因素控制,其中前者的贡献约为 60%,后者的贡献约为 40%;7 个岩溶泉总还原流量的变化与同期全球气温变化存在良好的对应关系,对近几十年来的全球变暖与干旱化过程具有指示意义。

杜顺义等[36]利用黄土高原东部山西 65 个气象站 1960—2007 年降水和气温资料、1956—2000 年山西岩溶大泉水流量资料以及山西中部晋中市 1956—2006 年的河川径流量和水资源总量资料,分析了黄土高原东部山西水资源的对气候变化的响应,研究表明:黄土高原东部水资源有呈显著减少的趋势。天然径流量也呈下降趋势,山西省 1990 年代年均天然径流量较 1950 年代均量减少 19.59 亿 m³,降水对泉流量的影响主要表现为泉流量变化存在明显的滞后效应与延迟效应。

张敬平[37]研究了山西河川径流与气候变化的关系,研究表明:由于气候变化使地表径流以每年 0.63% 的速度减少,约占整个径流减少量的 40%;由于人类活动使地表径流以每年 0.97% 的速度减少,约占整个径流减少量的 60%。

6.2　气温的变化

选取经过均一性检验的 20 个气象站(右玉、大同、天镇、河曲、朔州、灵邱、兴县、原平、太原、太谷、阳泉、榆社、隰县、吉县、临汾、安泽、襄垣、侯马、垣曲、阳城)的气温资料,资料年限 1960—2012 年。利用气候趋势系数、气候倾向率、突变分析、小波分析等统计方法分析山西省气温的变化特征。

6.2.1　年平均气温的变化

1960—2012 年,在全球变暖的背景下,山西省年平均气温呈现明显的上升趋势(图

6.1），平均线性增温速率为 0.22℃/10a，低于全国同期平均升温率 0.30℃/10a，也低于华北区域同期平均升温率 0.36℃/10a（华北区域气候变化评估报告决策者摘要及执行摘要，2012）。

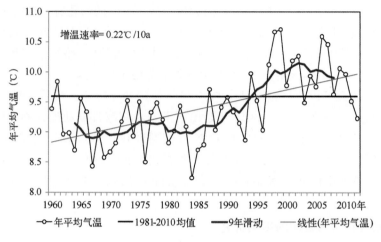

图 6.1　1960—2012 年山西省年平均气温变化

从年代际变化看（图 6.1、图 6.2、图 6.3），1960 年以来，山西经历了"一、十、一、十"四个冷暖阶段，20 世纪 60 年代是气温相对偏低时期，1970 年代转为相对偏高时期，进入 1980 年代后又转为相对偏低时期，1992 年发生突变，1997 年以后年平均气温显著上升，但近年来有下降的趋势。

从区域来看，除中、南部局部地区以外，全省均出现显著性增温趋势，并且呈现山地升温趋势高于中部盆地，北部升温趋势高于南部的分布特点（图 6.3），最大升温幅度为0.41℃/10a，出现在北部的原平。

6.2.2　各季平均气温的变化

根据山西 20 个站点季平均气温的变化趋势来看（图 6.4），冬、春季升温趋势明显，夏、秋季只有微弱的升温趋势。近 50 a 来，山西冬季升温幅度最大，为 0.40℃/10a，春季次之，升温幅度为 0.27℃/10a，秋季升温幅度为 0.02℃/10a，夏季升温幅度最小，仅有 0.01℃/10a。四季的升温幅度均小于华北区域同期的平均升温幅度。

从季平均气温变化的趋势系数分布特征来看（图 6.5）：春季除中部、南部的个别站点以外，全省均出现显著性增温趋势，增温趋势最快的区域出现在太原至忻州一带及临汾附近，其中原平和临汾的增温幅度达 0.45℃/10a。夏季北部、中部的太原、吕梁及阳泉和临汾北部为显著增温趋势，其余地区为不显著的降温趋势，其中运城以南出现显著降温，最大增温幅度 0.36℃/10a 出现在大同，最大降温幅度 0.20℃/10a 出现在垣曲。秋季除个别站点以外全省均为增温趋势，北、中部大部区域为显著性增温，太原至忻州一带及临汾附近增温幅度较大，最大增温幅度 0.33℃/10a，出现在原平和临汾。冬季全省均为显著的增温区域，增温幅度大的区域在忻州市、长治市、临汾市附近，最大增温幅度达 0.73℃/10a，出现在长治的襄垣。

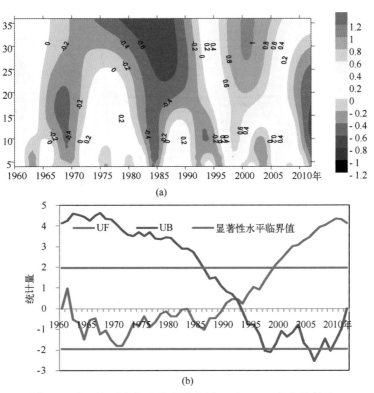

(a)

(b)

图 6.2　山西年平均气温的小波分析(a)和 M-K 突变分析(b)

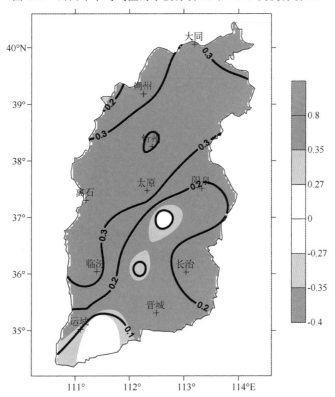

图 6.3　山西省年平均气温变化趋势（℃/10a)分布图

（浅色阴影区为通过 95％信度检验区域,深色阴影区为通过 99％信度检验区域)

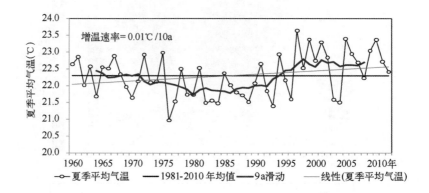

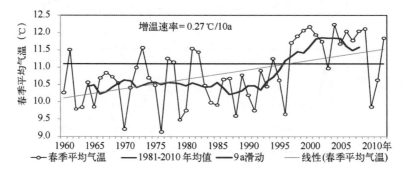

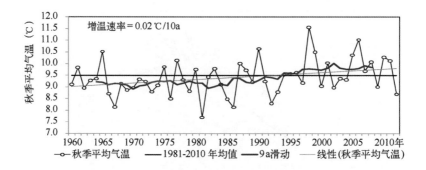

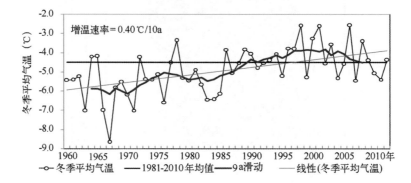

图 6.4　1960—2012 年山西省各季平均气温变化

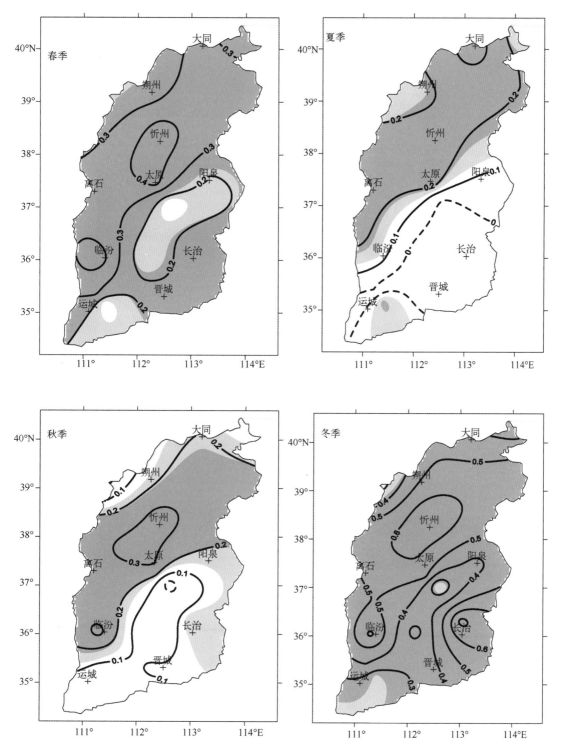

图6.5 山西省各季平均气温趋势系数(℃/10a)

(浅色阴影区为通过95%信度检验区域,深色阴影区为通过99%信度检验区域)

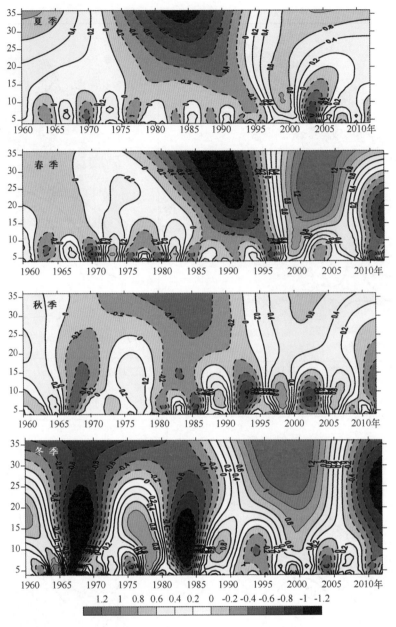

图 6.6　山西省季平均气温小波分析

从年代际变化看(图 6.4、图 6.6、图 6.7),1960 年以来,春季气温的变化趋势基本与年平均气温的变化趋势相同,也经历了"一、+、一、+"四个冷暖阶段,20 世纪 60 年代是春季气温相对偏低时期,1970 年代转为相对偏高时期,进入 80 年代后又转为相对偏低时期,1994 年发生突变转为偏高时期,1997 年以后春季平均气温显著上升,近年来有下降的趋势。夏季经历了"+、一、+"的冷暖阶段,20 世纪 70 年代中期到 90 年代中期是夏季气温的相对偏低时期,1997 年发生突变,但是之后并没有显著增温。秋季经历了"一、+"的冷暖阶段,20世纪 90 年代中期以前是相对偏低时期,1993 年发生突变,之后进入秋季气温的相对偏高时期。冬季与秋季的年代际变化特征比较相似,也是经历了"一、+"的冷暖阶段,20 世纪 80

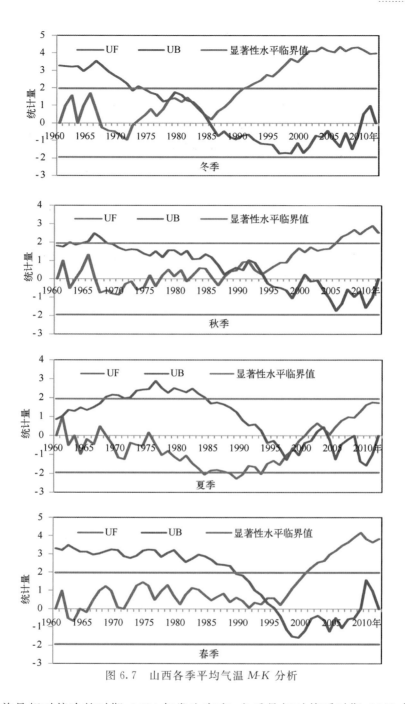

图 6.7　山西各季平均气温 *M-K* 分析

年代中期以前是相对偏冷的时期,1984 年发生突变,之后是相对偏暖时期,1991 年以后冬季显著增温。

　　从气候突变的角度看,冬季最早发生突变,秋季次之,之后春季气温发生突变,夏季气温是最后发生突变的,并且没有出现显著增温的趋势。

6.2.3　平均最高温度的变化

　　1960—2012 年山西区域年平均最高气温呈现明显的增温趋势,线性趋势为 0.25℃/10a

（图 6.8）。从区域分布来看，全省均为显著上升（图 6.9），最大增温速率为 0.64℃/10a 出现在临汾的西部。

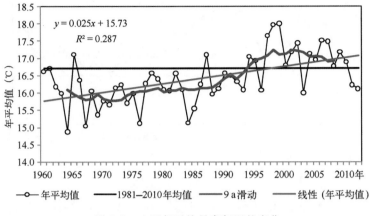

图 6.8　山西年平均最高气温的变化

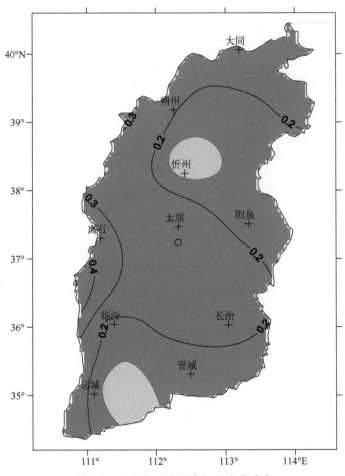

图 6.9　山西年平均最高气温变化分布

（浅色阴影区为通过 95％信度检验区域，深色阴影区为通过 99％信度检验区域）

从各季平均最高气温的变化来看(图6.10),冬季的增温速率最大,为0.38℃/10a;春季的增温速率次之,为0.31℃/10a;秋季为0.24℃/10a;夏季的增温速率最小,为0.13℃/10a。

从各季最高气温趋势系数的分布来看(图6.11),冬季和春季显著增温的区域最大,但具体分布特点又有所不同,冬季在南部有部分地区不是显著的增温。春季在北部及中部的偏东地区不是显著的增温。秋季的显著增温区域主要在中、南部,北部大部分地区增温不显著。夏季只有西部和北部的局部地区增温显著。4个季节的最大增温区域均在西部,这与年平均最高气温变化的分布特征是一致的。

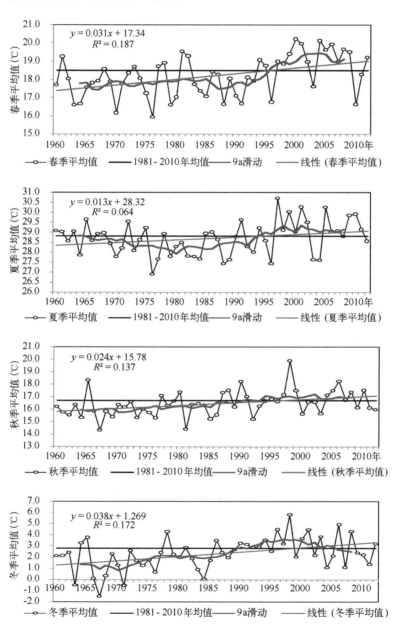

图6.10 山西省各季平均最高气温的变化

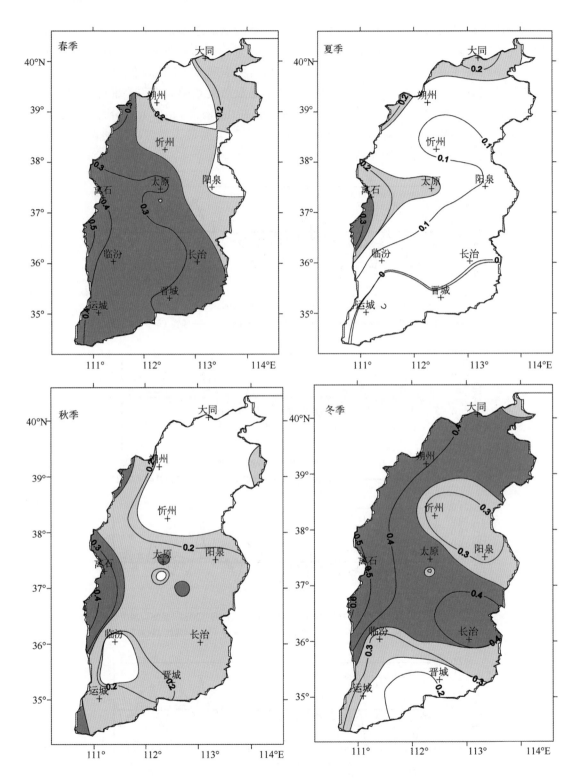

图 6.11　山西省各季平均最高气温趋势系数分布

(浅色阴影区为通过 95％信度检验区域,深色阴影区为通过 99％信度检验区域)

6.2.4 平均最低温度的变化

1960—2012 年山西区域年平均最低气温呈现明显的增温趋势,线性趋势为 0.25℃/10a (图 6.12)。从区域分布来看,全省均为显著上升(图 6.13),北部增温趋势大于南部,最大增温速率为 0.63℃/10a,出现在北部忻州一带。

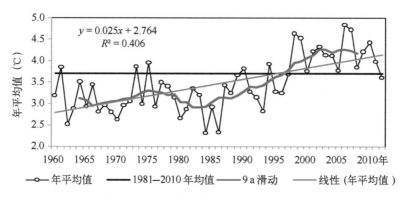

图 6.12 山西省年平均最低气温的变化

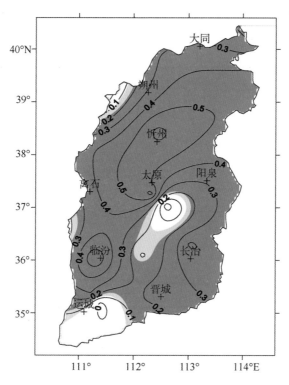

图 6.13 山西省年平均最低气温的变化

(浅色阴影区为通过95%信度检验区域,深色阴影区为通过99%信度检验区域)

从各季平均最低气温的变化来看(图 6.14),冬季的增温速率最大,为 0.48℃/10a;春季的增温速率次之,为 0.26℃/10a;夏季为 0.17℃/10a;秋季的增温速率最小,为 0.15℃/10a。与各季最高气温的变化相比,冬季平均最低气温的增温速率大于平均最高气温的增温速率。但春季、秋季最低气温的增温速率均小于最高气温的增温速率。

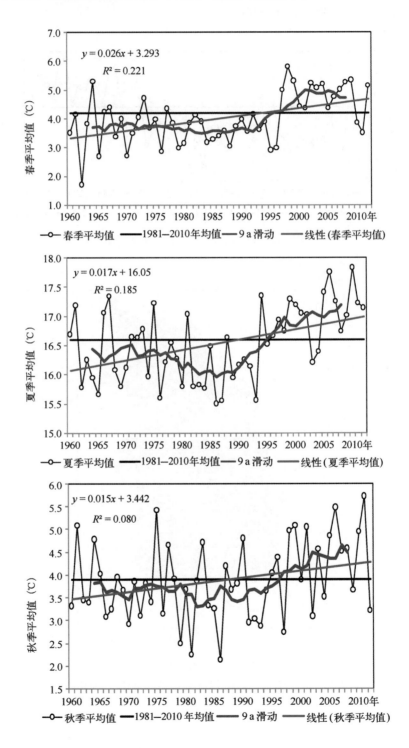

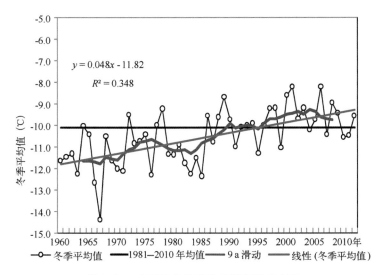

图 6.14　山西省各季平均最低气温的变化

从各季最低气温趋势系数的分布来看(图 6.15),冬季的平均最低气温全省均为显著增温,最大增温区域主要位于北中部的忻州至太原一带及东南部的长治附近,最大增温速率达到 1℃/10a,出现在东南部的襄垣。春、夏、秋季的的分布特征基本一致,均表现为北部及中部的大部地区为显著增温区域,中部及南部的部分地区为不显著增温区。

6.3　降水的变化

选取山西省 1960 年建站的 67 个气象站的逐月降水资料,利用气候趋势系数、气候倾向率、突变分析、小波分析等统计方法分析山西近 50 a 降水变化。

6.3.1　年降水量的变化

1960—2012 年,山西省年降水量呈现明显的减少趋势(图 6.16),平均线性减少速率为11.8 mm/10a。

从年代际变化看(图 6.16、图 6.17),1977 年年降水量发生突变,之前是一个相对"湿"期,之后进入一相对"干"期。随着全球变暖,1997 年山西年平均气温显著上升,之后,山西年降水量发生了显著下降的趋势。使得山西的气候有向暖干化发展。不过,近年来山西降水有增多的趋势。

从区域来看,除北部局部地区年降水量为增加趋势以外,全省其余地区均为减少的趋势,呈现南部降水减少趋势大于北部的分布特点(图 6.18),其中,中、南部的部分地区为显著减少区域,其余地区的变化并不显著。

6.3.2　季降水量的变化

1960—2012 年,山西春、夏、秋季降水量均呈现减少趋势(图 6.19),其中夏季降水量呈现较明显的减少趋势,减少速率为 7.3 mm/10a。秋季降水量的减少趋势次之,减少速率为3.9mm/10a。春季降水量仅呈现微弱的减少趋势,减少速率为 1.0 mm/10a。

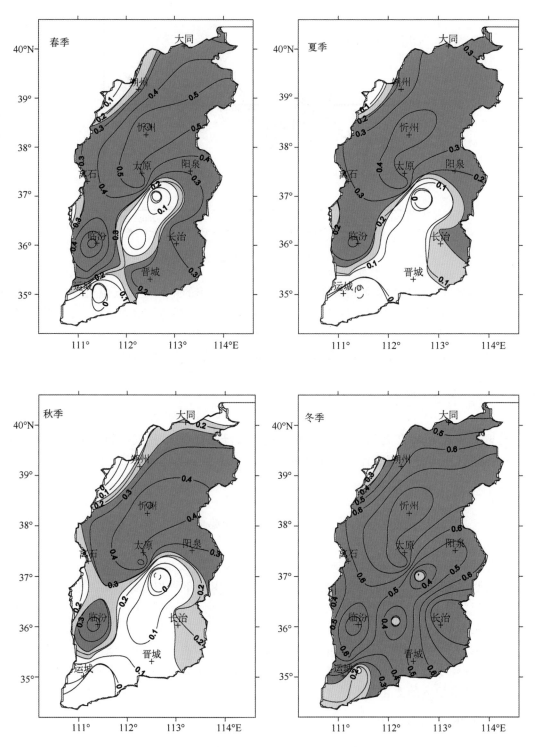

图 6.15　山西省季平均最低气温趋势系数分布

（浅色阴影区为通过 95％信度检验区域，深色阴影区为通过 99％信度检验区域）

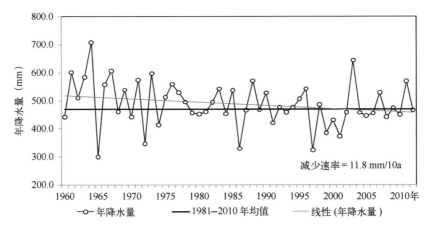

图 6.16 1960—2012 年山西省年降水量变化

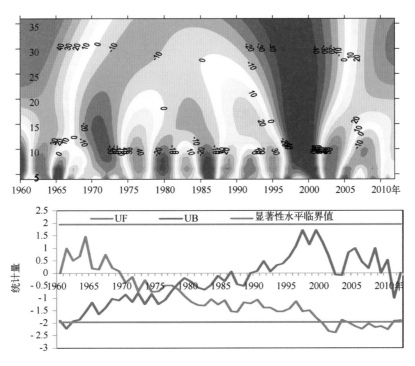

图 6.17 山西省年降水量小波分析(a)和 *M-K* 突变分析(b)

冬季降水量的变化趋势异于其他三季,呈现出微弱的增加趋势,但增加速率仅为 0.2 mm/10a。

从区域来看(图 6.20),春季山西北部及省境东部区域季降水量为弱的增加趋势,中、南部的大部地区为减少的趋势;夏季除南部局部地区降水量为增加趋势以外,全省其余地区均呈减少的趋势;秋季北部降水量为增加趋势,中、南部呈现减少趋势;冬季南部、东南部及西部沿黄河一带的局部冬降水量呈现增加趋势,其余地区为减少趋势。

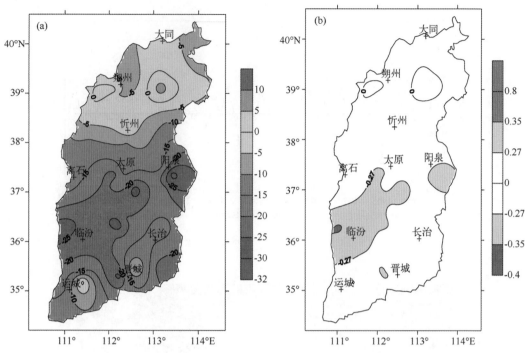

图 6.18 山西省年降水量趋势系数(mm /10a)(a)和显著检验(b)
（浅色阴影区为通过 95％信度检验区域，深色阴影区为通过 99％信度检验区域）

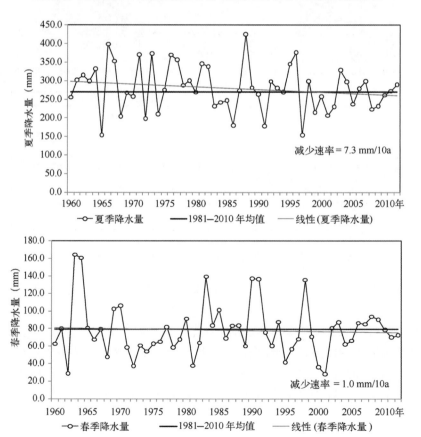

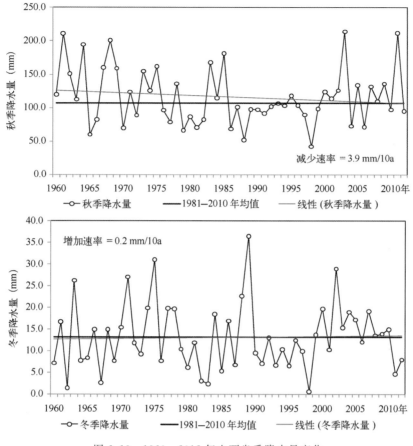

图 6.19　1960—2012 年山西省季降水量变化

6.3.3　夏季各级降水日数及强度的变化

计算了 1960—2005 年山西 64 站夏季各级降水量（日降水量在 1 mm 以下、10 mm 以下、10 mm 以上、30 mm 以上、50 mm 以上）的降水日数,并利用各级降水量的累积雨量与降水日数之比计算出各级降水量（日降水量在 10 mm 以下、10 mm 以上、30 mm 以上、50 mm 以上）的降水强度。

6.3.3.1　夏季各级降水日数的变化

1960—2005 年,山西夏季各级降水日数均呈现减少趋势（图 6.21）,其中,1 mm 以下、10 mm 以下降水日数为显著性减少,减少的线性速率分别为 0.35 d/10a、0.69 d/10a。其余各级降水日数的减少不显著。

从年代际变化来看,1 mm 以下降水日数、10 mm 以下降水日数、50 mm 以上降水日数均呈现"增加、减少、增加"的变化特征,从 20 世纪 70 年代开始减少,到 90 年代中期出现增加的趋势。10 mm 以上降水日数、30 mm 以上降水日数基本是一致减少的趋势。

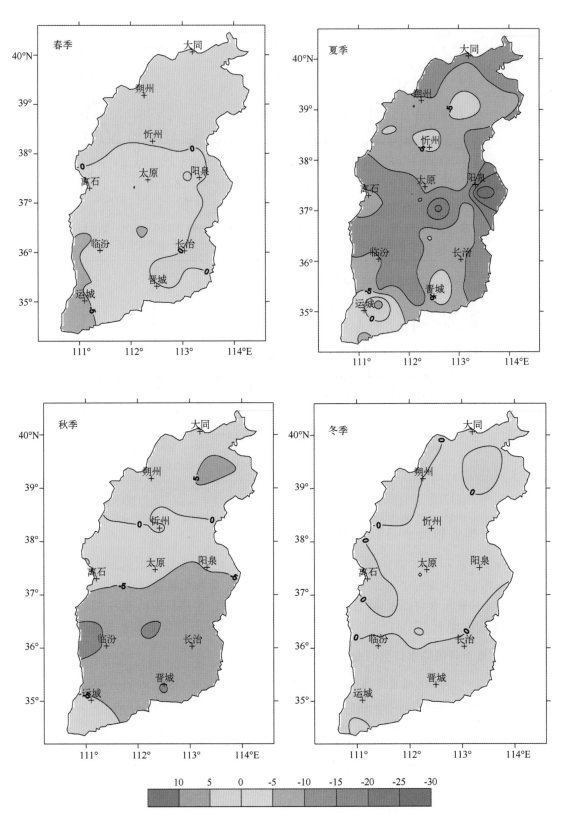

图 6.20　山西省各季降水量变化趋势(mm /10a)分布图

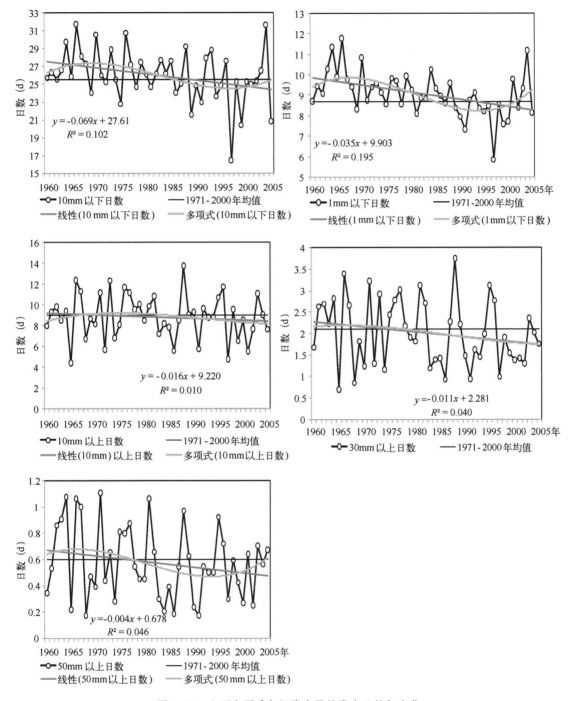

图 6.21　山西省夏季各级降水量的降水日的年变化

（1 mm 以下降水日数,10 mm 以下降水日数,10 mm 以上降水日数,30 mm 以上降水日数,50 mm 以上降水日数）

从夏季各级降水变化趋势的空间分布来看(图 6.22),1 mm 以下降水日数的线性趋势系数在－1.2～＋0.7 d/10a 之间,除了南部和西部的局部地区呈现增加的趋势以外,全省大部地区均为减少趋势,其中忻州西部、运城西部及大同、太原的大部为显著性减少的趋势。

10 mm 以下降水日数的线性趋势系数在－2.0～＋0.6 d/10a。除中部的偏东地区、南部局部地区为增加趋势以外,其余地区均为减少趋势,北部的大部分地区和南部的局部地区为显著性减少,显著性减少的区域要大于 1 mm 以下降水日数显著性减少的区域。

10 mm 以上降水日数的线性趋势系数在－1.1 d～＋0.4 d/10 a。除北部和南部的部分地区为增加趋势以外,全省其余地区为减少趋势,其中阳泉为显著性减少的区域。

山西 30 mm 以上降水日数的线性趋势系数在－0.4 d～＋0.2 d/10a、50 mm 以上降水日数的线性趋势系数在－0.2 d～＋0.1 d/10a。二者的变化趋势分布基本一致,忻州、太原的大部,吕梁、长治的部分地区为增加的趋势,全省其余地区为减少的趋势,但通过显著性检验的区域非常小。在全省降水日数普遍减小的情况下,强降水日数在中、北部的部分地区呈现增加趋势,说明这些地区极端强降水有所增加。

6.3.3.2 夏季各级降水强度的变化

1960—2005 年,山西夏季各级降水强度均呈现弱的不显著的减少趋势(图 6.23)。

从年代际变化来看,30 mm 以上降水强度、50 mm 以上降水强度均呈现"减少、增加"的变化特征,从 20 世纪 90 年代中期出现增加的趋势。

1960—2005 年,山西夏季 10 mm 以下降水强度(图 6.24)的线性趋势系数在－0.3～＋0.2 mm/d /10a。长治、晋城,忻州大部,吕梁、太原的北部为弱的增加趋势,其余地区为弱的减少趋势,但均没有通过显著性检验的区域。

10 mm 以上降水强度的线性趋势系数在－1.6～＋2.3 mm/d/10a。除南部部分地区、北中部的偏东局部地区为减少趋势以外,全省大部分地区为增强的趋势,其中南部的局部地区为显著性减弱。10 mm 以上降水强度增加的区域明显大于 10 mm 以下降水强度增加的区域。

山西省 30 mm 以上降水强度的线性趋势系数在－3.1～＋4.1 mm/(d/10a)、50 mm 以上降水日数的线性趋势系数在－10.0～＋8.2 mm/d /10a。二者的变化趋势分布也基本一致,除南部、北部局部地区及中部的部分地区为减少趋势以外,其余地区为增加的趋势,50 mm 以上降水强度呈现增加趋势的范围大于 30mm 以上降水强度增加趋势的范围,且显著性变化的区域也明显增多。

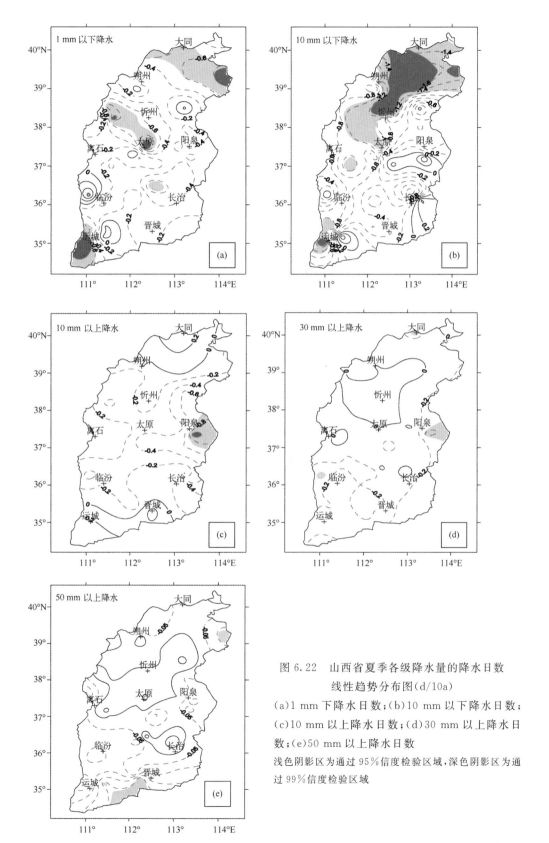

图 6.22　山西省夏季各级降水量的降水日数
　　　　　线性趋势分布图（d/10a）

（a）1 mm 下降水日数；（b）10 mm 以下降水日数；
（c）10 mm 以上降水日数；（d）30 mm 以上降水日
数；（e）50 mm 以上降水日数

浅色阴影区为通过 95% 信度检验区域，深色阴影区为通
过 99% 信度检验区域

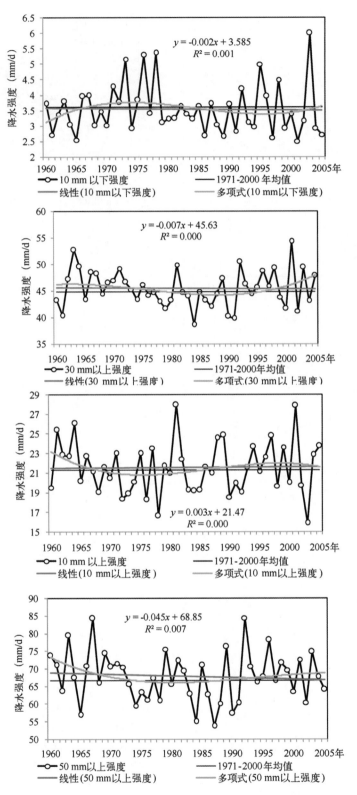

图 6.23　山西省夏季各级降水量的降水强度年变化

（10 mm 以下降水强度，10 mm 以上降水强度，30 mm 以上降水强度，50 mm 以上降水强度）

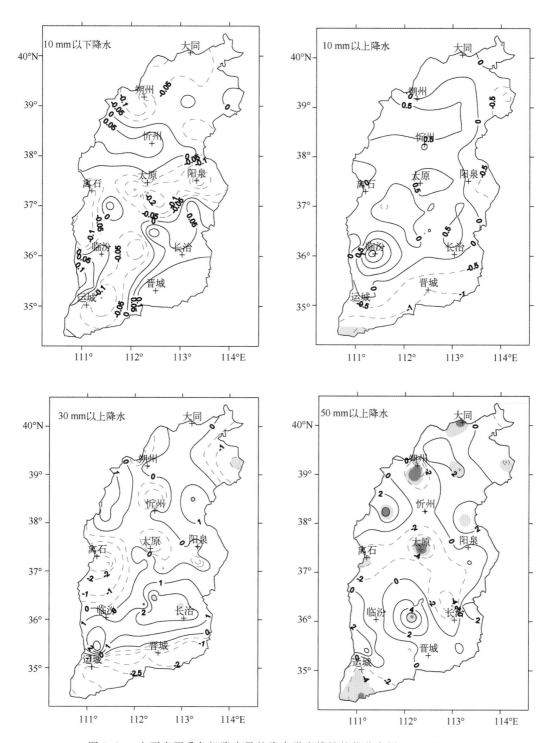

图 6.24　山西省夏季各级降水量的降水强度线性趋势分布图(mm/d/10a)

(10 mm 以下降水强度,10 mm 以上降水强度,30 mm 以上降水强度,50 mm 以上降水强度)

(浅色阴影区为通过 95％信度检验区域,深色阴影区为通过 99％信度检验区域)

6.4 农业指标温度变化

选取经过均一性检验的 20 个气象站(右玉、大同、天镇、河曲、朔州、灵邱、兴县、原平、太原、太谷、阳泉、榆社、隰县、吉县、临汾、安泽、襄垣、侯马、垣曲、阳城)的气温资料,资料年限 1960—2012 年,计算了日平均气温稳定通过 0℃、10℃的初日、终日、初终日间日数、积温。利用气候趋势系数、气候倾向率等统计方法分析。

6.4.1 日平均气温稳定通过 0℃ 活动积温的变化

1960—2012 年,山西省日平均气温稳定通过 0℃初日随时间变化(图 6.25)呈现比较明显的提前趋势,线性变化趋势为−1.4 d/10a,近 50 年来提前了 7 d。终日略呈推迟的变化趋势,线性变化趋势为 0.6 d/10a,近 50 年来推后了 3 d。初终日期间持续日数随时间呈增多趋势,线性变化趋势为 2.0 d/10a,近 50 年来增加了 10 d。有效积温呈增多趋势,线性变化趋势为 50.4℃·d/10a,近 50 a 来增加了 252℃·d。

从区域变化的分布来看(图 6.26),初日、终日、初终日及积温的变化全省基本一致,但显著区域却各不相同。初日提前和初终日延长的显著区域在南部的运城和临汾一带,终日推后的趋势基本不显著。积温除中、南部局部地区以外,全省均出现显著性增加,而初日、初终日变化显著的南部部分地区,积温却没有显著性增加。分析其原因,积温的显著性增加主要与区域内气温的升温有关,对照图 6.3 可以看出,积温没有显著增加的区域正是气温没有显著性增温的区域。

6.4.2 日平均气温稳定通过 10℃ 活动积温的变化

1960—2012 年,山西省日平均气温稳定通过 10℃初日随时间变化呈现比较明显的提前趋势(图 6.27),线性变化趋势为−1.3 d/10a,近 50 a 来提前了 6 d。终日略呈推迟的变化趋势,线性变化趋势为 0.9 d/10a,近 50 a 来推后了近 5 d。初终日期间持续日数随时间呈增多趋势,线性变化趋势为 2.2 d/10a,近 50 a 来增加了 11 d。有效积温呈增多趋势,线性变化趋势为 54.1℃·d/10a,近 50 a 来增加了 270℃·d。

从区域变化的分布来看(图 6.28),日平均气温稳定≥10℃的初日、终日、初终间日数变化的显著区域要大于日平均气温稳定≥0℃的初日、终日、初终日变化的显著区域。初日提前的显著区域主要在忻州、吕梁、临汾及太原的北部。终日推后的显著区域主要在忻州、太原、阳泉一带。初终日和积温除中部和南部的部分地区不显著外,全省其余地区均为显著性变化区域。日平均气温稳定≥10℃的积温变化最大的趋势系数是 96℃·d/10a,出现在太原。

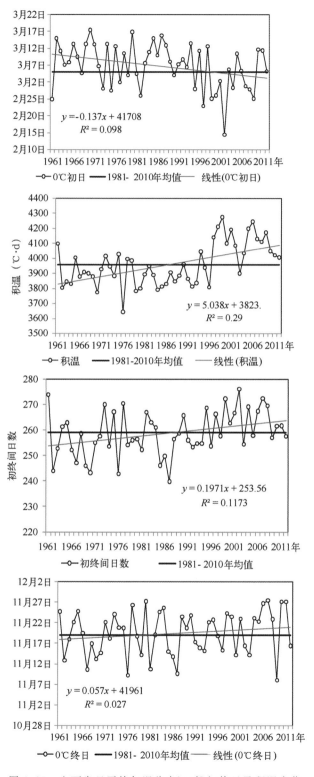

图 6.25 山西省日平均气温稳定≥0℃初终日及积温变化

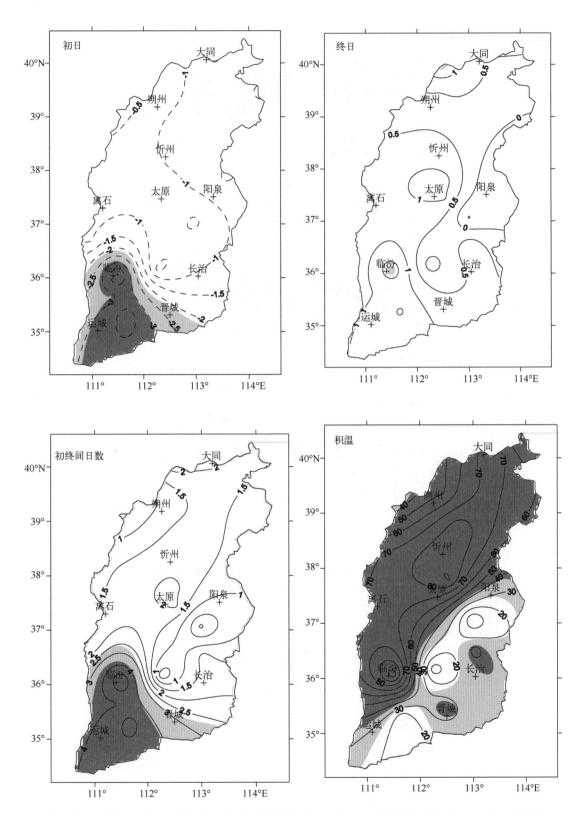

图 6.26　山西省日平均气温稳定≥0℃初终间日数变化(d/10a)及积温变化趋势(℃·d/10a)分布图
(浅色阴影区为通过95%信度检验区域,深色阴影区为通过99%信度检验区域)

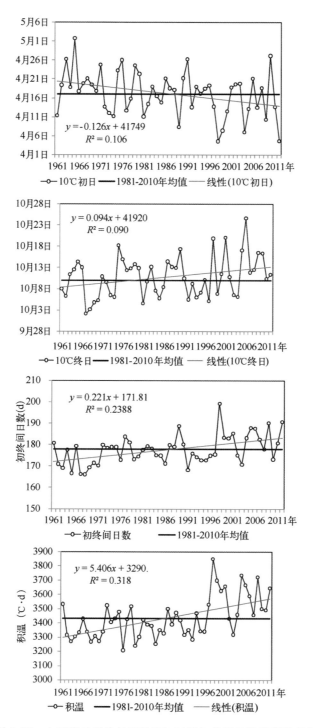

图 6.27　山西省日平均气温稳定≥10℃初终间日数及积温变化

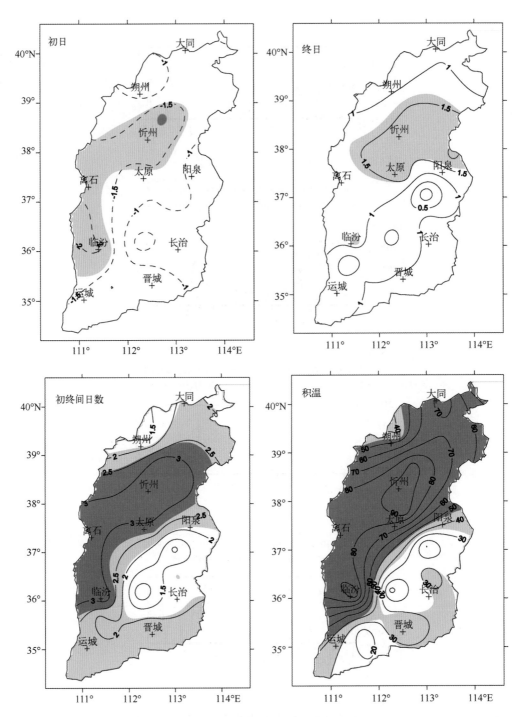

图 6.28 山西省日平均气温稳定≥10℃初终间日数变化(d/10a)及积温变化趋势(℃·d/10a)分布图
(浅色阴影区为通过 95％信度检验区域,深色阴影区为通过 99％信度检验区域)

6.5　风速变化

选取了山西省 1960 年建站的 67 个气象站的逐月风速资料。

1960—2012 年山西近地面年平均风速呈现显著的减小趋势(图 6.29),线性趋势系数为 -0.13 m/(s·10a)。

1960—2012 年,山西各季的平均风速(图 6.30)也都呈现显著的减小趋势,其中,冬季和春季平均风速减小的趋势最大,均为 -0.15 m/(s·10a),秋季为 -0.11 m/(s·10a),夏季风速减小的趋势最小,为 0.09 m/(s·10a)。

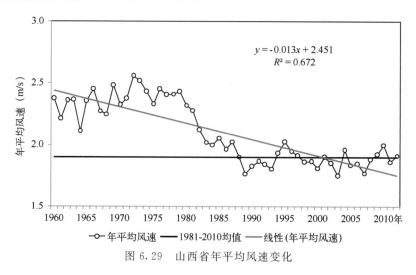

图 6.29　山西省年平均风速变化

6.6　气候变化对山西的影响

6.6.1　气候变化对能源消费的影响

国际上常用度日分析法来描述气候变化对能源消费的影响。所谓某一天的度日就是指该日的日平均温度与规定的基础温度的差值,分别以 26℃ 和 5℃ 作为降温度日和采暖度日的基础温度。

具体计算公式如下:

$$HDD_5 = \sum_{i=1}^{365}(5-t_i)$$
$$CDD_{26} = \sum_{i=1}^{365}(t_i-26)$$

(6.1)

式中,t_i 为标准年第 i 天的日平均温度。计算中当 $(5-t_i)$ 或 (t_i-26) 为负值时,取 $(5-t_i)=0$ 或 $(t_i-26)=0$。

采暖度日总值(HDD_5)为一年中,当某天日平均温度低于 5℃ 时,将低于 5℃ 的度数乘以 1 d,并将乘积累加,同理,降温度日总值(CCD_{26})为一年中,当某天日平均温度高于 26℃ 时,将高于 26℃ 的度数乘以 1 d,并将乘积累加。

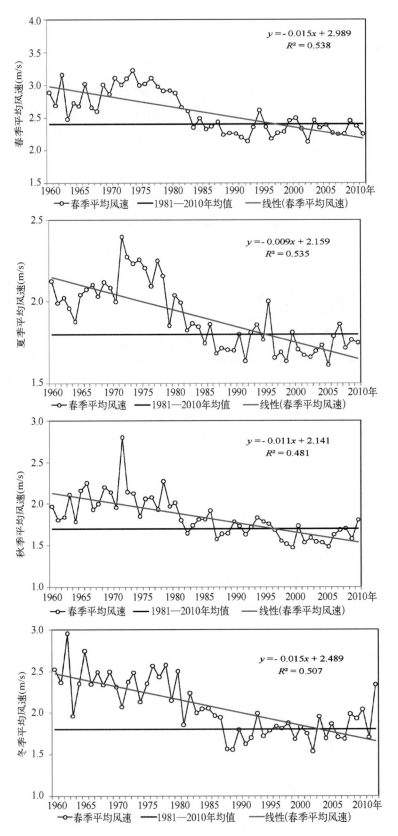

图 6.30　山西省各季平均风速变化

6.6.1.1　采暖度日和降温度日的空间分布及变化特征

(1)采暖度日和降温度日的空间分布

图 6.31 是 1961—2009 年山西各站采暖度日线性变化趋势的空间分布。可以看到，1961—2009 年期间，山西大部分地区采暖度日都显著减少。一般而言采暖度日下降趋势

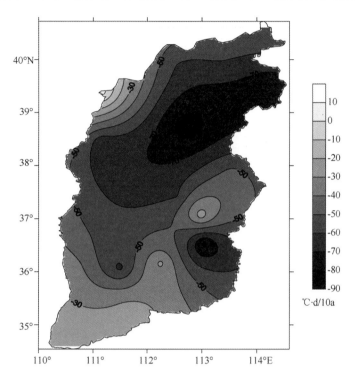

图 6.31　1961—2009 年山西省采暖度日线性变化趋势的空间分布(单位：℃・d/10a)

越大表明采暖季节温度增温趋势越大，对应着采暖耗能为减少。从图中可以看出，由于气候变暖，山西采暖耗能呈现下降的趋势，其中，北部的下降趋势高于南部的下降趋势。

电力消耗与气象条件的变化有关，降温度日和电力消耗之间更有着较高的相关性。气温与降温耗能具有很好的同步性，温度对降温耗能的影响程度随气温的升高而增加。

通过计算山西各站降温度日的线性变化趋势发现，1961—2009 年期间，山西大部分地区的降温度日呈现出增加趋势，但在山西南部部分地区降温度日呈现减少趋势(图 6.32)。

降温度日上升趋势越大表明夏季温度增温趋势越大，对应着降温耗能为增大的趋势。从图 6.32 中可以看出，山西大部分地区降温度日为增加的趋势。

(2)采暖度日和降温度日的年际及年代际变化

1961—2009 年期间，山西采暖度日总体呈现显著减少的变化趋势，线性趋势值为 −61.3℃・d/10a(图 6.33)。

从长期变化看，山西采暖度日呈减小的年代际变化特征。最高值出现在 1967 年，为 1530.8℃・d；最低值出现在 2007 年，为 892.8℃・d。

由于冬季气温有着明显的年代际变化特征，采暖度日也有明显的年代际变化特征，对应的采暖耗能也随之而变。从长期趋势来看，山西的采暖耗能呈下降趋势，但进入 21 世纪以

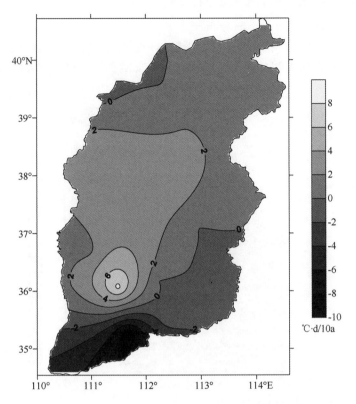

图 6.32　1961—2009 年山西省降温度日线性变化趋势的空间分布（单位：℃·d/10a）

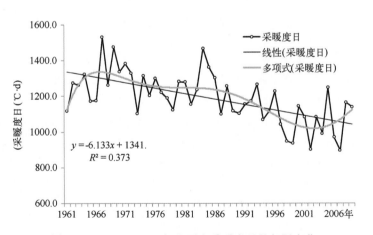

图 6.33　1961—2009 年山西省采暖度日的年际变化

后也出现了近年来比较少见的冷冬,从图 6.33 中也可以看出,采暖度日的下降趋势变得平缓,而年际变化变的较为剧烈,从气候统计的角度看,出现了不显著的上升趋势。因此,为了降低冬季采暖耗能,同时为广大群众提供更好的冬季采暖保障,城市供暖部门需加强与气象部门的合作,根据天气及极端气候事件的变化适当调整供暖时间及其强度。

与取暖度日不同,1961—2009 年山西降温度日呈现出先减少、后增加的年代际变化特征(图 6.34)。山西降温度日在 1984 年最低,为 2.2℃·d,2005 年最高,为 33.3℃·d。山西降温度日的这一变化特征与山西夏季气温的变化特征基本一致。由于夏季气温升高,使得夏季降温耗能明显增大,进入 1990 年代中期以后,降温耗能更是显著增大。

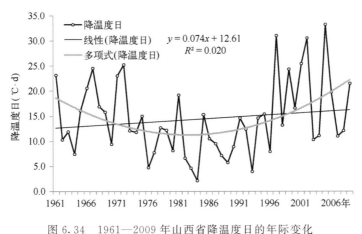

图 6.34　1961—2009 年山西省降温度日的年际变化

6.6.1.2　气候变化对主要城市采暖耗能和降温耗能的影响

(1)城市采暖度日和降温度日的变化特征

为了对比山西主要城市(太原、大同、临汾)采暖度日和降温度日的变化特征,表 6.1 给出了各城市采暖度日、降温度日的趋势系数、极值及其出现年份的统计数据。

表 6.1　山西省城市采暖度日、降温度日比较

	采暖度日			降温度日		
	线性趋势 ℃·d/10a	最高值(℃·d) 出现年份	最低值(℃·d) 出现年份	线性趋势 ℃·d/10a	最高值(℃·d) 出现年份	最低值(℃·d) 出现年份
太原	−64.3	1302.4 1967	678.2 2007	2.9	38.0 2005	—
大同	−56.5	1998.6 1967	1264.4 1998	1.5	28.7 1999	—
临汾	−62.2	892.3 1969	335.3 2007	8.5	177.7 1997	14.2 1984

采暖度日的最大值出现分别在 1967、1969 年,最小值基本分别出现在 1998、2007 年,并且采暖度日基本呈现一致下降的趋势(图 5.35 a、c、e)。这反映了山西冬季气温自 1960 年代末开始出现上升、进入 21 世纪后显著上升的变化特征。

山西夏季降温度日的变化趋势远小于冬季采暖度日的变化趋势,从(图 6.35b、d、f)可以看出,夏季降温度日有明显的年代际变化特征,在 1980 年代以前降温度日呈下降的趋势,之后则呈现明显的上升趋势,夏季降温耗能亦明显增多。

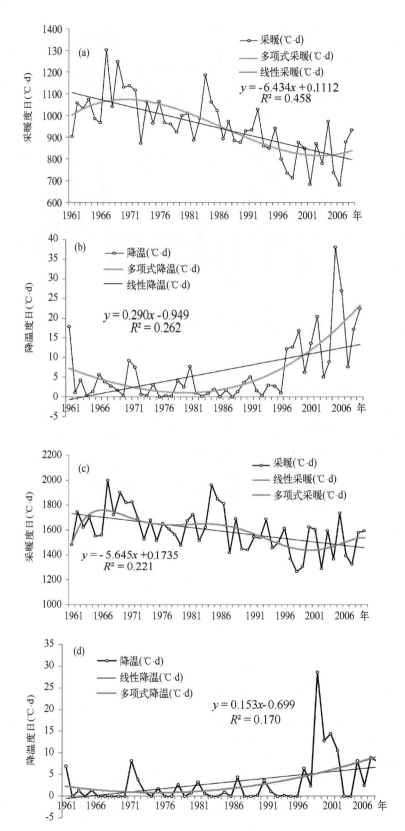

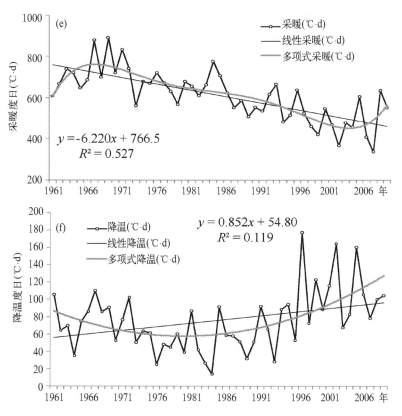

图 6.35　山西省主要城市采暖度日(a. 太原;c. 大同;e 临汾)和降温度日(b. 太原;d. 大同;f. 临汾)的逐年变化

（2）太原市冬季采暖初、终日及采暖期的变化特征

这里以日平均气温稳定≤5℃(采用 5 日滑动平均法统计)的开始日期、结束日期作为采暖初日和终日,采暖初、终日间的天数作为采暖期(表 6.2)。

表 6.2　1961—2009 年太原市采暖初、终日及采暖期的线性趋势(d/10a)

	采暖初日	采暖终日	采暖期
太原	1.7	−1.9	−3.9

从图 6.36 可以看出,太原市采暖初日呈现推后的趋势,而采暖终日呈现提前的趋势。

由此造成采暖期呈现一致减少的特征(图 6.37)。

由于气候变暖,采暖期缩短,非常有利于减少冬季采暖耗能。

就太原冬季采暖期气温变化特征与节能效应进一步分析[38]。供暖期间,供热系统的热负荷很大程度上取决于外界环境温度。太原热力公司目前设计使用的热指标为 7.68 kJ/(m² · h),即气温每相差 1℃,单位面积供热量相差 7.68 kJ/(m² · h)。由此可以计算得出,当平均温度升高 1℃时,整个采暖季太原市(仅考虑太原市集中供热面积,约为 3000× 10⁴ m²,固定采暖期为 151 d)可节约热量 834970 GJ。按每吨低硫优质煤可产生 23.7 GJ 热量计算,加上 20% 损耗,则一个采暖季可少烧煤 42277 t。按每吨优质煤含硫 3 kg,其中 80% 可转化为 4.8 kg 的 SO_2 计算,可减少排放 SO_2　487 t。按每吨煤产生 5% 的粉尘计算,能够减少粉尘 2114 t。同样可以计算得出如果减少供暖一天,太原市可以节约燃煤 280 t,减

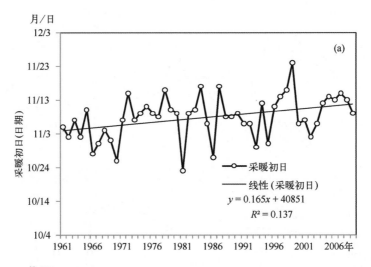

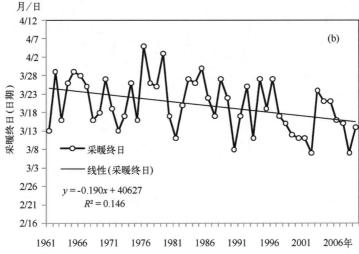

图 6.36　太原市采暖初日（a）和采暖终日（b）的逐年变化

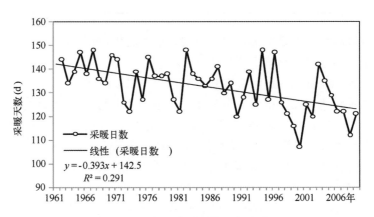

图 6.37　太原市采暖期逐年变化

少 SO_2 排放 3.2 t,减少粉尘 14 t。由此可见,城市在冬季采暖节能方面具有很大潜力,节能效应是非常可观的,这对节约能源和减少温室气体排放也是极为有利的。实际上供热公司在供暖期间供热系统的热负荷很大程度上取决于外界环境温度,若能根据气温状况调整采暖期长度,而不是沿用固定的采暖期,则采暖期能耗降低会非常明显。

（3）太原市夏季降温初、终日及降温期的变化特征

将日平均气温稳定≥22℃（用 5 日滑动平均法统计）的初日作为降温初日,将日平均气温稳定低于 22℃的终日作为降温终日,降温初、终日间的天数作为降温期。

太原市的降温初日均呈现明显提前的趋势,降温终日呈现推后的特征,降温期日数呈现一致增加的趋势（表 6.3、图 6.38、图 6.39）。

表 6.3　1961—2009 年太原市降温初、终日及降温期的线性趋势（d/10a）

	降温初日	降温终日	降温期
太原	−3.2	2.2	5.4

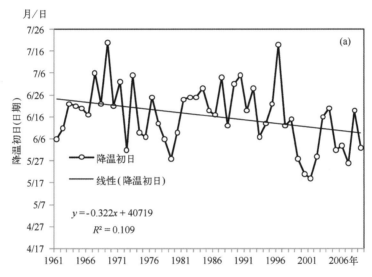

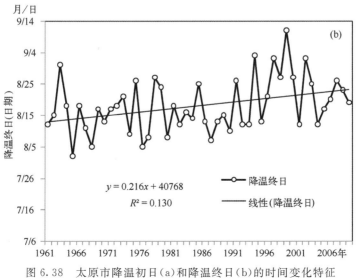

图 6.38　太原市降温初日（a）和降温终日（b）的时间变化特征

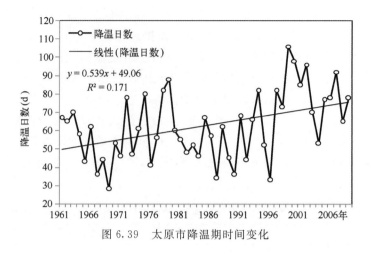

图 6.39 太原市降温期时间变化

夏季气温的升高,加上城市热岛效应的影响,使降温日明显增加,使空调致冷耗能明显增加。

6.6.1.3 未来气候变化对能源消费的影响

利用气候模式的输出数据计算了 2010—2050 年山西各站采暖度日的线性趋势系数(图 6.40),山西大部分地区呈现显著减少的趋势,其中,北部的下降趋势高于南部的下降趋势。这说明在未来气候继续变暖的趋势下,山西采暖耗能继续呈现下降趋势 。

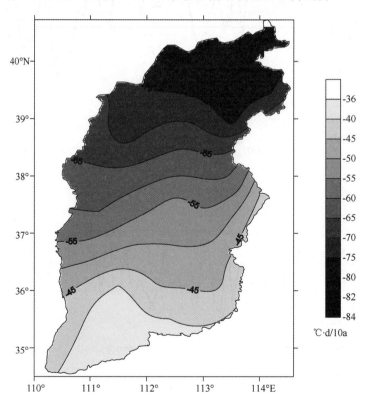

图 6.40 2010—2050 年山西采暖度日线性变化趋势的空间分布(单位:℃·d/10a)

图 6.41 为 2010—2050 年山西各站降温度日线性趋势系数的空间分布。可以看到,山西降温度日表现为一致的增加趋势,与采暖度日的变化趋势分布特征相反,南部的上升趋势高于北部的上升趋势。这说明未来气候继续变暖,将使山西夏季降温耗能明显增加。

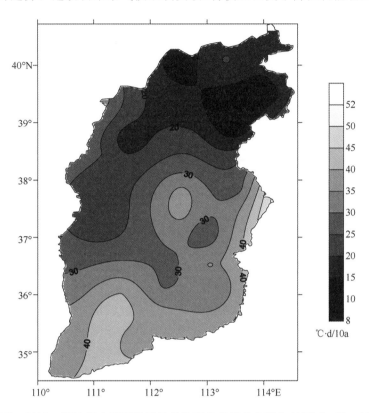

图 6.41　2010—2050 年山西降温度日线性变化趋势的空间分布(单位:℃·d/10a)

6.6.2　气候变化对农业的影响

近年来,气候变化使热量资源不断发生变化,山西省无霜期和≥0℃、≥10℃的活动积温均呈明显增加趋势,积温变化导致作物生育期延长;随着温度的升高,初霜冻常使未成熟的作物结束生育而造成大幅度的减产,终霜冻会使春苗遭受冻害而造成毁种或延长作物生育;无霜期的长短对大田作物的生长、果实的成熟都有直接的影响[36]。

近 50 a 来,山西省初霜日以 2.2 d/10a 的速率呈现明显推后趋势,无霜期以 4.0 d/10a 的速率明显延长,终霜日呈现出波动中提前趋势[39]。

近 50 a 来,山西省日平均气温稳定通过 0℃初日随时间变化呈提前趋势,终日略呈推迟的变化趋势,初终日期间持续日数随时间呈增多趋势,有效积温呈增多趋势。山西日平均气温≥10℃初日提前,≥10℃终日推迟,且趋势均比较明显。

山西省冬小麦播种期总体呈推后趋势,尤其在 1980 年代后期以后到 1990 年代开始,随着气温的升高,这种变化比较明显,播种日期大约推迟一周左右;越冬期中部地区有所推后,南部地区相对比较稳定;返青和拔节日期都有提前趋势,尤其中部地区较明显,提前约一旬的时间;相继之后的发育期均呈提前倾向[39]。

近 20 a 来,山西省木本植物与草本植物变化趋势一致,物候期变化与其前期温度具有很大的相关性。伴随着气候变暖,各植物春季物候期提前,秋季物候期推迟,导致年生长季表现出延长趋势[40]。

随着山西省气候暖干化,冬小麦种植区域北移[41]。近 25 a 来,山西省粮食作物播种面积总体呈下降趋势。主要的粮食作物为小麦和玉米,随着气候变化全省播种面积有较大变化,玉米播种面积明显扩大,小麦播种面积减少。山西省冬小麦近 15 a 来平均单产 205 kg,低于全国平均水平。近 25 a 来粮食总产和单产的气象产量均呈现出一定的减产趋势,但减产的趋势不是很强,其趋势分别为−0.548 万 t/10a 和−0.655 kg/亩·10a。

山西大部分区域的植被对气候年际变化的响应有明显的滞后性,降水的年际变化对植被影响最大。而相关性,气温与 NDVI 指数的相关大于降水与 NDVI 的相关,尤其在林区,气温与 NDVI 指数具有很强的相关性[27]。

6.6.3 气候变化对水资源的影响

近 50 a,山西省降水量距平百分率呈现出明显的下降趋势。1990 年以前基本以正距平为主,1990 年以后以负距平为主,1990 年前后存在明显的跃变(1990 年为跃变点)。全省除大同、五寨年降水量有少量增加外,大部分地区降水量都减少,主要减少地区在太原、阳泉、榆社、长治、阳城。

山西省 1980—2000 年间的天然径流量与 1979 年以前的平均水平相比,正以每年 1.60% 的速度减少。这当中,由于气候变化使地表径流以每年 0.63% 的速度减少。张敬平[37]利用山西省具有完整资料的 50 个水文站进行分析,定量分析了气候变化和人类活动对下垫面变化两方面因素各自的影响程度,间接通过河川径流总的变化量减去下垫面变化的影响而得到气候变化的影响,结果表明,按照各站的面积加权统计后,得到山西省 1980—2000 年间天然水量比计算水量平均每年递减 0.97%。按照以上分析,这个值就是山西省下垫面在人类活动的影响下,对径流的定量影响。人类活动的影响明确之后,用河川径流总的减少量 1.60% /a 减去人类活动的影响 0.97%/a,得到气候变化的影响是 0.63%/a。气候变化与人类活动的对径流影响关系为 0.63∶0.97。

参考文献

[1] 张德二,Demaree G. 1743 年华北夏季极端高温:相对温暖气候背景下的历史炎夏事件研究[J]. 科学通报,2004,49(21):2204-2210.

[2] 易亮,刘禹,宋惠明,等. 山西芦芽山地区树木年轮记录的 1676 AD 以来 5−7 月温度变化[J]. 冰川冻土,2006,28(3):330-336.

[3] 李智才. 近 50 年阳泉气温时空变化特征[J]. 山西气象,2001,57:24-27.

[4] 赵桂香,赵彩萍,李新生,等. 近 47 a 来山西省气候变化分析[J]. 干旱区研究,2006,23(3):500-505.

[5] 李智才,宋燕,朱临洪,等. 山西省夏季年际气候异常研究 1. 山西省一致多雨或少雨 [J]. 气象,2008,34(1):86-93.

[6] 宋燕,李智才,朱临洪,等. 山西省夏季年际气候异常研究 2. 北少(多)南多(少)雨型[J]. 气象,2008,34(2):61-68.

[7] 张春林,赵景波,牛俊杰. 山西黄土高原近 50 年来气候暖干化研究[J]. 干旱区资源与环境,2008,22

(4):70-74.

[8] 刘秀红,李智才,刘秀春. 山西春季干旱的特征及成因分析[J]. 干旱区资源与环境,2011,**25**(9):
156-160.

[9] 李智才,宋燕,武永利. 夏季风对山西省夏季降水的影响研究 [J]. 气候与环境研究,2010,**15**(6):
797-807.

[10] 李智才,刘秀红,郭慕萍,等. 山西省主汛期降水的特征研究[J]. 干旱区资源与环境,2010,**24**(11):
43-49.

[11] 周晋红,李丽平,秦爱民. 山西气象干旱指标的确定及干旱气候变化研究[J]. 干旱地区农业研究,
2010,**28**(3):240-247.

[12] 李晋昌,刘勇,张彩霞. 山西省春季气温、降水及其极端事件的变化[J]. 干旱区资源与环境,2010,**24**
(10):55-60.

[13] 马京津,张自银,刘洪. 华北区域近 50 年气候态类型变化分析[J]. 中国农业气象,2011,**32**(增 1):
9-14.

[14] 王咏梅,秦爱民,王少俊,等. 山西冬季气温异常的气候特征及成因分析[J]. 高原气象,2011,**30**(1):
200-207.

[15] 高文华,李忠勤,张明军,等. 山西晋南地区近 56a 的气候变化特征、突变与周期分析[J]. 干旱区资源
与环境,2011,**25**(7):124-127.

[16] 张丽花,延军平,刘栎杉. 山西气候变化特征与旱涝灾害趋势判断[J]. 干旱区资源与环境,2013,**27**
(5):120-125.

[17] 赵永强. 太原市气温非对称变化的气候特征[J]. 现代农业科技,2013,**4**:258-259.

[18] 王咏梅,张红雨,郭雪. 山西省近 48 a 高温和强降水极端事件变化特征[J]. 干旱区研究,2012,**29**
(2):289-295.

[19] 王正旺,刘小卫,赵秀敏. 山西东南部气候变暖与某些灾害天气的演变特征分析[J]. 中国农学通报,
2011,**27**(23):269-275.

[20] 李智才,宋燕,丁德平. 山西省主汛期极端降水变化特征[J]. 气候与环境研究,2010,**15**(4):433-442.

[21] 王冀,蒋大凯,张英娟. 华北地区极端气候事件的时空变化规律分析[J]. 中国农业气象,2012,**33**(2):
166-173.

[22] 王智娟,秦爱民,史海平,等. 近 45 年来山西区域极端气候事件的变化特征[J]. 山西师范大学学报
(自然科学版),2008,**22**(2):86-90.

[23] 张红雨,周顺武,李新生,等. 近 48 a 山西暴雨日数气候特征及其变化趋势[J]. 气象与环境科学,
2010,**23**(2):25-31.

[24] 钱锦霞,王振华. 山西省春旱趋势及对农业的影响[J]. 自然灾害学报,2008,**17**(4):105-110.

[25] 武永利,卢淑贤,王云峰,等. 近 45 年山西省气候生产潜力时空变化特征分析[J]. 生态环境学报,
2009,**18**(2):567-571.

[26] 蔡霞,吴占华,梁桂花. 近 53 a 山西朔州市农业气候资源变化特征分析[J]. 干旱气象,2011,**29**(1):
88-93.

[27] 武永利,李智才,王云峰. 山西典型生态区植被指数(NDVI)对气候变化的响应[J]. 气象,2009,**28**
(5):925-932.

[28] 刘文平,刘月丽,安炜,等. 山西省近 48a 来人体舒适度变化分析[J]. 干旱区资源与环境,2011,**25**
(3):92-95.

[29] 张高斌,郭建茂,吴元芝,等. 山西万荣县近 52 a 气候特征及其与参考作物蒸散量和土壤湿度的关系
[J]. 干旱气象,2011,**29**(1):94-99.

[30] 李燕,王志伟,张建玲. 气候变暖对山西南部典型植物物候的影响[J]. 中国农业气象,2012,**33**(2):

178-184.

[31] 徐可文,李智才,李红,等. 太原市太阳总辐射特征及相关要素分析[J]. 山西气象,2006,**76**:18-20.

[32] 苗爱梅,贾利冬,武捷. 近51 a 山西大风与沙尘日数的时空分布及变化趋势[J]. 地理学报,2010,**30**(2):452-460.

[33] 李芬,张建新. 1961—2010 年山西终霜冻的周期分析及其突变特征[J]. 中国农学通报,2013a,**29**(29):183-189.

[34] 李芬,张建新,武永利,等. 近50 年山西终霜冻的时空分布及其影响因素[J]. 地理学报,2013b,**68**(11):1472-1480.

[35] 郭清海,王焰新,马腾,等. 山西岩溶大泉近50 年的流量变化过程及其对全球气候变化的指示意义[J]. 中国科学 D 辑地球科学,2005,**37**(2):167-175.

[36] 杜顺义,王志伟,等. 气候变暖对山西农业生产及粮食安全的影响[J]. 中国农业气象(增),2009,**30**:29-32.

[37] 张敬平. 山西河川径流近年来变化趋势及其预测分析[J]. 水资源与水工程学报,2010,**21**(3):107-110.

[38] 李瑞萍,李鸽. 太原冬季采暖期气温变化特征与节能效应分析[J]. 气象科技,2008,**36**(6):776-778.

[39] 钱锦霞,张霞,张建新等. 近40 年山西省初终霜日的变化特征[J]. 地理学报,2010,**65**(7):801-808.

[40] 李燕,王志伟,张建玲. 2012. 气候变暖对山西省南部典型植物物候的影响[J]. 中国农业气象,**33**(2):178-184.

[41] 刘文平,郭慕萍,安炜等. 气候变化对山西省冬小麦种植的影响[J]. 干旱区资源与环境,2009,**23**(11):88-93.